Ernst Schmutzer

Relativitätstheorie
aktuell

Albert Einstein, Porträt von H. Lasko. 1978

Relativitätstheorie aktuell

Ein Beitrag zur Einheit der Physik

Von Prof. Dr. rer. nat. habil. Ernst Schmutzer
Universität Jena
5., überarbeitete und erweiterte Auflage
Mit 30 Abbildungen

B. G. Teubner Stuttgart 1996

Die Deutsche Bibliothek – CIP-Einheitsaufnahme

Schmutzer, Ernst:
Relativitätstheorie aktuell : ein Beitrag zur Einheit der Physik / Ernst Schmutzer. – 5., überarb. und erw. Aufl. – Stuttgart : Teubner, 1996
 (Teubner-Studienbücher : Physik)
 ISBN 3-519-03226-0

Umschlagbild nach einem Porträt von H. Lasko

Das Werk einschließlich aller seiner Teile ist urheberrechtlich geschützt. Jede Verwertung außerhalb der engen Grenzen des Urheberrechtsgesetzes ist ohne Zustimmung des Verlags unzulässig und strafbar. Das gilt besonders für Vervielfältigungen, Übersetzungen, Mikroverfilmungen und die Einspeicherung und Verarbeitung in elektronischen Systemen.

© B. G. Teubner Stuttgart 1996
Printed in Germany
Satz: Schreibdienst Henning Heinze, Nürnberg
Druck und Binden: Druckhaus Beltz, Hemsbach/Bergstraße

Vorwort zur 5. Auflage

Dieses Buch, das zum 100. Geburtstag *Albert Einsteins* im Jahr 1979 in der Reihe Mathematisch-Naturwissenschaftliche Bibiliothek bei der Teubner-Verlagsgesellschaft Leipzig erschien, erlebte in kurzer Zeit vier Auflagen. Die 5. Auflage wird nun als Teubner-Studienbuch vom Verlag B. G. Teubner Stuttgart herausgebracht. Ich verfolgte mit ihm das Ziel, das im wesentlichen von *Einstein* geschaffene Gesamtgebäude der Relativitätstheorie, die neben der Quantentheorie das Fundament der modernen Physik bildet, einem breiten Leserkreis verständlich zu machen. Das Anliegen der Popularisierung dieses Wissensgebietes ist wegen seines Einflusses auf die Formung des wissenschaftlichen Weltbildes unserer Zeit besonders angezeigt.

Dem Buch habe ich eine Kurzbiographie *Einsteins* vorangestellt, um dem Leser diesen hervorragenden Wissenschaftler und Menschen mit seinen unvergänglichen Leistungen näherzubringen. Der sachliche Inhalt beginnt mit dem Physikverständnis *Galileis* und *Newtons* als Vorbereitung zur Relativitätstheorie, die dann allgemeinverständlich dargelegt wird. Die Konsequenzen der Relativitätstheorie werden bis zur Kosmologie unserer Tage und bis zu den neuen exotischen Himmelsobjekten (Quasare, Pulsare, Schwarze Löcher usw.) verfolgt. Den Stand der experimentellen Bestätigung der Relativitätstheorie erläutere ich anhand der Meßdaten aus den letzten Jahren. In dieser Auflage habe ich den Erkenntnisstand aktualisiert und das Schlußkapitel zur Einheit der Physik beträchtlich erweitert. Außerdem wurden die Formeln in das Internationale Einheitensystem umgeschrieben.

Die Darstellung des Stoffes ist weitgehend verbal gestaltet, wobei vor allem auf die logischen Zusammenhänge Wert gelegt wird. Mathematische Formulierungen werden nur in Einzelfällen skizziert, besonders dann, wenn dadurch für den Leser prinzipielle Querverbindungen transparent werden oder damit weitreichende Schlüsse verbunden sind. Doch kann das Ideengut der Relativitätstheorie auch ohne diesen Formelgebrauch verstanden werden, so daß von Fall zu Fall das Überschlagen mathematischer Einschübe empfohlen wird.

Das Buch ist an folgenden Leserkreis adressiert: Naturwissenschaftler und Philosophen im allgemeinen sowie Studenten, Lehrer und Wissenschaftler auf den Gebieten Physik, Mathematik, Chemie und Technik im besonderen.

Zu großem Dank verpflichtet bin ich Herrn Dr. P. Spuhler vom Verlag für viel Verständnis und Entgegenkommen und Dr. W. Meinhardt für die geleistete technische Hilfe.

Jena, Juni 1995   Ernst Schmutzer

Inhalt

Kurzbiographie Albert Einsteins   11

1 Vorrelativistische Physik   21

1.1 Das Physikverständnis von Aristoteles und Galilei   21

1.2 Newtonsche Mechanik und Gravitationstheorie: Newtons Auffassung von Raum und Zeit, Grundgesetze der mechanischen Bewegung und der Gravitation   26

1.3 Inertialsystem und Nichtinertialsystem, Galileisches Relativitätsprinzip   34

1.4 Maxwellsche Theorie des Elektromagnetismus   42

1.5 Die Krise in der Newtonschen Mechanik und in der Elektromagnetik-Optik am Ende des 19. Jahrhunderts. Das Michelson-Experiment und der Zusammenbruch der Ätherhypothese   47

2 Weitere Experimente zur Vorbereitung oder Bestätigung der Speziellen Relativitätstheorie   56

2.1 Astronomische Aberration   56

2.2 Doppler-Effekt   58

2.3 Trouton-Noble-Versuch   59

2.4 Wienscher Versuch   59

2.5 Fizeauscher Mitführungsversuch   60

2.6 Messung der Lebensdauer von Myonen   61

2.7 Sagnac-Versuch   61

2.8 Michelson-Gale-Versuch   62

3 Speziell-relativistische Physik   63

3.1 Die Vorläufer der Speziellen Relativitätstheorie   63

3.2 Das Spezielle Relativitätsprinzip und die Lorentz-Transformation   66

3.3	Die Entdeckung der Vierdimensionalität der Raum-Zeit (Minkowski-Raum	72
3.4	Speziell-relativistische Theorienbildung: Mechanik, Elektromagnetik und Quantenmechanik	80
3.5	Einige Folgerungen aus der Speziellen Relativitätstheorie	84
3.5.1	Speziell-relativistische Längenkontraktion	84
3.5.2	Speziell-relativistische Zeitdilatation	87
3.5.3	Relativierung der Gleichzeitigkeit	88
3.5.4	Kausalität der Zeitfolge	89
3.5.5	Zwillingsparadoxon	89
3.5.6	Veränderlichkeit der Masse	92
3.5.7	Masse-Energie-Relation	94
3.5.8	Additionstheorem der Geschwindigkeiten	97
3.6	Die Grenzen der Speziellen Relativitätstheorie	98
4	**Allgemein-relativistische Physik**	**101**
4.1	Einsteins Weg zur Allgemeinen Relativitätstheorie	101
4.2	Das Wesen der Allgemeinen Relativitätstheorie	114
4.2.1	Zum Schöpfungsprozeß großer Theorien	114
4.2.2	Allgemeines Relativitätsprinzip	115
4.2.3	Gravitation als Krümmung der Raum-Zeit	121
4.2.4	Problem der Absolutheit von Beschleunigung und Rotation	123
4.2.5	Machsches Prinzip	125
4.2.6	Die Relativitätstheorie in einem logischen Schema ihrer Bestandteile	129
4.3	Einige Folgerungen aus der Einsteinschen Gravitationstheorie	131
4.3.1	Problem der exakten Lösungen	131
4.3.2	Schwarzschild-Lösung	133
4.3.3	Periheldrehung der Planeten	135
4.3.4	Ablenkung elektromagnetischer Wellen an der Sonne	137
4.3.5	Gravitative Frequenzverschiebung bei einer elektromagnetischen Welle	139
4.3.6	Hafele-Keating-Experiment	142
4.3.7	Shapiro-Experiment	144
4.3.8	Quasare	146
4.3.9	Pulsare, Neutronensterne	149
4.3.10	Schwarze Löcher	152

4.3.11	Gravitationswellen	158
4.4	Kosmologie	166
4.4.1	Zur Vorgeschichte der Kosmologie	166
4.4.2	Hubbles Entdeckungen: Approximative Homogenität und Isotropie, kosmologische Rotverschiebung und Weltexpansion	169
4.4.3	Thermische Hintergrundstrahlung	171
4.4.4	Friedman-Modell des Kosmos	172

5 Symmetrie und Erhaltung in der Relativitätstheorie   **184**

5.1	Das Wesen physikalischer Erhaltungssätze	184
5.2	Erhaltungssätze in der Speziellen Relativitätstheorie	187
5.3	Erhaltungssätze in der Allgemeinen Relativitätstheorie	188

6 Zur Einheit der Physik   **192**

6.1	Allgemeine Gesichtspunkte	192
6.2	Die Elementarteilchen und die vier fundamentalen Wechselwirkungen	196
6.3	Einheitliche Feldtheorie in der 4-dimensionalen Raum-Zeit	199
6.4	Einheitliche Feldtheorie vom Kaluza-Klein-Typ in einem 5-dimensionalen Raum mit Riemannscher Geometrie	201
6.5	Einheitliche Feldtheorie in einem 5-dimensionalen projektiven Raum	203
6.6	Ausklang	206

Literatur   **215**

Sachverzeichnis   **217**

Namensverzeichnis   **221**

Kurzbiographie Albert Einsteins

Die Menschheit in ihrer historischen Gesamtheit hat – wenn leider auch oft durch Krieg und Verwüstung unterbrochen – ein einzigartiges Werk der Kultur geschaffen, in der die Wissenschaft eine zentrale Stellung einnimmt. Was dabei den Anteil der Naturwissenschaft betrifft, so konzentrieren sich viele ihrer Grundsatzfragen bis hin zur philosophischen Fundierung auf prinzipielle Aussagen der Physik.

Das globale Erkenntnisgebäude der Physik im weitesten Sinne – als Grundlagenwissenschaft der anorganischen Natur inklusive ihrer Anwendungsfunktion in der Technik (ohne Aufhebung ihrer Grundgesetze in der organischen Natur) – ist das Resultat eines ständigen Wechselwirkungsprozesses von Theorie und Praxis. Bald wirkt die eine Komponente als Triebkraft der Entwicklung, bald die andere – oft sogar beide untrennbar gemeinsam – mit dem Ziel, die uns umgebenden Rätsel in der Natur zu entschleiern.

Albert Einstein, ebenbürtig neben *Galileo Galilei* und *Isaac Newton*, zählt zu den herausragenden Großen der Physik. Die Originalität seiner Ideen hat die Physik und darüber hinaus das naturwissenschaftliche Weltbild unserer Zeit entscheidend geprägt. Die praktischen Konsequenzen für die folgenden Jahrhunderte sind noch nicht abzusehen.

Albert Einstein als Gesamtpersönlichkeit – Physiker, Philosoph und Humanist – ist für uns noch aus einem ganz besonderen Grund ein leuchtendes Vorbild: Er war nicht nur Schöpfer tiefgründiger Erkenntnis, sondern auch bewußter Träger der Verantwortung für die gesellschaftlichen Belange wissenschaftlicher Erkenntnisse. Er besaß ein stark ausgeprägtes soziales Empfinden, das, maßgeblich durch seine negativen Kindheits- und Jugenderlebnisse mitbestimmt, ihm zeit seines Lebens Kompaß war. Trotz höchster Ehrungen, die ihm laufend zuteil wurden, ließ er sich durch diese nicht seinen Geist vernebeln, sondern blieb ein humorvoller, einfacher, geradliniger Mensch, der einen scharfen, untrüglichen Blick für Unfreiheit, Unrecht und Unterdrückung hatte.

Vor vielen prominenten Zeitgenossen zeichnete *Einstein* insbesondere die Einheit von Erkenntnis und Tat aus. Er sah nicht nur die kritikwürdigen gesellschaftlichen Verhältnisse seiner Zeit, sondern engagierte sich auch aktiv an Brennpunkten der Politik, selbst wenn es für ihn in seiner Heimat mit Verfolgung und Verdammung verbunden war:

Unerschrocken erhob er im Ersten Weltkrieg seine Stimme gegen die nationalistische Irreführung der europäischen Völker. Mutig entlarvte er im Berlin der zwanziger Jahre den Kampf gegen seine Relativitätstheorie als durchsichtigen Antisemitismus. Wir finden ihn immer mit Wort und Tat auf der Seite der Unterdrückten. Aus tiefer Sorge um den Fortbestand der menschlichen Kultur griff er auch im Exil in den USA in die Geschehnisse des Zweiten Weltkrieges ein.

Lebensweg bis zur Schaffung der Relativitätstheorien (1879–1918)

Als Kind einer seit Jahrhunderten im süddeutschen Raum ansässigen jüdisch-deutschen Familie wurde *Albert Einstein* am 14.3.1879 in Ulm (Donau) geboren. Er starb in der Emigration am 18.4.1955 in Princeton (USA). Die „Spezielle Relativitätstheorie" (1905), für die es schon eine beachtliche Vorarbeit von seiten anderer Physiker gab, entwickelte er, neben seiner offiziellen Anstellung am Patentamt, in Bern. Die „Allgemeine Relativitätstheorie" (1915), Produkt seiner tiefgründigen Denkweise, erhielt an der Preußischen Akademie der Wissenschaften in Berlin ihre endgültige Form. Neben diesen epochemachenden Werken hinterließ er noch viele fundamentale Beiträge auf den verschiedensten Gebieten der Physik. Sein Lebensweg und Schaffensprozeß ist für die Wissenschaftsgeschichte von herausragender Einmaligkeit. Verwurzelt in einem einfachen Lebensstil, schöpfte er die Kraft zu höchsten Leistungen menschlichen Geistes.

Getrieben durch wirtschaftliche Sorgen, übersiedelte bereits ein Jahr nach der Geburt *Albert Einsteins* die Familie (Vater: *Hermann Einstein*, Mutter: *Pauline Einstein*, geb. *Koch*) nach München, wo 1881 seine Schwester *Maria* (*Maja*) geboren wurde. Im Jahre 1889 wurde er als Schüler des Luitpold-Gymnasiums in München eingeschrieben. Da ihn das damalige geistig enge Klima dieser Lehranstalt bedrückte, verließ er sie 1894 ohne Abschlußexamen und reiste zu seinen Eltern nach Mailand. Diese hatten sich inzwischen aus wirtschaftlichen Gründen in Norditalien niedergelassen und dort erneut ihr Glück mit einem Geschäft für Elektrowaren versucht. Bei dieser Gelegenheit schied der 15jährige *Einstein* – auf Antrag seines Vaters – aus der württembergischen Staatsbürgerschaft aus.

Nach einer gescheiterten Aufnahmeprüfung an der Eidgenössischen Technischen Hochschule Zürich wurde *Einstein* 1895 Schüler der Aarauischen Kantonschule, die er erfolgreich absolvierte. Danach begann er 1896 das Fachlehrerstudium für Mathematik und Physik an der Eidgenössischen Polytechnischen Hochschule in Zürich. Aus dieser Zeit stammen wichtige Freundschaften und Bekanntschaften, die einen großen Einfluß auf seine Entwicklung besaßen. Wir erinnern an: *Marcel Großmann*, dem er manchen Rat in mathematischen Fragen verdankte; *Hermann Minkowski*, der 1908 der Speziellen Relativitätstheorie ihre 4-dimensionale Form gab; und *Mileva Marić*, seine wissenschaftliche Mitarbeiterin am Anfang seiner Laufbahn und erste Frau, die er 1903 heiratete und mit der er zwei Söhne hatte (*Hans-Albert* und *Eduard*). Nach einem Zwischenexamen an der Eidgenössischen Technischen Hochschule in Zürich im Wintersemester 1898 erfolgte schließlich *Einsteins* Diplomabschluß 1900 an dieser Einrichtung. Eine Assistentenstelle wurde ihm nicht angeboten. Deshalb war er dann 1901 zeitweilig Hilfslehrer in Winterthur und Schaffhausen. Im Jahre 1902, dem Todesjahr seines Vaters, bekam er endlich eine feste Anstellung als Beamter am Eidgenössischen Patentamt für geistiges Eigentum in Bern. Seine erste wissenschaftliche Publikation handelt von Kapillaritätserscheinungen und stammt aus dem Jahr 1901.

Die nachfolgenden Berner Jahre waren für *Einstein* ganz besonders fruchtbar. Zusammen mit *Maurice Solovine* und *Conrad Habicht* rief er einen über längere Zeit veranstalteten Diskussionskreis ins Leben, der unter dem Namen „Akademie Olympia" bekannt wurde und diesen jungen Leuten zu geistigem Austausch über Grundsatzfragen von Physik und Philosophie diente. Im Mittelpunkt ihres Interesses standen damals Probleme der statistischen Mechanik. Aus dem Jahr 1904 sind aber bereits Diskussionen mit *Michele Angelo Besso* und *Joseph Sauter* über Ideen der Speziellen Relativitätstheorie bekannt.

Das Jahr 1905 war für *Einstein* das Jahr des großen wissenschaftlichen Durchbruchs: Er promovierte mit einer neuen Methode zur Bestimmung der Moleküldimensionen, entwickelte seine Lichtquantenhypothese (Nobelpreis 1921), stellte seine Theorie der Brownschen Bewegung auf und vollendete die Grundzüge der Speziellen Relativitätstheorie, die unter dem Titel „Zur Elektrodynamik bewegter Körper" in den Annalen der Physik veröffentlicht wurde.

Trotz dieser wissenschaftlichen Spitzenleistungen scheiterte 1907 sein erster Habilitationsversuch an der Universität Bern. Im folgenden Jahr gelang ihm dann aber doch dort dieser Schritt in seiner akademischen Laufbahn. Seine erste Vorlesung hielt er in Bern im Wintersemester 1908/09 vor nur drei Hörern über die Theorie der Strahlung.

Ein besonderer wissenschaftlicher Höhepunkt in seinen jungen Jahren war für *Einstein* die 81. Versammlung der Gesellschaft Deutscher Naturforscher und Ärzte 1909 in Salzburg. Er wurde dabei nämlich mit etlichen der berühmtesten Physiker der damaligen Zeit persönlich bekannt und konnte diesen seine Ideen zur Relativitätstheorie direkt darlegen (*Max Planck, Willy Wien, Arnold Sommerfeld, Max Born* u.a.). Im selben Jahr wurde er als außerordentlicher Professor an die Universität Zürich berufen. Seine Antrittsvorlesung in Zürich behandelte die Rolle der Atomtheorie in der neueren Physik. In Zürich vertiefte er auch die Freundschaft mit seinem in eine komplizierte politische Affaire geratenen Fachkollegen *Friedrich Adler*.

Einsteins erste von etwa 25 Ehrenpromotionen erfolgte von seiten der Universität Genf zur selben Zeit.

Im Jahre 1911 nahm *Einstein* einen Ruf als ordentlicher Professor an die deutsche Karl-Ferdinands-Universität in Prag an, wo er nähere Bekanntschaft mit dem Mach-Schüler *Georg Pick*, dem Philosophen *Hugo Bergmann* und dem Schriftsteller *Max Brod* machte. Um diese Zeit hatte *Ernst Machs* Kritik an der Newtonschen Mechanik, insbesondere in böhmisch-österreichischen Gelehrtenkreisen, bereits Fuß gefaßt. Das Machsche Ideengut, das den durch die Newtonsche Mechanik hervorgerufenen philosophischen Mechanizismus überwinden wollte, allerdings dabei in subjektivem Idealismus endete, war schon für *Einsteins* Begründung der Speziellen Relativitätstheorie von großem Wert gewesen, wurde nun aber für *Einstein*, der sich auf der Suche von der speziell-relativistischen zu der allgemein-relativistischen Konzeption der Physik befand, ein ganz besonders geeigneter Resonanzboden. Bekanntlich drängte *Machs* Philosophie aber ihren Urheber selbst von dem zweifellos berechtigten, kritischen Ausgangspunkt gegenüber der Newtonschen Raum-Zeit-Konzeption auf eine physikalisch unfruchtbare Linie ab: Er leugnete die Existenz der Atome und hatte gegenüber der Relativitätstheorie, zu deren Ausgangspunkt er ideengeschichtlich beigetragen hatte, etliche Vorbehalte.

Diese geistige Befruchtung, eigentlich schon aus der Zeit vor Prag datierend, schlug sich dann auch in *Einsteins* erster entscheidender Arbeit zu seinem Versuch einer verallgemeinerten Relativitätstheorie von 1911 nieder, in der er den Einfluß der Schwerkraft auf die Ausbreitung des Lichtes behandelte.

Das Jahr 1911 brachte für ihn einen weiteren Höhepunkt. Er lernte nämlich auf dem Solvay-Kongreß in Brüssel viele weltbekannte Physiker näher kennen und konnte sich ein Forum für seine Ideenwelt schaffen. Zu den Besuchern des Kongresses zählten u. a. *Marie Curie, H. Poincaré, P. Langevin, E. Rutherford, H.A. Lorentz, M. Planck* und *W. Nernst*.

Trotz des geistig anregenden Milieus in Prag verließ *Einstein* bereits 1912 diese Stadt wieder. Er folgte einem Ruf als Professor zurück nach Zürich, aber an die Eidgenössische Technische Hochschule. Dort vollendete er zusammen mit *Marcel Großmann* 1913 einen Entwurf zu einer verallgemeinerten Relativitätstheorie und einer Theorie der Gravitation. Diese Auseinanderhaltung von Relativitätstheorie und Gravitationstheorie ist philosophisch besonders deshalb interessant, weil viele spätere Fehlinterpretationen der Allgemeinen Relativitätstheorie auf einer begrifflichen Vermengung dieser beiden theoretischen Komponenten beruhen.

Im Frühjahr 1914 siedelte *Einstein* nach Berlin um. Auf Initiative von *Planck*, der als erster die historische Tragweite der Einsteinschen Arbeiten erkannt hatte („Copernicus des 20. Jahrhunderts"), war er nämlich 1913 zum Mitglied der Preußischen Akademie der Wissenschaften gewählt und zum Direktor des noch zu gründenden „Instituts für Physik" der Kaiser-Wilhelm-Gesellschaft ernannt worden.

Der Aufenthalt in Berlin brachte 1915 die Krönung des Einsteinschen Lebenswerkes: Es gelang ihm die Fertigstellung seiner Allgemeinen Relativitätstheorie und seiner Gravitationstheorie, die beide das Newtonsche Gebäude der Physik und damit dessen Raum-Zeit-Lehre endgültig ablösten. Abgesehen von der theoretisch-philosophischen Seite dieser noch Jahrhunderte nachwirkenden Leistung stieß *Einstein* auf drei interessante physikalische Effekte: Lichtablenkung an der Sonne, Frequenzverschiebung des Lichtes im Schwerefeld und Periheldrehung der Planeten. Bereits 1919 konnten zwei britische Expeditionen (eine davon unterstand direkt *A.S. Eddington*) die Lichtablenkung ziemlich gut bestätigen. Außerdem fand die seit langem unaufgeklärt gebliebene Periheldrehung des Planeten Merkur ihre natürliche Erklärung. Die Frequenzverschiebung elektromagnetischer Strahlung im Schwerefeld konnte wegen der notwendigen Ausschaltung vieler Nebeneffekte erst mit Hilfe des 1958 entdeckten Mößbauer-Effekts quantitativ bestätigt werden.

Kampf um die Durchsetzung der Relativitätstheorien, Emigration, politische Aktivitäten (1919–1955)

Obwohl *Einstein* schon etliche Jahre von seiner Frau *Mileva* getrennt gelebt hatte, brachte erst das Jahr 1919 die gerichtliche Ehescheidung mit sich. Zur selben Zeit erfolgte die Eheschließung mit seiner Cousine *Elsa*, die, entgegen der Einsteinschen Lebensart, sehr um seine Publizität in der Weltöffentlichkeit bemüht war.

Die Jahre nach dem Ersten Weltkrieg führten nun *Einstein*, oft zusammen mit seiner Frau *Elsa*, zu Vorträgen über seine Theorien in viele Länder der Erde: Gastvorlesungen in Zürich 1918 und Leiden 1919; außerordentliche Professur in Leiden 1920; Vorträge in Norwegen, Prag, Wien, Princeton, Paris, Japan, Palästina und Madrid sowie Nobelvortrag 1923 in Göteborg; Reisen nach Lateinamerika (1925) und Großbritannien (1930). Ab 1930 hielt er in den Wintermonaten regelmäßig Vorlesungen in Pasadena. Auf diese Weise schuf er sich ein internationales wissenschaftliches Forum zur Beachtung und Durchsetzung der Relativitätstheorien. Er fand im Ausland eine wesentlich größere Resonanz als in seiner eigenen Heimat, wo der Antisemitismus sich zu formieren begann. Unter den deutschen Physikern hatten nur wenige die Tragweite der Relativitätstheorie erkannt. Von der damaligen Physikergeneration sind unter den wenigen zu nennen: *Max von Laue, Max Planck, Arnold Sommerfeld* und *Max Born*.

Der Untergang des deutschen Kaiserreiches führte zu einer Verstärkung der politischen Aktivitäten *Einsteins*, der schon während des Ersten Weltkrieges zum Unwillen seiner kaiserlich gesinnten preußischen Kollegen öfter mahnend seine Stimme gegen den Krieg erhoben hatte. Aus seiner grundsätzlichen Ablehnung von Nationalismus und Militarismus, darunter vor allem auch des preußischen, machte er kein Hehl. Besonders hervorzuheben sind: Unterzeichnung des von seinem Freund *Walther Rathenau* initiierten Gründungsaufrufs der „Deutschen Demokratischen Partei" (1918); Erklärung über die Unterstützung der „Räte" (1918); Auftreten gegen die „Fürstenabfindung"; Geldsammelaktion für jüdische Nationalfonds, zusammen mit *Chaim Weizmann* (1922); Wahl in die „Kommission für intellektuelle Zusammenarbeit des Völkerbundes (1922), aus der er 1923 wegen der „katalonischen Frage" austrat; aktive Mitgliedschaft in der „Gesellschaft der Freunde des neuen Rußland" (1923); Förderer der „Roten Hilfe"; Manifest gegen die Wehrpflicht, zusammen mit *M.K. Gandhi* u.a. (1925).

Parallel zu diesen Aktionen und oft damit eng verflochten, setzte die berüchtigte Kampagne gegen die Relativitätstheorie ein („Anti-Relativitäts-GmBH" von *Philipp Lenard*), wobei Antisemitismus und Nationalchauvinismus immer mehr in den Vordergrund rückten. Diese Hetze, die sich über mehr als ein Jahrzehnt hinzog, endete schließlich mit dem Verzicht *Einsteins* auf die 1913 wiedererlangte deutsche Staatsbürgerschaft, wobei die Einziehung seines Vermögens und sein Ausscheiden aus der Preußischen Akademie der Wissenschaften (1933) als bittere Fakten zu verzeichnen sind.

Im Jahre 1933 emigrierte er schließlich nach Princeton, wo er am Institute for Advanced Study eine Forschungsprofessur innehatte. Er erhielt 1940 die Staatsbürgerschaft der USA. Auch dieses Land mußte ihn als politisch engagierten Wissenschaftler kennenlernen. Mit Sorge verfolgte er die bösen Geschehnisse in Europa. Er gab Violinkonzerte und stellte den Erlös aus Deutschland geflohenen Wissenschaftlern sowie Kinderhilfen zur Verfügung. Am 2.8.1939 sandte er sein bekanntes Schreiben über die Möglichkeit des Baues einer Atombombe an Präsident *F. Roosevelt*. Erschüttert über den Abwurf der Atombomben auf Hiroshima und Nagasaki, übernahm er 1946 das Präsidium eines Komitees zur Verhütung eines Atombombenkrieges, was ihn in große Konflikte mit dem McCarthyismus brachte.

Die faschistischen Verbrechen, insbesondere an den Juden, brachten *Einstein* nach dem Zweiten Weltkrieg in einen erschütternden emotionalen Gegensatz – leider pauschal urteilend – zum gesamten deutschen Volk.

Insgesamt gesehen, gehörte *Einstein* zum linken Flügel der demokratisch gesinnten deutschen Intelligenz. Ihn zeichnete ein stetes Engagement für eine sozial gerechte Umgestaltung Deutschlands und der Welt aus („Erzsozialist"). Für uns ist er ein herausragender Humanist, ein kämpferischer Pazifist und ein vorbildlicher Wissenschaftler. Sein Werk ist Kulturbesitz der gesamten Menschheit.

Programm einer einheitlichen Feldtheorie, Stellung zur Quantentheorie, philosophische Position

Wie später im einzelnen dargelegt werden wird, ist *Einstein* mit der Aufstellung seiner Gravitationstheorie im Rahmen der Allgemeinen Relativitätstheorie (1915) ein grundsätzlich neuer Zugang zur physikalischen Erkenntnisgewinnung gelungen. Er fand, daß Gravitation (Schwerkraft) in Wirklichkeit nichts anderes als Krümmung von Raum und Zeit, also ein geometrisches Phänomen ist. Die Geometrie, bis dahin eine mathematische Disziplin, wurde in ihrer raumzeitlichen Konzeption zu einem Fundamentalgebiet der Physik, nämlich die Basis der Einsteinschen Gravitationstheorie, die die Newtonsche Gravitationstheorie (1687) ablöste.

Allerdings reichte für die Belange der Physik die von *Euklid* (um 300 v. Chr.) stammende und auf einen ebenen Raum (Raum ohne Krümmung) anwendbare Euklidische Geometrie nicht mehr aus, sondern *Einstein* mußte an die von *N.I. Lobatschewski* und *J. Bolyai* um 1830 begründete und von *B. Riemann* (1854) weiter verallgemeinerte Riemannsche Geometrie eines gekrümmten Raumes anknüpfen. *C.F. Gauß* hatte schon um 1800 eine solche Geometrie konzipiert, aber nicht veröffentlicht.

Dieser große Erfolg der Geometrisierung der Gravitation legte nun den Gedanken nahe, auch die andere um die Jahrhundertwende bekannte und einen riesigen Bereich der Physik umspannende Feldtheorie, nämlich die Maxwell-Theorie der elektromagnetischen Erscheinungen (1864), zu geometrisieren, d. h., auch diese Theorie aus einer über die Riemannsche Geometrie hinausgehenden Axiomatik zu begründen, so daß Gravitation und Elektromagnetismus eine logische Einheit auf geometrischer Basis besitzen würden. Man spricht deshalb vom Programm einer einheitlichen Feldtheorie von Gravitation und Elektromagnetismus. Später hat *Erwin Schrödinger* noch versucht, diese Idee auch auf Quantenfelder zu übertragen (1954).

Man kann ohne Übertreibung sagen, daß sich *Einstein*, getreu seinen Leitgedanken „innere Vollkommenheit" und „äußere Bewährung" (Praxis), über mehrere Jahrzehnte seines späteren Lebens mit faustischem Einsatz bemüht hat, diese so konzipierte einheitliche Feldtheorie zu finden. Er versprach sich dabei, über die Gravitation und den Elektromagnetismus hinausgehend, auch eine eventuelle Lösung des Elementarteilchen-Problems, da er vermutete, daß die Elementarteilchen singularitätenfreie Lösungen der Feldgleichungen sein könnten. *Einstein* griff diese Problematik aus den verschiedensten Richtungen an. Die bekanntesten Versuche sind wohl die Theorie des Fernparallelismus (1929), der Versuch einer 5-dimensionalen Theorie (zusammen mit *W. Mayer* 1931) und die Theorie mit einem unsymmetrischen metrischen Tensor (zusammen mit *E.G. Straus* 1946), der *Einstein* selbst in den Jahren 1949 bis 1953 die letzte Fassung und Interpretation gab. Heute kann man feststellen, daß all diese Versuche, obwohl auf geistreiche Weise unermüdlich unternommen, das Problem nicht gelöst haben.

Einsteins Schaffen auf dem Gebiet seiner eigenen Gravitationstheorie hatte noch einmal im Jahre 1938 einen Höhepunkt, als es ihm zusammen mit *L.*

Infeld und *B. Hoffmann* gelang, die mechanischen Bewegungsgleichungen als logische Folgerungen aus den Feldgleichungen herzuleiten. Diese Erkenntnis, die ebenfalls *V. Fock* (1939) mit einer anderen Methode gewinnen konnte, ist von prinzipieller Bedeutung, da auf diese Weise die Bewegungsgleichungen nicht durch ein neues, von den Feldgleichungen unabhängiges Axiom postuliert werden müssen.

Einsteins Name ist nicht nur mit der Relativitätstheorie und Gravitationstheorie unvergänglich verbunden, sondern er taucht in den verschiedensten Gebieten der Physik auf. Hier wollen wir nur noch kurz seine Aktivitäten in der Quantenphysik würdigen. *Einstein* war nämlich derjenige, welcher nach *M. Plancks* Entdeckung des Wirkungsquantums (1900) mit der Aufstellung der Lichtquantenhypothese (1905) die nächste große Spitzenleistung in der Quantentheorie vollbrachte. In einer abstrakten Weise konnte er dann 1916 auf wahrscheinlichkeitstheoretischer Basis das Plancksche Strahlungsgesetz schwarzer Körper ableiten, indem er neuartige statistische Überlegungen auf das von ihm eingeführte Lichtquanten-Gas (Photonen-Gas) anwandte. Die dabei benutzten Einstein-Koeffizienten haben im Zusammenhang mit den Strahlungsprozessen in Lasern gerade in unserer Zeit eine ganz besondere praktische Bedeutung erlangt. Mit dieser Theorie hat *Einstein* das Fundament für die Bose-Einstein-Statistik gelegt.

Bekanntlich haben *Werner Heisenberg* mit der Matrizenmechanik (1925) und *Erwin Schrödinger* mit der der Matrizenmechanik mathematisch äquivalenten Wellenmechanik (1926) die theoretische Grundlage der Quantenmechanik geschaffen. *Max Born* erkannte in den Folgejahren, daß in dem durch die Quantentheorie beschriebenen atomaren Bereich unserer Welt nicht der Newtonschen Mechanik korrespondierende klassisch-deterministische Gesetze gelten, sondern daß die Quantengesetze vom Prinzip her anderer Art, nämlich statistischer (probabilistischer) Natur sind.

Diese Grundsatzerkenntnis mit all ihren schwerwiegenden Konsequenzen für das mechanistische Weltbild hielt nur zögernd Einzug in die Hirne der Physiker und Philosophen. Die der klassisch-deterministischen Bewegungsauffassung verhafteten Wissenschaftler wurden insbesondere noch durch gewisse positivistische Entstellungen der Quantentheorie vor den Kopf gestoßen. Auch *Einstein* bereitete die prinzipiell-statistische Interpretation der Quantentheorie, mit einigen Zutaten um *Bohrs* Komplementaritätsprinzip herum oft „Kopenhagener Interpretation der Quantentheorie" genannt, großes Kopfzerbrechen. Seine Auseinandersetzungen mit *Niels Bohr, Max Born* u.a. sind in die Geschichte der Quantentheorie eingegangen. Es wurde keine gemeinsame Linie erzielt. *Einstein* sah die statistische Interpretation der Quantentheorie nur als ein Übergangsstadium auf dem Weg zu einer Art klassisch-deterministischer Endfassung an („Gott würfelt nicht").

Wir haben *Einsteins* kühnen Geist in seinen jungen Jahren gewürdigt. In der Relativitätstheorie hat er der Menschheit eine umfassende revolutionäre Raum-Zeit-Lehre geschenkt. In der Quantentheorie waren seine Anschauungen von hemmenden konservativen Denkelementen bestimmt.

Einsteins philosophische Position zu bestimmen, ist besonders schwierig, da viele relevante Momente berücksichtigt werden müssen.

Als stark von *Ernst Mach* beeinflußter Physiker weist er in seinen frühen Jahren in einer kritischen Haltung zur Newtonschen Mechanik unverkennbar philosophische Züge mit Tendenzen zum Positivismus auf. Später rückte er deutlich davon ab. Er kam zu dem „Glauben an eine objektive, durch strenge Gesetzlichkeit eindeutig bestimmte Außenwelt" (*Max von Laue*), also zur Anerkennung der realen Existenz der Außenwelt. Seine Allgemeine Relativitätstheorie mit der Gravitationstheorie als Kernstück widerspiegelt die Aufdeckung tiefgründiger Gesetzmäßigkeiten im innersten Wesen der Welt.

Obwohl er sich frühzeitig konfessionell gelöst hatte, bekannte er sich zu einer Art „kosmischer Religiosität" (siehe „Mein Glaubensbekenntnis"), die an den Pantheismus spinozaischer Denkweise anknüpft. Ihr eigentlicher Kern ist der Glaube an die Harmonie und Schönheit der universellen Gesetzmäßigkeiten der Natur in ihrer Einheit.

1 Vorrelativistische Physik

1.1 Das Physikverständnis von Aristoteles und Galilei

In der Antike gab es noch keine klare Abgrenzung der Disziplinen Philosophie und Physik. Deshalb nimmt es nicht wunder, wenn die Anfänge der Physik auf den griechischen Philosophen *Aristoteles* (384–322 v. Chr.) zurückgehen. Dieser war ein Schüler *Platons* (etwa 427–347 v. Chr.), Erzieher *Alexanders des Großen* und Gründer der peripatetischen Schule. Er war ein hervorragender Beobachter mit reicher Naturkenntnis.

In seiner „Metaphysik" lehrte er, daß in jedem Ding der Welt die vier Ursachen: 1. stoffliche Ursache (Stoff), 2. formale Ursache (Form), 3. hervorbringende Ursache und 4. Endursache (innerer Zweck, Entelechie) enthalten sind. Der reine ungestaltete Stoff ist danach die Möglichkeit, die als Folge der wirkenden Kraft (Tätigkeit) durch Annahme der Form zu einem bestimmten Endzweck zur Wirklichkeit wird.

Die Bewegung ist nach *Aristoteles* der Übergang vom Stoff zur Form. Sie ist ohne Anfang und Ende, ihre letzte Ursache ist Geist oder Gott als das ewig nur sich selbst denkende Denken. Von ihm geht die Ursache der Bewegung als Zweck des Seienden aus.

Seine physikalische Lehre faßte *Aristoteles* in dem Werk „Fragen der Mechanik" zusammen:

Seine Naturlehre geht von der Einteilung aller Stoffe in vier Elemente aus: Wasser, Feuer, Luft und Erde, den Vorgängern der heutigen chemischen Elemente. Hinsichtlich der physikalischen Bewegung der Körper, denen er Kreise als die vollkommensten Bahnen zuschreibt, unterscheidet er absolut schwere Körper (Erde) mit dem Trieb zum Erdmittelpunkt und absolut leichte Körper (Feuer) mit dem Trieb zur Weltsphäre. Die übrigen Körper sollen sich so bewegen, wie es ihrer proportionalen Zusammensetzung entspricht. Insbesondere sind nach seiner Lehre Wasser und Luft als „media" dazwischen einzuordnen. Über diesen vier Elementen rangiert bei ihm der Äther als fünftes Element (Quintessenz).

Für den freien Fall eines Körpers auf der Erde gibt *Aristoteles* sein Fallgesetz an: „Im luftleeren Raum fallen alle Körper unendlich schnell." Bei ihm liest man auch die Behauptung, daß die Geschwindigkeit eines fallenden Körpers zu dessen Gewicht proportional sei, so daß ein Eisenstab von 100 Pfund, aus einer Höhe von 100 Ellen fallend, in einer solchen Zeit den Erdboden erreicht, in der ein einpfündiger Stab nur eine Elle zurücklegt.

Heute mögen uns solche Aussagen als Kuriositäten vorkommen. Man muß dabei aber immer daran denken, daß diese Lehre vor mehr als zwei Jahrtausenden entstand. Mit dem historischen Maß damaliger Zeit gemessen, handelte es sich immerhin um eine Lehre, die sich durch großen philosophischen Ideenreichtum und eine beachtliche dynamische Auffassungsweise auszeichnete und deshalb fast ein Jahrtausend unangefochten geblieben war. Zum Hemmschuh der Entwicklung wurde sie erst im 9. Jahrhundert, als sie von der Scholastik als Dogma praktiziert wurde.

Der erste spätere Kritiker der aristotelischen Naturlehre war wohl – von den antiken Kritikern abgesehen – *Johannes Philopones* im 6. Jahrhundert. Sein von der Kirche als ketzerisch angesehener Kommentar wurde erstmalig 1536 in dem relativ unabhängigen Venedig gedruckt. Es dauerte nach *Philopones* noch einmal ein ganzes Jahrtausend, bis mit *Galileo Galilei* (1564–1642) eine herausragende Gestalt auftrat, die, obwohl in der Aristotelischen Physik ausgebildet, deren Schwächen nach und nach aufzudecken vermochte.

Galilei legte das Fundament für die quantitative Erfassung der Zusammenhänge in der Natur, indem er reproduzierbare Experimente anstellte. Bei ihm stand das systematische Experiment im Vordergrund, da es die theoretischen Denkmöglichkeiten stark einschränkt und vor irreführender Spekulation schützt.

Galileis Denkweise stellte gegenüber der Aristotelischen Physik auch insofern eine neue Qualität dar, als er sich nicht mit der bloßen Beschreibung der Natur resp. des Experiments begnügte, sondern versuchte, wenn auch mit einer nur ganz bescheiden entwickelten Mathematik auf der Basis von Proportionen und geometrischen Veranschaulichungen, physikalische Sachverhalte (z. B. Fallgesetz) quantitativ zu erfassen. Bekanntlich war damals die für die Mechanik unentbehrliche Infinitesimalrechnung noch nicht geschaffen. Auch das Rechnen mit Gleichungen steckte noch in den Anfängen. Wenn auch nur an Einzelbeispielen exemplifizierend, so hat doch *Galilei* damit den ersten revolutionären Schritt zur Mathematisierung der Naturwissenschaften getan, die eine Vorbedingung für exakte Wissenschaft ist. Seine

1.1 Das Physikverständnis von Aristoteles und Galilei

neue Methode der Anwendung von Mathematik bei Experimenten zur Entschleierung der Rätsel der Natur wurde für die kommenden Jahrhunderte beispielgebend.

Auch in methodischer Hinsicht verdanken wir *Galilei*, wenn auch nur in den allerersten Anfängen, ein entscheidendes Hilfsmittel moderner Forschung, nämlich das Gedankenexperiment, das später für *Einstein* so wichtig war. Man versteht darunter die gedankliche Durchführung eines Experiments, das also selbst nicht gemacht wird, dessen Ablauf aber auf Grund tiefer Einsicht in die Natur infolge reicher Erfahrung vorausgesehen wird. *Galilei* beobachtete die ihn umgebende Natur so scharfsinnig, daß sein Abstraktionsvermögen bis in den Bereich von Gedankenexperimenten vorgedrungen ist. Dabei spielte bei ihm eine besonders ausgewogene Kombination von induktiver und deduktiver wissenschaftlicher Methodik eine glückliche Rolle.

So kann man trotz der unzureichenden experimentellen Hilfsmittel aller Art *Galilei* mit Recht als den Begründer der wissenschaftlichen Naturforschung, insbesondere der Physik, bezeichnen. Im Keime steckt bei ihm auch schon die Denkweise der Theoretischen Physik, für die dann später *Christian Huygens* (1629–1695) und *Isaac Newton* (1643–1727) das Fundament legten.

Galileis Wirken in der Physik und Astronomie war außerordentlich vielfältig. Er hat seine physikalischen Erkenntnisse, abgesehen von vielen Einzelschriften, in zwei umfassenden Büchern dargestellt, die in Form von Dialogen zwischen Partnern entgegengesetzter Anschauungen gestaltet sind:

1. „Dialog über die beiden hauptsächlichsten Weltsysteme, das ptolemäische und das copernikanische" (Florenz 1632).

Diese Schrift behandelt in vorwiegend philosophierender Art seine scharfsinnigen Naturbeobachtungen. Sie hat den Widerspruch der Inquisition hervorgerufen und der Kirche zur Anklage im Prozeß gegen ihn gedient.

2. „Unterredungen und mathematische Demonstrationen über zwei neue Wissenszweige, die Mechanik und die Fallgesetze betreffend" (Leiden 1638).

In diesem Traktat, einige Jahre nach dem Prozeß geschrieben, hat sich *Galilei* notgedrungen jeglicher weltanschaulicher Polemik enthalten und nur nackte physikalische Gegenstände abgehandelt.

Im folgenden stellen wir die für die Relativitätstheorie relevante Quintessenz Galileischer Physikerkenntnis überblicksmäßig kurz dar:

Trotz einiger vager Äußerungen über die Unendlichkeit des Universums waren *Nicolaus Copernicus* (1473–1543), *Galileo Galilei* und *Johannes Kepler*

(1571–1630) dennoch dem Weltbild der Antike im Sinne von *Platon* und *Aristoteles* verhaftet, die die Welt als durch eine Kugel abgeschlossen aufgefaßt hatten. Danach war gemäß *Aristoteles* die Bewegung von Körpern in die „natürliche Bewegung" (z. B. freier Fall) und in die „zwangsweise Bewegung" (z. B. Wurf) einzuteilen. Die natürliche Bewegung von Körpern erfolgte entsprechend dieser Lehre auf den als vollkommen angesehenen Bahnkurven, nämlich auf Kreisen. Eine geradlinige Bewegung eines Körpers konnte nicht anerkannt werden, da sie ja zum Zusammenstoß mit der Weltkugel hätte führen müssen. Diese vermeintliche Einsicht war so stark in den Köpfen der führenden Wissenschafter der damaligen Zeit verankert, daß *Galilei*, obwohl er oft von geradliniger Bewegung beim freien Fall auf den Erdmittelpunkt hin sprach, die endgültige saubere Fassung des Trägheitsgesetzes verschlossen blieb.

Weiter verweisen wir darauf, daß zwar *Galilei* weniger als *Copernicus* der aristotelischen, rein geometrisch-kinematischen Bewegungskonzeption anhing, denn er sagte oft, daß die Körper infolge der Schwere fallen, aber in der Endkonsequenz konnte er nicht wie *Isaac Newton* bis zur Prägung des Begriffes der Gravitationskraft vordringen. Für ihn waren wie für *Aristoteles* die Körper bestrebt, ihren „natürlichen Ort" auf dem Weg von Kreisbahnen – wenn auch mit riesigem Durchmesser – einzunehmen: die schwereren in Richtung Erdmittelpunkt, die leichteren in entgegengesetzter Richtung.

Als nächstes merken wir an, daß *Galilei* interessante Überlegungen anstellte, die an Beispielen, insbesondere beim freien Fall eines Körpers, verbal das Gesetz von der Erhaltung der mechanischen Energie zum Ausdruck brachten, ohne daß *Galilei* allerdings diesen Begriff schon gekannt hat. Er ging dabei von der erstaunlichen Abstraktion aus, die Erde sei diametral durchbohrt und durch diese Bohrröhre falle ein Körper. *Galilei* behauptete, daß der fallende Körper nach seiner Beschleunigungs- und Verzögerungsphase im Prinzip bei fehlendem Luftwiderstand wieder dieselbe Ausgangsgeschwindigkeit besitzen müsse. Ähnliche Überlegungen beziehen sich auf den Rollvorgang einer Kugel in einer Rinne und auf der schiefen Ebene.

Die Experimente mit rollenden Kugeln auf schiefen Ebenen verschiedener Neigung führten *Galilei*, indem er die Kugeln auf horizontalen Ebenen auslaufen ließ und die Geschwindigkeiten beobachtete, auch zur Erkenntnis des Wesens des Trägheitsgesetzes, wonach ein kräftefreier Körper infolge seiner Trägheit in Ruhe oder in geradlinig-gleichförmiger Bewegung, also auf einer Geraden mit konstanter Geschwindigkeit, verharrt. Wir können bezüglich

1.1 Das Physikverständnis von Aristoteles und Galilei

Galilei aber nur von der Erkenntnis des Wesens des Trägheitsgesetzes sprechen, denn die endgültige saubere Fassung findet man erst bei *Baliani* im Jahre 1639 sowie bei *Descartes* (1596–1650), die beide den Gedanken der geradlinigen Inertialbewegung klar ausgesprochen haben. Das lag wieder an der Befangenheit *Galileis* in der aristotelischen Lehre, wonach die Kreisbahn als die Idealbahn eines kräftefrei bewegten Körpers angesehen wurde.

Eine uneingeschränkte und für die Physikgeschichte bleibende Erkenntnis im Rahmen ihrer Gültigkeit ist *Galileis* Entdeckung des Gesetzes der gleichmäßigen Beschleunigung beim freien Fall und der Überlagerung der Bewegung beim schiefen Wurf aus einer geradlinig-gleichförmigen Horizontalbewegung und einer gleichmäßig beschleunigten Vertikalbewegung zur Wurfparabel. Die Fall- und Wurfgesetze sind für immer mit dem Namen *Galileo Galilei* verbunden.

Für die Relativitätstheorie ist die Galileische Einsicht in das Spezielle Relativitätsprinzip von herausragender Bedeutung. Da es bei *Galilei* noch auf den Rahmen der Mechanik eingeschränkt ist, spricht man vom Galileischen Relativitätsprinzip. Dieses besagt, daß für geradlinig-gleichförmig gegeneinander bewegte Beobachter die mechanischen Bewegungsabläufe bei Beachtung der Freiheiten in den Anfangsbedingungen in gleicher Weise vor sich gehen.

Galilei bezog sich dabei auf Beobachtungen bei Fahrten mit Schiffen. Er verglich die mechanische Bewegung fallender Körper, beobachtet vom Bezugssystem des Festlandes und vom Bezugssystem des fahrenden Schiffes. Er diskutierte den freien Fall eines Steines von der Spitze eines Turmes und einer Bleikugel vom Mast eines Schiffes und kam zu folgender Erkenntnis: Da die Bleikugel trotz der Bewegung des Schiffes an derselben Stelle des Deckes unten auftrifft, wo sie auch aufschlagen würde, wenn das Schiff in Ruhe wäre, gestattet diese Beobachtung keine Aussage über die absolute Bewegung des Schiffes. Ähnlich ist es mit der Erde, auf die von einem Turm ein Stein fällt. Auch dieser Bewegungsablauf, der dem Fall der Bleikugel analog ist, läßt keinen Schluß auf die absolute Bewegung der Erde zu.

Diese Erfahrung benutzte *Galilei* gleichzeitig als Argument gegen die Anhänger der Aristotelischen Physik, nach deren Lehre die Erde unbewegter Mittelpunkt der Welt sein sollte. Die Aristoteliker schlossen nämlich, daß, falls die Erde als bewegt angenommen würde, ein Stein während des Fallens aufgrund der inzwischen erfolgten Fortbewegung der Erde an einer entfernt gelegenen Stelle ankommen müsse.

Aus diesen Ausführungen erkennen wir, daß das Galileische Relativitätsprinzip der Mechanik seinen tieferen Grund in der Existenz der Trägheitseigenschaft der Körper besitzt. *Galilei* hat zwar beide Aspekte recht gut in ihrem Zusammenhang durchschaut, besaß aber leider die entscheidenden Grundbegriffe Trägheit und Inertialsystem noch nicht. Dieses Beispiel zeigt eindringlich, wie wichtig die Prägung abstrakter Begriffe für den Wissenschaftsfortschritt ist, denn nur mittels solcher umfassenden Begriffe lassen sich allgemeingültige Gesetzmäßigkeiten formulieren.

Das Galileische Relativitätsprinzip, dessen eigentliche mathematische Formulierung erst möglich war, nachdem *Newton* das Grundgesetz der Mechanik entdeckt hatte, wurde zwar schon 1904 von *Henri Poincaré* auf die Gesamtphysik bezogen, aber erst 1905 von *Albert Einstein* als Spezielles Relativitätsprinzip auf alle Bereiche der Physik außer der Gravitation verallgemeinert und umfassend ausgeschöpft.

Es gibt interessante Stellen bei *Galilei*, die darauf schließen lassen, daß auch er schon die Tragweite des Relativitätsprinzips über den Rahmen der Mechanik hinaus erkannt hat (Beschreibung der Bewegung von Mücken, Fliegen, Schmetterlingen usw. im Rumpf eines Schiffes). Aber ohne die angemessene Mathematik konnte es nur bei einer beschreibenden Analyse von Sachverhalten bleiben.

Obwohl 300 Jahre zwischen *Galilei* und *Einstein* liegen, ist der Leser der Galileischen Werke stark von der Ähnlichkeit der Gedankentiefe beider Genien beeindruckt.

1.2 Newtonsche Mechanik und Gravitationstheorie: Newtons Auffassung von Raum und Zeit, Grundgesetze der mechanischen Bewegung und der Gravitation

Wenn wir nach *Galilei* gleich den Beitrag *Isaac Newtons* zu Grundfragen der Physik behandeln, so sind wir uns der ganz besonders komplizierten und verworrenen wissenschaftshistorischen Situation um die damalige Zeit durchaus bewußt, in der kein einheitliches Begriffssystem existierte, so daß fast jeder Forscher seine eigene Terminologie hatte. Wir können nicht die Namen all derer nennen, die die Epoche der Newtonschen Physik vorbereitet haben, wollen aber wenigstens auf das stimulierende Gedankengut von

1.2 Newtonsche Mechanik und Gravitationstheorie

Descartes und *Huygens* zur Bewegungslehre und von *R. Hooke* zur Schwerkraft (Gravitation) hingewiesen haben.

Wichtig ist in einem solchen Zustand der angesammelten Beobachtungsfakten und wuchernden Ideen, daß ein klarer Kopf mit einem scharfen Blick für die universellen Zusammenhänge heranwächst, der fähig ist, abstrakte Begriffe zu prägen, die der Natur der Sache angepaßt sind, und dem es gelingt, mittels dieser Begriffe die in der objektiven Realität immanent verankerten Gesetze zu formulieren.

Das Genie, welches hinter der Bewegung der Körper auf der Erde und der Bewegung der Himmelskörper dieselben Bewegungsgesetze erkannte, war *Isaac Newton*. Für ihn war es dem Wesen nach dasselbe Phänomen der Schwerkraft, das den Apfel auf die Erde fallen läßt oder die Planeten an die Sonne fesselt.

Newton hat für viele Gebiete der Physik Bleibendes geschaffen. Unserer Zielstellung entsprechend, stellen wir ähnlich wie bei *Galilei* auch bei ihm nur das für die Relativitätstheorie relevante Ideengut heraus. Mit seinem Werk „Philosophiae Naturalis Principia Mathematica" (Mathematische Prinzipien der Naturphilosophie), das 1687 mit *E. Halleys* Hilfe von der Royal Society gedruckt wurde, schuf *Newton* das Fundament für die Epoche der Newtonschen Physik inklusive aller philosophischen Implikationen. Um seine theoretischen Aussagen formulieren zu können, mußte sich *Newton* erst selbst die mathematischen Hilfsmittel, nämlich die Infinitesimalrechnung, entwickeln. Bekanntlich gab es um die Priorität der Infinitesimalrechnung einen unerfreulichen Streit mit *G.W. Leibniz* (1646–1716).

Newton versuchte, vom prinzipiellen Anbeginn physikalischer Forschung auszugehen. Deshalb gab er sich zuerst Rechenschaft über die der Physik bis zum heutigen Tag zugrunde gelegten Grundbegriffe von Raum und Zeit, die er als absolute Kategorien ansah. Er definierte sie wie folgt:

„Der absolute Raum bleibt vermöge seiner Natur und ohne Beziehung auf einen äußeren Gegenstand stets gleich und unbeweglich."

„Die absolute, wahre und mathematische Zeit verfließt an sich und vermöge ihrer Natur gleichförmig und ohne Beziehung auf irgendeinen äußeren Gegenstand."

Newtons Position zu diesen als Hypothesen anzusprechenden Annahmen ist in diesem Zusammenhang oft verschieden interpretiert worden. Unabhängig von solchen Interpretationen erkennt man, daß *Newton* in der Tat sehr grundsätzlich an das Fundament der Physik herangegangen ist.

Für die Newtonsche Konzeption von Raum und Zeit ist deren Absolutheit und Losgelöstheit von den physikalischen Körpern, die sich im Raum in Bewegung, also in zeitlicher Veränderung befinden, charakteristisch:

Der Raum ist unendlich ausgedehnt, d. h., er setzt sich monoton ohne Ende in seinen drei Dimensionen fort. Er ist homogen, besitzt also keine ausgezeichneten Punkte; und er ist isotrop, weist also keine ausgezeichneten Richtungen auf. Dieser so beschriebene Raum dient den Körpern gewissermaßen als unendlich großes Gefäß.

Die Zeit ist ebenfalls unendlich ausgedehnt, aber im Unterschied zum Raum nur von einer Dimension. Sie verfließt monoton ohne Anfang und ohne Ende. In ihr gibt es keine ausgezeichneten Punkte, d. h., sie ist homogen. Die Bewegung der Körper wird durch zeitliche Parametrisierung erfaßt.

Es ist naheliegend, daß man dem Newtonschen Raum und der Newtonschen Zeit, obwohl es von *Newton* selbst nicht ausdrücklich vermerkt wurde, objektive Realität, also definitionsgemäß Existenz außerhalb des menschlichen Bewußtseins, zuerkennt. Dieser Sachverhalt soll auch festgehalten werden, wenn *Ludwig Feuerbach* zum Ausdruck bringt, Raum und Zeit seien keine bloßen Erscheinungsformen, sondern Wesensbedingungen des Seins, oder wenn *Friedrich Engels* Raum und Zeit als Existenzformen der Materie (im Sinne von Existenzbedingungen) bezeichnet.

In ihrer philosophischen Interpretation haben aber Raum und Zeit auch subjektivistische Ausdeutungen erfahren: *George Berkeley* stellte Raum und Zeit als Formen subjektiver Erlebnisse dar. *Immanuel Kant* sah Raum und Zeit als a-priori-Anschauungsformen des Menschen an, die durch die Natur seines Bewußtseins bedingt seien. Sie sollten gewissermaßen als unabänderliche Absoluta dem menschlichen Geist vom Anbeginn seiner Existenz eingeprägt sein. *Ernst Mach* beschrieb Raum und Zeit als von dem Menschen geordnete Systeme von Empfindungsreihen. *Georg Wilhelm Friedrich Hegel* wiederum betrachtete Raum und Zeit als im Menschen von der „absoluten Idee" hervorgebracht.

Es dauerte fast zweieinhalb Jahrhunderte, bis *Newtons* Raum-Zeit-Lehre infolge harter Fakten neuen empirischen und theoretischen Erkenntnissen weichen mußte. Es war insbesondere *Einstein*, dem die Newtonschen Konzeptionen als unhaltbare Hypothesen erschienen und der, von der objektiven Existenz von Raum und Zeit ausgehend, die neue Raum-Zeit-Lehre schuf.

Der Inhalt der Newtonschen Mechanik basiert auf den drei Newtonschen Axiomen:

1. *Trägheitsgesetz (Lex prima)*: Jeder kräftefreie Körper verharrt infolge seiner Trägheit (träge Masse) im Zustand seiner Ruhe oder seiner geradlinig-gleichförmigen Bewegung (geradlinige Bewegung mit konstanter Geschwindigkeit).

Über die Urheberschaft *Galileis* hinsichtlich des Wesens dieses physikalischen Tatbestands, wenn auch mit Einschränkung bezüglich der Geschwindigkeit, haben wir schon gesprochen. Zwar hat *Galilei* selbst dieses Gesetz in dieser klaren Form nie formuliert – ihm fehlte auch der Begriff der Trägheit (inertia) –, aber seine verbale Beschreibung des Phänomens ist eindeutig.

2. *Bewegungsgesetz (Lex secunda)*: Wirkt auf einen Massenpunkt mit der trägen Masse m_T und der Geschwindigkeit $v(t)$ eine eingeprägte Kraft F, so bewegt sich der Massenpunkt gemäß dem Bewegungsgesetz

$$\frac{d\boldsymbol{p}}{dt} = \boldsymbol{F}, \tag{1.1}$$

wobei $\boldsymbol{p} = m_T \boldsymbol{v}$ der Impuls des Massenpunktes ist. Ist die träge Masse zeitlich konstant, so erhält das Bewegungsgesetz die alternative Form

$$m_T \boldsymbol{a} = \boldsymbol{F}, \tag{1.2}$$

wobei $\boldsymbol{a} = \dfrac{d\boldsymbol{v}}{dt}$ die Beschleunigung des Massenpunktes bedeutet.

Wir haben hier von eingeprägter Kraft gesprochen, da sich im Laufe der historischen Entwicklung die Unterscheidung zwischen verschiedenen Kraftbegriffen als notwendig erwies. Man versteht unter eingeprägter Kraft eine Kraft, die objektiven Ursprungs in dem Sinne ist, daß sie von anderen Körpern, Feldern usw. hervorgerufen und dem Raum gewissermaßen eingeprägt wird. Beispiele sind: elektrische Kräfte, magnetische Kräfte und im Rahmen der Newtonschen Physik die Schwerkraft (Gravitationskraft).

Das Bewegungsgesetz konfrontierte uns in dieser Abhandlung das erste Mal mit Formeln. Deshalb wollen wir einige grundsätzliche Bemerkungen zu unserer Verwendung der Mathematik machen: Unser Anliegen ist es eigentlich, die Relativitätstheorie allgemeinverständlich darzustellen. Deshalb geben wir der gedanklichen Präsentation des Stoffes das Primat, den wir in seiner logischen Strukturierung anbieten wollen, wobei zur Auflockerung das historische Moment gelegentlich einfließt. Von mathematischen Formeln werden wir nur sparsam Gebrauch machen. Wir möchten aber nicht ganz auf sie verzichten, denn für denjenigen, der die Formeln zu lesen versteht, wird durch sie das Wesen der Zusammenhänge viel transparenter. Bei der Behandlung der Newtonschen Physik und der Maxwellschen Elektromagnetik kommen wir mit zwei Arten algebraischer Größen aus:

Skalare: Das sind gewöhnliche Zahlen, die man sich auf einer Zahlengeraden (Skala) angeordnet denken kann. Für sie gelten die üblichen Rechenregeln (algebraische Axiomatik der reellen Zahlen). Wir verwenden für sie normale Drucktypen (Beispiel: m_T).

Vektoren: Das sind sogenannte extensive (gerichtete) Zahlen, die so viele Komponenten in sich zusammenfassen, wie es der Dimensionszahl des betrachteten Raumes entspricht. Für sie gelten die Rechenregeln für Vektoren (algebraische Axiomatik der Vektoren). Zu ihrer Kennzeichnung benutzen wir halbfette Drucktypen (Beispiele: $\boldsymbol{a}, \boldsymbol{F}$). Der Betrag eines Vektors ist ein Skalar und wird deshalb durch normale Drucktypen wiedergegeben.

Zu diesen algebraischen Festlegungen kommen noch die elementarsten Begriffe aus der Differentialrechnung, nämlich die gewöhnliche Differentiation in der Mechanik und die partielle Differentiation in der Feldtheorie.

3. *Actio-Reactio-Gesetz (Lex tertia):* Jede Wirkung ruft eine gleich große Gegenwirkung hervor.

Dieser Erfahrungssatz, mit Wirkung und Gegenwirkung formuliert, läuft auf das Gleichgewicht der Kräfte hinaus. Er wird oft mit Nutzen angewandt, wenn es um die Aufdeckung nicht augenscheinlicher Gegenkräfte geht. Versieht man die Kräfte mit geeigneten Vorzeichen, so läßt sich dieses Gesetz auch so formulieren, daß die Summe aller Kräfte Null ergibt.

Die drei Newtonschen Axiome spielten in der Entwicklung der Physik inklusive aller technischen Anwendungen eine hervorragende Rolle. Vom logischen Standpunkt aus erkennt man, daß das eigentliche Kernstück das Bewegungsgesetz ist, denn die beiden anderen Axiome stehen in einem gewissen Sinne dazu in einem logischen Abhängigkeitsverhältnis: Das Trägheitsgesetz ist eine unmittelbare Konsequenz des Bewegungsgesetzes, denn bei verschwindender Kraft ($\boldsymbol{F} = 0$) verschwindet die Beschleunigung ($\boldsymbol{a} = 0$). Das heißt aber gerade, daß die Geschwindigkeit konstant, im Spezialfall sogar null ist. Das Actio-Reactio-Gesetz ist, abgesehen von seiner Interpretation über den Rahmen der Physik hinaus, ein Bilanzierungsgesetz der Kräfte und ist

1.2 Newtonsche Mechanik und Gravitationstheorie

deshalb bei richtiger Einbeziehung aller Kräfte durch das Bewegungsgesetz antizipiert: Nennt man die Größe

$$\boldsymbol{F}_T = -m_T \boldsymbol{a} \tag{1.3}$$

D'Alembertsche Trägheitskraft, so läßt sich das Bewegungsgesetz (1.2) als Gleichgewichtsbeziehung aller Kräfte schreiben:

$$\boldsymbol{F} + \boldsymbol{F}_T = 0 \,.$$

Newton hat mit seinen „Prinzipien" der Menschheit noch eine weitere große Erkenntnis vermacht, nämlich das Gravitationsgesetz. Er fand heraus, daß die Körper neben der Trägheit noch eine weitere universelle Eigenschaft besitzen: Sie üben eine Schwerkraft (Gravitationskraft) aufeinander aus, deren Ursache die schwere Masse der Körper ist. Die von einem Körper hervorgerufene Schwerkraft ist der schweren Masse des Körpers proportional. Für zwei getrennte Massenpunkte mit den schweren Massen m_S und M_S, die sich im Abstand r voneinander befinden, hat die Schwerkraft den Betrag

$$G = \gamma_N \frac{m_S M_S}{r^2} \,, \tag{1.4}$$

d. h., sie nimmt mit dem Quadrat der Entfernung der Körper voneinander ab. Der Faktor γ_N ist die Newtonsche Gravitationskonstante, die experimentell ermittelt werden muß. Die erste experimentelle Bestimmung verdankt man *H. Cavendish*. Der heute anerkannte Wert ist

$$\gamma_N = 6{,}67 \cdot 10^{-8} \text{cm}^3 \text{g}^{-1} \text{s}^{-2} \,. \tag{1.5}$$

Oft ist es ratsam, die betragsmäßig geschriebene Schwerkraft (1.4) in ihrer Vektorform anzugeben, die folgendermaßen lautet:

$$\boldsymbol{G} = -\gamma_N \frac{m_S M_S}{r^3} \boldsymbol{r} \,. \tag{1.6}$$

Dabei ist $\boldsymbol{r}$ der Ortsvektor (von einem Massenpunkt zum anderen), dessen Betrag gerade r ist. Deshalb steht die 3. Potenz von r im Nenner. Die Formel (1.6) legt es nahe, die Größe

$$\boldsymbol{g} = -\gamma_N \frac{M_S}{r^3} \boldsymbol{r} \tag{1.7}$$

als Gravitationsbeschleunigung anzusprechen, die von der schweren Masse M_S hervorgerufen wird.

1 Vorrelativistische Physik

Für den mathematisch weiter ausgebildeten Leser vermerken wir, daß es für feldtheoretische Zwecke, bei denen allerdings auf die Operation der partiellen Differentiation Bezug genommen werden muß, notwendig ist, den Begriff des Gravitationspotentials Φ einzuführen, das mit der Gravitationsbeschleunigung wie folgt zusammenhängt:

$$\boldsymbol{g} = -\operatorname{grad}\Phi. \tag{1.8}$$

Für eine Punktmasse mit der schweren Masse M_S lautet das Gravitationspotential bekanntlich

$$\Phi = -\gamma_\mathrm{N}\frac{M_\mathrm{S}}{r}. \tag{1.9}$$

Durch Einsetzen dieser Größe in die Gleichung (1.8) kann man die Konsistenz mit (1.7) bestätigen.

Die bisherigen Überlegungen erstreckten sich auf Massenpunkte. In der Natur ist aber im allgemeinen die Masse kontinuierlich mit einer Massendichte $\mu(\boldsymbol{r},t)$ verteilt. Auch diese kontinuierliche Massenverteilung wirkt gravitierend. Wie bekommt man nun das durch eine solche Massenverteilung im Raum hervorgerufene Gravitationspotential Φ, aus dem man dann gemäß (1.8) die auf isolierte Massenpunkte wirkende Gravitationsbeschleunigung ausrechnen kann? Die feldtheoretische Weiterführung des Newtonschen Gravitationsgesetzes lehrt, daß das Gravitationspotential gemäß der Newtonschen Gravitations-Feldgleichung

$$\frac{\partial^2\Phi}{\partial x^2} + \frac{\partial^2\Phi}{\partial y^2} + \frac{\partial^2\Phi}{\partial z^2} = 4\pi\gamma_\mathrm{N}\mu \tag{1.10}$$

(x,y,z rechtwinklige kartesische Koordinaten) aus der Massendichte μ zu ermitteln ist. Die Feldgleichung selbst ist eine partielle Differentialgleichung. Im Unterschied zur Newtonschen Bewegungsgleichung tritt in ihr eine Naturkonstante, nämlich die Newtonsche Gravitationskonstante γ_N, auf.

Als nächstes betrachten wir jetzt einen Körper mit der trägen Masse m_T und der schweren Masse m_S, auf den nur die von einer schweren Masse M_S ausgehende Schwerkraft wirken möge, für den also $\boldsymbol{F} = \boldsymbol{G}$ ist. Dann bekommt die Bewegungsgleichung (1.2) die Gestalt

$$m_\mathrm{T}\boldsymbol{a} = -\gamma_\mathrm{N}\frac{m_\mathrm{S}M_\mathrm{S}}{r^3}\boldsymbol{r}$$

oder

$$a = -\gamma_N \frac{m_S}{m_T} \frac{M_S}{r^3} r.$$

Auf diese Beziehung wenden wir nun die von *Galilei* bei der Formulierung seiner Fallgesetze besonders herausgestellte, aber vor ihm bereits bekannte empirische Aussage an, daß die Beschleunigung eines fallenden Körpers von der Masse des fallenden Körpers unabhängig ist („Alle Körper fallen gleich schnell"). Dann heißt das, daß

$$\frac{m_S}{m_T} = \text{Konstante}$$

sein muß, denn in a darf keine für den fallenden Körper maßgebliche Größe eingehen. Ohne Beschränkung der Allgemeinheit lassen sich nun die Maßeinheiten der trägen Masse und der schweren Masse so festlegen, daß diese im Prinzip frei wählbare Konstante dimensionslos wird und darüber hinaus den Zahlenwert 1 bekommt. Bei dieser Fixierung der Maßeinheit, die implizit in die obige Bestimmung des Zahlenwertes für die Newtonsche Gravitationskonstante hineingesteckt wurde, folgt damit

$$m_S = m_T. \tag{1.11}$$

Diese Gleichung drückt die fundamentale Erkenntnis der Gleichheit (Äquivalenz) von träger und schwerer Masse aus. Diese Gleichheit ist vom Ursprung der Überlegungen her eigentlich nur eine feste Proportionalität, die aber ohne Beschränkung der Allgemeinheit zu einer Gleichheit gemacht werden konnte. Da wir also in Zukunft zwischen träger und schwerer Masse nicht mehr zu unterscheiden brauchen, benutzen wir für die Masse eines Massenpunktes im Vorgriff auf die Relativitätstheorie das Symbol m_0.

Da die Erkenntnis der Gleichheit von träger und schwerer Masse für die Fundamente der Physik von prinzipieller Bedeutung ist, leuchtet ein, daß die Ergebnisse der Galileischen Fallexperimente durch andere genauere Meßmethoden bestätigt werden mußten. *Galilei* hat selbst erste Schritte in dieser Richtung unternommen, indem er die Perioden gleich langer, aber aus verschiedenem Material hergestellter Pendel maß. Er konnte keine Abhängigkeit der Periodendauer von der Materialwahl feststellen. *Newton* verbesserte die Galileische Methode noch weiter und fand dasselbe Resultat. *F.W. Bessel* konnte quantitativ bestätigen, daß das Verhältnis von träger zu schwerer Masse um weniger als $1{,}7 \cdot 10^{-5}$ von der Eins abweicht. Diese Größe wurde von *R. v. Eötvös* und von *P. Zeeman* in den Jahren 1917 bis 1922 mit der Torsionswaage auf $5 \cdot 10^{-8}$ verbessert. *Zeeman* wies darüber hinaus noch nach, daß derselbe Zusammenhang auch für radioaktive Substanzen gilt und daß die Gravitationskraft auf einen Kristall von dessen Orientierung unabhängig ist. In späterer Zeit ist von *P.G. Roll, R. Krotkov* und *R.H. Dicke* (1964) für die Stoffe Gold und Aluminium der Wert 10^{-11} und von *V.B. Braginsky* und *V.I. Panov* (1971) für die Materialien Platin und Gold der Wert 10^{-12} angegeben worden, so daß kein Zweifel mehr an der Gültigkeit dieses sogenannten Äquivalenzprinzips von träger und schwerer Masse besteht. Schließlich ist mit höchster Präzisionstechnik von *F.C. Witteborn* und *W.M. Fairbank* (1967) sowie einer Reihe anderer Forscher diese Gesamtproblematik auch noch auf die Frage der Gleichheit von träger und schwerer Masse für Teilchen und Antiteilchen ausgedehnt worden. Auch für diesen Fall scheint das eben genannte Äquivalenzprinzip im Rahmen vorliegender Meßgenauigkeit bestätigt zu sein.

1.3 Inertialsystem und Nichtinertialsystem, Galileisches Relativitätsprinzip

Bereits im Rahmen der Newtonschen Physik wurden die Physiker auf zwei grundsätzlich verschiedene Arten von Bezugssystemen aufmerksam, wobei unter einem Bezugssystem eine Gesamtheit materieller Gegenstände verstanden werden soll, auf die die Physiker ihre theoretischen Aussagen und Messungen beziehen. Es handelt sich dabei um Inertialsysteme und Nichtinertialsysteme:

1. *Inertialsysteme:* Das sind Bezugssysteme, in denen das Newtonsche Bewegungsgesetz in der Form (1.1) oder (1.2) gilt, d. h., in denen ein kräftefreier Körper in Ruhe bleibt oder sich geradlinig-gleichförmig bewegt. Die in einem Inertialsystem ablaufende Zeit heißt Inertialzeit.

Man erkennt an dieser Definition sofort eine tiefgreifende Problematik:

Wie bestimmt man die Geradlinigkeit? Das einzige uns zur Verfügung stehende Mittel ist der Lichtstrahl. Wir müssen also voraussetzen, daß sich der Lichtstrahl geradlinig bewegt. Ist das uneingeschränkt richtig?

Wie bestimmt man die Gleichförmigkeit der Bewegung eines Körpers? Wir benötigen dazu Inertialmaßstäbe und Inertialuhren. Woher haben wir solche? Aus diesen aufgeworfenen Fragen wird eine Grundsatz-Problematik der modernen Physik deutlich, nämlich die Problematik des Meßprozesses, die uns sowohl in der Relativitätstheorie als auch in der Quantentheorie entgegentritt. Das Messen kann nicht mehr so einfach wie im vorigen Jahrhundert als bloßes vergleichen des Meßobjekts mit einem Maßstab gesehen werden, sondern es müssen darüber hinaus noch genau die Bedingungen des Messens fixiert werden. Dazu bedarf es aber einer eigenen Theorie des Meßprozesses. Kurzum, der Maßstab ist nicht mehr isoliert vom Meßobjekt gegeben, sondern es muß nach *Einstein* die Kenntnis der Theorie des zuständigen Objektbereiches vorausgesetzt werden, dem Meßobjekt, Maßstab, Meßmittel usw. angehören. Mit anderen Worten: Das Dilemma besteht darin, daß eine Theorie auf ihre Richtigkeit hin an Meßobjekten mit Hilfe von Meßmitteln überprüft werden soll, die zum selben Objektbereich der zu überprüfenden Theorie gehören.

Welchen Ausweg gibt es aus diesem Circulus vitiosus? Offen gesagt: Das Problem ist keineswegs umfassend gelöst. In der Quantentheorie ist eine allgemein anerkannte Theorie des Meßprozesses hinsichtlich einiger Fragen noch in der Diskussion.

In der Relativitätstheorie ist die Problematik im wesentlichen vom Prinzip her verstanden: Man setzt die Existenz von Inertialmaßstäben und Inertialuhren als Standard-Basis in unendlicher Entfernung von den gravitierenden Massen voraus und operiert mit diesen Meßmitteln. Im Endeffekt läuft dieses Verfahren in seiner praktischen Verfahrensweise auf einen konvergenten sukzessiven Approximationsprozeß hinaus.

In technischer Hinsicht bedient man sich dabei der Atomuhren als den bis heute als am präzisesten gehenden bekannten Uhren, wobei man insbesondere die Schärfe der Spektrallinien ausnutzt, und man verschafft sich dann über die Konstanz der Vakuum-Lichtgeschwindigkeit im Inertialsystem einen Zugang zu Inertialmaßstäben.

Wir wollen die Ausführungen über Inertialsysteme mit einer Beobachtung der Physiker des vorigen Jahrhunderts beschließen: Denkt man sich die Massenverteilungen und die Geschwindigkeiten der Sterne über lange Zeiten gemittelt, so stellt der Fixsternhimmel in guter Näherung ein Inertialsystem mit den beschriebenen Eigenschaften dar. Ist das ein bloßer Zufall oder sind die Ursache der Inertialität eben die sogenannten fernen Massen des Fixsternhimmels? Diese interessante Fragestellung stammt von *Ernst Mach*, der die Ursache der Inertialität und der trägen Masse überhaupt in den fernen Massen vermutete (Machsches Prinzip).

Die aufgeworfene Frage ist bis heute wissenschaftlich ungeklärt. Wir selber haben Argumente erarbeitet, die diese Problematik mit lokalen Raum-Zeit-Eigenschaften in Verbindung bringen, so daß wir das Machsche Prinzip in seiner Totalität mit Vorbehalt betrachten.

2. *Nichtinertialsysteme:* Das sind Bezugssysteme, in denen die oben für Inertialsysteme angegebenen Kriterien nicht zutreffen.

Man erkennt an dieser Festlegung, daß alle in der Natur real vorkommenden Bezugssysteme streng genommen Nichtinertialsysteme sind, denn wo findet man geradlinig-gleichförmig bewegte Bezugssysteme oder bei Anerkennung des Machschen Prinzips Bezugssysteme, die gegenüber dem durch seine pekuliaren Bewegungen selbst unruhigen Fixsternhimmel exakt in Ruhe oder in geradlinig-gleichförmiger Bewegung sind?

Unsere Erde rotiert um ihre Rotationsachse mit einer Winkelgeschwindigkeit $\omega_{\text{Erde}} = 0{,}73 \cdot 10^{-4}\,\text{s}^{-1}$, und sie bewegt sich um die Sonne mit einer Bahngeschwindigkeit von $29{,}8\,\text{km\,s}^{-1}$, der eine Winkelgeschwindigkeit $\omega_{\text{Erde-Sonne}} = 2 \cdot 10^{-7}\,\text{s}^{-1}$ zukommt. Die Sonne wiederum bewegt sich mit einer Bahngeschwindigkeit von $220\,\text{km\,s}^{-1}$, der eine Winkelgeschwindigkeit von $\omega_{\text{Sonne-Galaxis}} = 0{,}88 \cdot 10^{-15}\,\text{s}^{-1}$ entspricht, um das Zentrum unserer Milchstraße (Galaxis). Ist unter diesen Umständen der Begriff des Inertialsystems eine nicht völlig fragwürdige Idealisierung? Auf den ersten Blick könnte das in der Tat so scheinen. In Wirklichkeit ist der Begriff des Inertialsystems aber doch ein ganz nützlicher und wichtiger Begriff, ohne dessen Prägung die Menschheit erst viel später in der Lage gewesen wäre, selbst die einfachen Bewegungsgesetze der Mechanik zu entdecken. Man stelle sich etwa vor, unsere Erde rotiere hundertmal schneller als jetzt. Dann wäre der einfache mechanische Zusammenhang zwischen Kraft und Linearbeschleunigung so stark durch die Wirkung der sogenannten Scheinkräfte überlagert, die zusätzlich in Nichtinertialsystemen auftreten, daß es nur mit beachtlicher Anstrengung der Forschung möglich wäre, das elementarere Bewegungsphänomen im Inertialsystem als Grundlage des Verständnisses der Mechanik zu isolieren, um es zu entdecken. Retrospektiv sieht das alles heute ziemlich einfach aus. Einen Begriff von den tatsächlichen Schwierigkeiten kann man vielleicht bekommen, wenn man sich in die Lage eines Menschen versetzt, der auf einem rotierenden Karussell als einem Musterbeispiel eines Nichtinertialsystems geboren wird und sein Leben lang seine Umwelt von diesem Bezugssystem aus sehen muß und Forschung betreiben soll.

Man kann sich fragen, wie es überhaupt möglich war, auf der rotierenden Erde als einem offensichtlichen Nichtinertialsystem die elementaren Bewegungsgesetze der Mechanik zu finden. Das Geheimnis liegt in der Größenordnung der Effekte. Aus den obigen Zahlenangaben für die Winkelgeschwindigkeiten lesen wir die Proportionen

$$\frac{\omega_{\text{Erde-Sonne}}}{\omega_{\text{Erde}}} \approx 10^{-3}, \quad \frac{\omega_{\text{Sonne-Galaxis}}}{\omega_{\text{Erde-Sonne}}} \approx 10^{-8}$$

ab. Man erkennt aus ihnen, daß die Winkelgeschwindigkeit des nächstumfassenderen Systems des hierarchischen kosmischen Aufbaus jeweils um etliche Größenordnungen kleiner ist, so daß dieser sich selbst bewegende Hintergrund für die Primärentdeckung eines Naturprinzips gegebenenfalls zunächst unbeachtet bleiben kann. Später sind die dabei festgestellten Abweichungen dann aber ein entscheidender Motor für die Stimulierung der Forschung.

Die hier skizzierte physikalische Situation der Komplexität eines Forschungsobjektes ist ein typisches Beispiel für die tägliche Praxis jeder echten Forschung, bei der durch Abschätzung der Größenordnung der Effekte erst einmal die verschiedenen Erkenntnisebenen voneinander getrennt werden müssen, um durch diese Präparation den Weg zur Erkenntnis der Elementargesetze jeder Ebene und damit schließlich des Ganzen freizulegen. Philosophisch gesehen entspricht dieses Vorgehen dem Fortschreiten von der relativen Wahrheit zur absoluten Wahrheit als einem durch sukzessive Approximation asymptotisch anzunähernden Endziel der Erkenntnis.

Im Newtonschen Bewegungsgesetz (1.2), gültig für ein Inertialsystem, sind die beiden physikalischen Größen Kraft $\boldsymbol{F}$ und Beschleunigung $\boldsymbol{a}$ miteinander verknüpft. Wie ist dabei aber die Beschleunigung $\boldsymbol{a}$ genau definiert? Üblicherweise sagt man: Beschleunigung ist die zeitliche Ableitung der Geschwindigkeit, d.h., eine Beschleunigung tritt auf, wenn die Geschwindigkeit nicht konstant ist. Diese verbale Fassung ist zwar für ein Inertialsystem ausreichend, aber für ein Nichtinertialsystem müssen wir die Sachlage wesentlich präziser analysieren.

Die folgenden Überlegungen sind deshalb für Leser bestimmt, die die Elemente der Differentialrechnung kennen. Von den übrigen Lesern können sie überschlagen werden.

Wie in Abb. 1.1 dargestellt, betrachten wir nun ein Inertialsystem Σ, aufgespannt durch die 3 Basisvektoren (Einheitsvektoren) $\{\boldsymbol{e}_x, \boldsymbol{e}_y, \boldsymbol{e}_z\}$, und ein dagegen in beliebiger translatorischer und rotatorischer Bewegung befindliches Nichtinertialsystem Σ', aufgespannt durch die 3 zeitabhängigen Basisvektoren $\{\boldsymbol{e}_{x'}(t), \boldsymbol{e}_{y'}(t), \boldsymbol{e}_{z'}(t)\}$. Der zeitabhängige Radiusvektor $\boldsymbol{r}_0 = \boldsymbol{r}_0(t)$

38 1 Vorrelativistische Physik

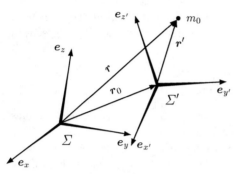

Abb. 1.1

zeige vom Ursprung des Inertialsystems zum Ursprung des Nichtinertialsystems, welches mit der zeitabhängigen Winkelgeschwindigkeit $\boldsymbol{\omega} = \boldsymbol{\omega}(t)$ rotieren möge.

Wir betrachten nun einen bewegten Massenpunkt der Masse m_0, auf den von Σ aus der Radiusvektor $\boldsymbol{r} = \boldsymbol{r}(t)$ und von Σ' aus der Radiusvektor $\boldsymbol{r}' = \boldsymbol{r}'(t)$ zeigen. Nun stellen wir uns die Aufgabe, das Newtonsche Bewegungsgesetz (1.2) für beide Bezugssysteme zu formulieren:

Im Inertialsystem Σ gilt für die Geschwindigkeit des Massenpunktes

$$\boldsymbol{v} = \frac{d\boldsymbol{r}}{dt} \tag{1.12}$$

und für die Beschleunigung des Massenpunktes

$$\boldsymbol{a} = \frac{d\boldsymbol{v}}{dt} = \frac{d^2\boldsymbol{r}}{dt^2}, \tag{1.13}$$

so daß das Newtonsche Bewegungsgesetz (1.2) die Gestalt

$$m_0 \frac{d^2\boldsymbol{r}}{dt^2} = \boldsymbol{F} \tag{1.14}$$

bekommt.

Im Nichtinertialsystem Σ' ist die Situation mathematisch komplizierter. Wir verzichten deshalb auf die Explizierung der Gesamtbeschleunigung und geben gleich die Bewegungsgleichung in der endgültigen Form an:

$$m_0 \left[\frac{d'^2 \boldsymbol{r}'}{dt^2} + \frac{d^2 \boldsymbol{r}_0}{dt^2} + 2\boldsymbol{\omega} \times \frac{d'\boldsymbol{r}'}{dt} + \boldsymbol{\omega} \times (\boldsymbol{\omega} \times \boldsymbol{r}') + \frac{d\boldsymbol{\omega}}{dt} \times \boldsymbol{r}' \right] = \boldsymbol{F}. \tag{1.15}$$

Dabei ist:

1.3 Galileisches Relativitätsprinzip

$\dfrac{d'\boldsymbol{r}'}{dt}$	Geschwindigkeit des Massenpunktes, beobachtet von Σ' aus;
$\dfrac{d'^2\boldsymbol{r}'}{dt^2}$	Beschleunigung des Massenpunktes, beobachtet von Σ' aus;
$\dfrac{d^2\boldsymbol{r}_0}{dt^2}$	Beschleunigung des Ursprungs von Σ', beobachtet von Σ aus;
$2\boldsymbol{\omega}\times\dfrac{d'\boldsymbol{r}'}{dt}$	negative Coriolis-Beschleunigung des Massenpunktes, beobachtet von Σ' aus;
$\boldsymbol{\omega}\times(\boldsymbol{\omega}\times\boldsymbol{r}')$	negative Zentrifugalbeschleunigung des Massenpunktes, beobachtet von Σ' aus;
$\dfrac{d\boldsymbol{\omega}}{dt}\times\boldsymbol{r}'$	Beschleunigung des Massenpunktes infolge der Änderung der Winkelgeschwindigkeit von Σ'.

Diese Darlegungen zeigen uns, daß bereits der mechanische Bewegungsvorgang in bezug auf ein Nichtinertialsystem eine recht komplizierte Angelegenheit ist. Noch beachtlich komplizierter wird die Situation, wenn wir an nichtmechanische Prozesse, z. B. elektromagnetische oder quantenphysikalische Phänomene, denken.

Historisch ist interessant, daß schon um 1665 *Newton* und *Huygens* exakte Erkenntnisse über die Zentrifugalkraft fanden, daß es aber noch bis 1830 dauerte, bis *G. Coriolis* bei der Lösung maschinentechnischer Probleme durch systematisches Vorgehen völlige Klarheit in diesen Gesamtkomplex bringen konnte.

Hinter den obigen Darlegungen zur Newtonschen Mechanik verbergen sich bereits typische Fragestellungen der Relativitätstheorie. Deshalb haben wir, um dem Leser auf dieser relativ einfachen Stufe der physikalischen Bewegungsvorgänge einige Grundfragen verständlich zu machen, diese elementaren Zusammenhänge so gründlich behandelt. Auch das Galileische Relativitätsprinzip der Newtonschen Mechanik, das uns das Verständnis der Einsteinschen Relativitätsprinzipien erleichtern wird, soll im folgenden aus demselben Grund detaillierter dargestellt werden.

Wir spezialisieren zu diesem Zweck die in Abb. 1.1 festgehaltene Situation so, daß wir entsprechend der Abb. 1.2 das Nichtinertialsystem Σ' in ein zweites Inertialsystem übergehen lassen, d. h., das Bezugssystem Σ' soll nicht mehr rotieren und soll nur noch eine geradlinig-gleichförmige Bewegung mit der Geschwindigkeit $\boldsymbol{u}$ ausführen. Ohne Beschränkung der Allgemeinheit legen wir dabei die Bewegungsrichtung in die Richtung des Basisvektors $\boldsymbol{e}_x$.

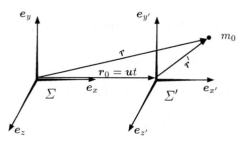

Abb. 1.2

Außerdem wollen wir im Sinne der für beide Inertialsysteme zuständigen Newtonschen absoluten Zeit die Achsenrichtungen der Inertialsysteme im Zeitpunkt $t = 0$ zusammenfallen lassen. Dann gilt mittels dieser Zeitzählung $\boldsymbol{r}_0 = \boldsymbol{u}t$. Ein Blick auf Abb. 1.2 lehrt uns nun, daß die Ortsvektoren der beiden Inertialsysteme wie folgt verknüpft sind:

$$\boldsymbol{r}' = \boldsymbol{r} - \boldsymbol{u}t. \tag{1.16}$$

Beachten wir die Darstellungen der auftretenden Vektoren mittels ihrer Komponenten, nämlich

a) $\boldsymbol{r} = \boldsymbol{e}_x x + \boldsymbol{e}_y y + \boldsymbol{e}_z z$, b) $\boldsymbol{r}' = \boldsymbol{e}_{x'} x' + \boldsymbol{e}_{y'} y' + \boldsymbol{e}_{z'} z'$,
c) $\boldsymbol{u} = \boldsymbol{e}_x u$

(x, y, z rechtwinklige kartesische Koordinaten in Σ; x', y', z' rechtwinklige kartesische Koordinaten in Σ'; u x-Komponente der Relativgeschwindigkeit $\boldsymbol{u}$), so läßt sich die Vektorformel (1.16) in Komponenten aufspalten. Nehmen wir noch die Erkenntnis der Absolutheit der Zeit für beide Inertialsysteme dazu (t Zeit in Σ, t' Zeit in Σ'), so kommen wir zu folgenden Umrechnungsformeln für die Koordinaten und die Zeit beider Inertialsysteme:

$$x' = x - ut, \quad y' = y, \quad z' = z, \quad t' = t. \tag{1.17}$$

Diese elementaren Zusammenhänge wurden zu Ehren der Galileischen Erkenntnisse über die Relativität als Galilei-Transformationen bezeichnet.

Nach diesen Vorbereitungen können wir jetzt das ebenfalls später *Galilei* zu Ehren benannte Galileische Relativitätsprinzip formulieren. Zu diesem Zweck gehen wir von dem Newtonschen Bewegungsgesetz eines Massenpunktes (1.14) im Inertialsystem Σ aus. Durch zeitliche Differentiation folgt aus der Vektorverknüpfung (1.16) die Beziehung

$$\frac{d\boldsymbol{r}}{dt} = \frac{d\boldsymbol{r}'}{dt'} + \boldsymbol{u} \tag{1.18}$$

1.3 Galileisches Relativitätsprinzip

zwischen den beiden Geschwindigkeiten des Massenpunktes, betrachtet von beiden Inertialsystemen Σ und Σ'. Nochmalige zeitliche Differentiation lehrt, daß die konstante Relativgeschwindigkeit aus der Rechnung herausfällt, so daß sich für die Beschleunigung des Massenpunktes der Zusammenhang

$$\frac{d^2 r}{dt^2} = \frac{d^2 r'}{dt'^2} \tag{1.19}$$

ergibt.

Beachten wir noch, daß die in der Newtonschen Bewegungsgleichung (1.14) auftretende Kraft ihrer Definition nach eine eingeprägte Kraft sein sollte, so bedeutet dieser Tatbestand, daß sie im Rahmen der Newtonschen Physik, von beiden Inertialsystemen aus gesehen, gleich ist, d. h.,

$$\boldsymbol{F} = \boldsymbol{F}'. \tag{1.20}$$

Setzen wir nun die Größen (1.19) und (1.20) in die dem Inertialsystem Σ zugeordnete Bewegungsgleichung (1.14) ein, so geht die für das Inertialsystem Σ' gültige Bewegungsgleichung

$$m_0 \frac{d^2 r'}{dt'^2} = \boldsymbol{F}' \tag{1.21}$$

hervor.

Mit einer gewissen Überraschung stellen wir fest, daß bei dieser Umrechnung von dem einen Inertialsystem Σ in das andere Σ' die Bewegungsgleichung die ursprüngliche Form behalten hat. Lediglich die angebrachten Striche erinnern uns, daß sich die Bewegungsgleichung (1.21) auf das Inertialsystem Σ' bezieht. Man nennt diesen Tatbestand Forminvarianz (Kovarianz).

Es handelt sich dabei, wenn auch hier auf ganz elementarer Ebene, um eine Aussage von prinzipieller Bedeutung für die innere Struktur von Naturgesetzen. Damit sind wir dann auch schon mitten im Ideenkreis der Relativitätstheorie.

Die Forminvarianz der Newtonschen Bewegungsgleichung der Mechanik macht den Inhalt des Galileischen Relativitätsprinzips aus.

Galileisches Relativitätsprinzip:
„Das Bewegungsgesetz der Newtonschen Mechanik als physikalisches Grundgesetz besitzt für zwei Beobachter, die sich in geradlinig-gleichförmig gegeneinander bewegten Inertialsystemen befinden, dieselbe Form."

Dabei sind die rechtwinklig-kartesischen Koordinaten x, y, z zu benutzen. Bei der vorangehenden Formulierung des Galileischen Relativitätsprinzips haben wir den Begriff „physikalisches Grundgesetz" verwendet, um zu unterstreichen, daß aus dem Komplex physikalischer Gesetzmäßigkeiten gewisse als Grundgesetze (Fundamentalgesetze) herausragen, aus denen alle übrigen Gesetze durch mathematische Deduktion ableitbar sind. Nur auf solche Grundgesetze bezieht sich die Forminvarianz, also der Inhalt der Relativitätsprinzipien.

Schließlich merken wir noch an, daß durch den Begriff „Beobachter" die Gesamtheit aller in einem Bezugssystem durch objektive Meßprozesse, Registrierungen usw. festzuhaltenden Fakten erfaßt wird, also kein Anlaß für eine subjektivistische Auslegung der Naturgesetze gegeben ist.

Zusammenfassend können wir also feststellen, daß die Newtonsche Mechanik kein Inertialsystem vor einem anderen auszeichnet. Eine Relativgeschwindigkeit gegenüber einem hervorgehobenen Inertialsystem, das als absolut ruhend gegenüber dem Newtonschen Raum an sich anzusehen wäre, tritt in der Newtonschen Bewegungsgleichung auch nach deren Transformation nicht auf, ist also kein sinnvoller Grundbegriff der Newtonschen Mechanik.

Damit haben wir die entscheidendsten Gesichtspunkte der Newtonschen Physik, die im Rahmen ihrer Gültigkeitsgrenzen mehr als drei Jahrhunderte sowohl in irdischen als auch kosmischen Bereichen ihre großen Triumphe feiern konnte, kennengelernt.

1.4 Maxwellsche Theorie des Elektromagnetismus

Das Gebiet der elektromagnetischen Erscheinungen erfaßt neben den mechanischen Bewegungsabläufen bis heute den größten physikalischen Erfahrungsbereich aus unserer Umwelt. Bei dieser Aussage haben wir zu beachten, daß der große Komplex der optischen Phänomene dem Elektromagnetismus zugehört. Durch ein paar historische Notizen wollen wir das Gebiet des Elektromagnetismus inklusive Optik in Erinnerung rufen.

Da das Licht einen wesentlichen Faktor für die Entwicklung der menschlichen Existenz überhaupt ausmacht, ist es nicht verwunderlich, daß die physikalischen Erkenntnisse in der Optik einen historischen Vorlauf besitzen:

Um 1609 tauchte das holländische Fernrohr auf, und um 1611 konstruierte *Kepler* das erste Mikroskop. Im Jahre 1626 stellte *W. Snellius* die Strahleneigenschaft des Lichtes fest und konnte dadurch das Sinus-Gesetz für

1.4 Maxwellsche Theorie des Elektromagnetismus

die Brechung entdecken, für die *P. Fermat* 1665 sein Extremalprinzip des Lichtwegs aufstellen konnte. Die unmittelbar darauf folgenden Jahre waren für die Optik ganz besonders fruchtbar: Um 1670 gelang *Newton* die Spektralzerlegung des Lichtes und die Messung von Wellenlängen. Trotz dieser Fakten verfocht er eigenartigerweise ganz hart seine Korpuskulartheorie gegenüber *Huygens*, der um 1675 seine Wellentheorie des Lichtes aufgestellt hatte. Im Jahre 1675 erfolgte durch *Olaf Römer* schließlich die Messung der Lichtgeschwindigkeit. Der nächste Höhepunkt für die Optik war *J. Bradleys* Entdeckung der Aberration des Lichtes im Jahre 1728.

Als den eigentlichen Beginn der Entdeckung der elektromagnetischen Erscheinungen kann man – von der Beobachtung magnetischer Körper in der Antike abgesehen – *L. Galvanis* Feststellung eines Zusammenhangs zwischen Froschschenkelzuckungen und Gewitterblitzen im Jahre 1780 ansehen. Im Vergleich zur Optik ist das also ein recht später Zeitpunkt. Allerdings löste dann eine Entdeckung die andere ab: Um 1784/85 fand *C.A. Coulomb* das Kraftgesetz für die Abstoßung oder Anziehung zweier elektrischer Ladungen. Im Jahre 1797 konnte *A. Volta* die Spannungsreihe für einige wichtige Metalle aufstellen, und um 1800 konnte er elektrische Ströme in Metallen und Elektrolyten erzeugen.

Das Jahr 1820 war für den Fortschritt des Elektromagnetismus besonders fruchtbar: *H.C. Oersted* teilte am 21.7.1820 seine Entdeckung der Beeinflussung von Magnetnadeln, nahe stromdurchflossener Drähte, mit. Einige Pariser Physiker griffen sofort in das weitere Geschehen ein. So konnte schon am 11.9.1820 *D.F. Arago* das Oerstedsche Resultat bestätigen. Zwischen dem 18.9. und 25.9.1820 gelang es dann *A.M. Ampère* zu zeigen, daß darüber hinaus auch stromdurchflossene Drähte eine gegenseitige Beeinflussung zeigen. Schließlich entdeckten am 30.10.1820 *J.B. Biot* und *S. Savart* das Gesetz für die Erzeugung von Magnetfeldern in der Umgebung stromdurchflossener Drähte.

Wir haben diese Entdeckungsgeschichte aus zwei Gründen so detailliert wiedergegeben: Zum einen zeigt sie eine beispielhaft funktionierende Kommunikation zwischen Wissenschaftlern verschiedener Länder vor fast zwei Jahrhunderten. Zum anderen hat *Oersted* mit seiner fundamentalen Entdeckung das Grenzgebiet zwischen zwei Bereichen der Physik, nämlich Elektrik und Magnetik, erschlossen, die beide bis dahin als unabhängige Erscheinungskomplexe nebeneinander zu existieren schienen. Welche ungeahnten wissenschaftlichen Potenzen durch die Aufdeckung prinzipieller Zusammenhänge zwischen vermeintlich unabhängigen Disziplinen freigelegt werden können, zeigt dieses Beispiel sehr eindringlich!

In das Jahr 1821 fiel *Th. Seebecks* Entdeckung der Thermoelektrizität. Der nächste Höhepunkt lag im Jahr 1831, als *M. Faraday* die Induktion elektrischer Felder durch zeitlich veränderliche Magnetfelder fand. Durch das Verlassen der statischen elektromagnetischen Felder und den vollzogenen Übergang zu den zeitabhängigen Feldern war damit ein völlig neuer Erkenntnisbereich freigelegt worden. Deshalb handelt es sich bei der Faradayschen Entdeckung um einen erstrangigen Fortschritt.

Faraday gebührt ferner das Verdienst, durch seine modellmäßige Feldlinien-Vorstellung das Verständnis für die feldtheoretische Erkenntnisebene der Physik als weit über die Mechanik hinausgehende Abstraktionsstufe initiiert zu haben.

Auch *Faradays* Formulierung der Gesetze der Elektrolyse im Jahre 1832 soll nicht unerwähnt bleiben.

Auf dem Gebiet der Optik vollzog sich nach der oben bereits erwähnten Bradleyschen Entdeckung der Aberration der nächste große Fortschritt fast ein Jahrhundert später: Im Jahre 1808 beobachtete *E.L. Malus* das neuartige Phänomen der Polarisation des Lichtes bei Reflexion an Glasflächen. *Th. Young* ersann dafür 1817 das Modell der Transversalität von Wellen – eine Eigenschaft, für die bei den Schallwellen in Luft keine Parallele zu finden war. Schließlich erwähnen wir, daß um 1845 *Faraday* auch in den Bereich der Optik eingriff. Er sprach die Vermutung eines Zusammenhangs zwischen Licht und elektromagnetischen Erscheinungen aus.

Aus der obigen Darlegung der wichtigsten Detailentdeckungen auf den Gebieten des Elektromagnetismus und der Optik, gewonnen in jahrhundertelanger mühseliger induktiver Kleinarbeit, erkennt man deutlich die Tendenz des Zusammenwachsens beider physikalischer Bereiche. Als schließlich in der Zeit um 1861/62 *J.C. Maxwell* (1831–1879) noch den Verschiebungsstrom neben dem Ohmschen Strom als Ursache für die Entstehung von Magnetfeldern eingeführt hatte – es handelt sich dabei um einen Umkehreffekt zur Faradayschen Induktion –, da war das letzte induktive Mosaiksteinchen zur Vollendung des theoretischen Gesamtgebäudes des Elektromagnetismus gefunden.

Im Jahre 1864 hatte *Maxwell* das große Glück, allen entscheidenden elektromagnetisch-optischen Entdeckungen der vorangegangenen Jahrhunderte

1.4 Maxwellsche Theorie des Elektromagnetismus

eine logisch geschlossene, deduktive Basis geben zu können. Seinem synthetischen Blick ist es zu verdanken, daß er all diese Einzelfakten als Spezialergebnisse erkannte, die sich aus einem System von acht partiellen Differentialgleichungen ableiten ließen.

Für den mathematisch entsprechend ausgebildeten Leser geben wir diese Maxwellschen Feldgleichungen im Internationalen Einheitensystem für ein Inertialsystem und ruhendes Medium an:

$$\begin{array}{ll} \text{a)} \ \text{rot}\, \boldsymbol{H} = \dfrac{\partial \boldsymbol{D}}{\partial t} + \boldsymbol{j}\,, & \text{c)} \ \text{rot}\, \boldsymbol{E} = -\dfrac{\partial \boldsymbol{B}}{\partial t}\,, \\ \text{b)} \ \text{div}\, \boldsymbol{D} = \varrho\,, & \text{d)} \ \text{div}\, \boldsymbol{B} = 0\,. \end{array} \qquad (1.22)$$

Es handelt sich dabei um ein lineares partielles Differentialgleichungssystem für die vier gesuchten Feldvektoren:

$\boldsymbol{E}$ elektrische Feldstärke,
$\boldsymbol{B}$ magnetische Feldstärke (konventionell magnetische Induktion genannt),
$\boldsymbol{D}$ elektrische Erregung (konventionell dielektrische Verschiebung genannt),
$\boldsymbol{H}$ magnetische Erregung (konventionell magnetische Feldstärke genannt).

Die Bestimmung dieser Größen erfolgt aus den Quellen, die die Felder verursachen, nämlich aus:

$\boldsymbol{j}$ elektrische Stromdichte,
ϱ elektrische Ladungsdichte.

Das Symbol „rot" bezeichnet die Rotation eines Feldes, die als Wirbeldichte zu interpretieren ist, während das Symbol „div" für die Divergenz eines Feldes steht, die die Quelldichte bedeutet.

Die Maxwellschen Gleichungen sind die Grundgesetze des Elektromagnetismus. Sie sind als Grundgesetze von derselben Rangordnung zu sehen wie das Newtonsche Bewegungsgesetz für die Mechanik und die Gravitations-Feldgleichung für das Gravitationsfeld. Auch die Maxwellschen Gleichungen enthalten eine Naturkonstante, die für die elektromagnetischen Erscheinungen typisch ist, nämlich die Vakuum-Lichtgeschwindigkeit c, deren Wert etwa

$$c = 300\,000\,\text{km}\,\text{s}^{-1} \qquad (1.23)$$

beträgt.

Abgesehen von den Anfangs- und Randbedingungen, die dem elektromagnetischen Feld zur eindeutigen Lösung eines physikalischen Problems auferlegt werden müssen, gehören zu den Maxwellschen Feldgleichungen (1.22) noch die sogenannten Materialgleichungen, die die spezifischen Eigenschaften elektromagnetischer Medien bestimmen. Die wichtigsten Materialgleichungen für ruhende Medien sind :

1. Verknüpfungsgleichung zwischen $\boldsymbol{E}$ und $\boldsymbol{D}$:

$$\boldsymbol{D} = \varepsilon\varepsilon_0 \boldsymbol{E}. \tag{1.24}$$

Wir nennen die durch den Materialkoeffizienten ε beschriebene Eigenschaft die Dielektrizität des Mediums (ε_0 Influenzkonstante).

2. Verknüpfungsgleichung zwischen $\boldsymbol{H}$ und $\boldsymbol{B}$:

$$\boldsymbol{B} = \mu\mu_0 \boldsymbol{H}. \tag{1.25}$$

Der Materialkoeffizient μ beschreibt die Eigenschaft der Permeabilität des Mediums (μ_0 Induktionskonstante).

3. Ohmsches Gesetz für den durch ein elektrisches Feld hervorgerufenen elektrischen Strom in einem elektrisch leitenden, ruhenden Medium:

$$\boldsymbol{j} = \sigma \boldsymbol{E}. \tag{1.26}$$

Der Materialkoeffizient σ beschreibt die elektrische Leitfähigkeit des Mediums.

Damit sind die grundsätzlichsten Zusammenhänge der Maxwellschen Theorie des Elektromagnetismus auch mathematisch formuliert.

Die Erforschung der elektromagnetischen Erscheinungen nach Aufstellung der Maxwellschen Gleichungen konzentrierte sich in erster Linie auf die experimentelle Bestätigung der aus der Maxwellschen Theorie folgenden Konsequenzen:

Neben den von *J. Fraunhofer* und *A. Fresnel* angestellten Experimenten zur Beugung von Licht sowie den theoretischen Arbeiten von *G. Kirchhoff* zur Beugungstheorie und von *E. Abbe* zur optischen Abbildung ragt vor allem die experimentelle Herstellung elektromagnetischer Wellen mit Lichteigenschaft durch *H. Hertz* im Jahre 1887/88 heraus.

Als es schließlich *H.A. Lorentz* zwischen 1891 und 1903 noch gelungen war, das Gesetz für die Kraftdichte zu finden, die auf einen stromdurchflossenen Leiter in einem Magnetfeld wirkt, nämlich

$$\boldsymbol{f}_\mathrm{L} = \boldsymbol{j} \times \boldsymbol{B}, \tag{1.27}$$

war damit die Lücke zwischen Elektromagnetismus und Mechanik geschlossen. Später wurde die Lorentz-Kraftdichte auf freie elektrische Ladungsträger, die sich in einem elektromagnetischen Feld bewegen, verallgemeinert. Für eine elektrische Ladung e mit der Geschwindigkeit $\boldsymbol{v}$ resultierte dann die Lorentz-Kraft

$$\boldsymbol{F}_{\mathrm{L}} = e\left(\boldsymbol{E} + \boldsymbol{v} \times \boldsymbol{B}\right) . \tag{1.28}$$

Dabei haben wir in dieser Formel die elektrische Kraft auf die Ladung mit einbezogen.

Durch diesen Brückenschlag zur Mechanik wurde das Gesamtgebiet der elektromagnetischen Erscheinungen hinsichtlich seiner klassischen, d. h. nichtquantentheoretischen, Erkenntnisebene im wesentlichen abgeschlossen. Auf die Beziehung des Elektromagnetismus zum Mikrokosmos, in dem die Quantengesetze herrschen, sei nur hingewiesen. Diese Tür wurde im Jahre 1900 durch *Max Planck* mit der Entdeckung des Strahlungsgesetzes schwarzer Körper und der damit verbundenen Entdeckung der neuen Naturkonstanten des Wirkungsquantums

$$h = 6{,}626 \cdot 10^{-34} \mathrm{m}^2 \mathrm{s}^{-1} \mathrm{kg} \tag{1.29}$$

aufgestoßen. *Albert Einstein* setzte 1905 mit seiner Lichtquantenhypothese diese Entwicklung fort.

1.5 Die Krise in der Newtonschen Mechanik und in der Elektromagnetik-Optik am Ende des 19. Jahrhunderts. Das Michelson-Experiment und der Zusammenbruch der Ätherhypothese

Gegen Ende des 19. Jahrhunderts hatte im Zuge der technischen Revolution die Experimentierkunst in der Physik schon ein beachtliches Niveau erreicht. Damit war der Weg freigelegt, die Newtonsche Mechanik und die Maxwellsche Elektromagnetik experimentell genauer zu überprüfen.

Wie gut stimmte nun die Newtonsche Mechanik?

Nach der Entdeckung der Elektronen als elektrisch negativ geladene Elementarteilchen war es relativ schnell gelungen, freie Elektronen in äußeren elektrischen Feldern so zu beschleunigen, daß ihre Geschwindigkeit nahe an die Lichtgeschwindigkeit herankam. Die Forscher waren sehr erstaunt, als sie

feststellen mußten, daß die Bewegung der Elektronen bei großen Geschwindigkeiten nicht mehr mit der Newtonschen Mechanik im Einklang war.
Um diese Zeit war die Maxwellsche Theorie des Elektromagnetismus schon so weit entwickelt, daß man den Begriff der elektromagnetischen Feldenergie kannte. Da das Elektron infolge seiner elektrischen Ladung um sich ein elektrisches Feld besitzt und nach dem Biot-Savart-Gesetz bei Bewegung um sich ein Magnetfeld aufbauen sollte, lag die Vermutung nahe, daß die durch diese beiden Felder bedingten Energien auf die mechanische Bewegung Einfluß haben könnten. Diesem Gedanken gingen insbesondere *M. Abraham, K. Schwarzschild, H.A. Lorentz* und *A. Sommerfeld* nach. Historisch am bemerkenswertesten ist vielleicht das von *Abraham* durchgerechnete Beispiel einer elektrisch geladenen Kugel als Modell für ein Elektron. Er kam dabei zu einer interessanten Formel für die Masse eines solchen Teilchens, die in logarithmischer Weise geschwindigkeitsabhängig wurde. Außerdem ging diese „bewegte Masse" (Impulsmasse) durch Grenzübergang zu kleinen Geschwindigkeiten, verglichen mit der Lichtgeschwindigkeit, in eine konstante Masse, genannt „Ruhmasse", über. Diese Ruhmasse sollte mit der in der Newtonschen Physik als konstant angesehenen Masse identisch sein.

Die Idee einer geschwindigkeitsabhängigen Masse wirkte in der Physik jener Zeit sensationell. Da die Masse eines Körpers als etwas Festes und Unverrückbares galt und damit irrtümlicherweise ein Erhaltungssatz der Materie verbunden sein sollte, wurden die Theoretischen Physiker verdächtigt, das solide Fundament der bis dahin mechanizistisch verstandenen Physik zu verlassen. Eine allgemeine Krise der Physik schien sich anzubahnen.

In der Naturwissenschaft war stets die Praxis als Kriterium der Wahrheit angesehen worden. An der von der Natur gegebenen Antwort auf sinnvoll ausgedachte Fragen der Experimentatoren hatte sich die menschliche Phantasie letztlich immer wieder orientieren müssen. Auch bei der Ablösung der Newtonschen Mechanik durch die Einsteinsche relativistische Mechanik war es nicht anders:

In den Jahren 1902 bis 1906 beschäftigte sich *W. Kaufmann* eingehend mit Experimenten zu schnell bewegten Elektronen. Er wies eindeutig eine Abweichung der Bewegung gegenüber der Newtonschen Theorie nach, doch reichte seine Meßgenauigkeit damals nicht aus, um zwischen der oben erwähnten Abrahamschen Massenformel und der gerade erst publizierten relativistischen Massenformel entscheiden zu können. Es dauerte zwar noch einige Jahre, bis mehrere Autoren durch Ablenkung von Kathodenstrahlen die relativistische Theorie bestätigen konnten, aber das Monopol der Newtonschen

1.5 Krise der Newtonschen Mechanik und Elektromagnetik

Mechanik war gebrochen. Sie konnte nicht mehr länger Basis eines echten Physikverständnisses sein.

Und was sagten die Experimente zur Maxwellschen Elektromagnetik-Optik? Um es gleich vorwegzunehmen: Die Maxwellsche Theorie ist eine relativistisch einwandfrei fundierte Theorie. Heute wissen wir, daß sie deshalb mit den damaligen Experimenten nicht in echten Konflikt geraten ist. Aber dennoch sah alles im Widerstreit der Zeit ausweglos kompliziert aus. Warum eigentlich?

Wir haben früher festgestellt, daß die Maxwellsche Theorie im Jahre 1864 von *Maxwell* vollendet wurde. Die oben angegebenen Maxwell-Gleichungen sind für Inertialsysteme – die damit verbundene Problematik hat *Maxwell* offensichtlich noch nicht durchschaut – im Rahmen ihres Gültigkeitsbereiches auch unter den heutigen Bedingungen höchster Präzisionsmeßtechnik noch uneingeschränkt gültig. Und dennoch gab es fast ein halbes Jahrhundert lang Unklarheit und Widerspruch. Was waren die Ursachen dafür?

Die Antwort ist aus späterer Sicht denkbar einfach – eine Feststellung, zu der ein Forscher, gepeinigt durch die Mühsal der zermürbenden Widersprüchlichkeiten täglichen Grübelns, auch in ähnlichen Situationen schließlich kommt: Die Maxwellschen Gleichungen waren richtig, aber fast ein halbes Jahrhundert lang wurde ihr eigentlicher Inhalt nicht verstanden. Selbst so herausragende Forscher wie *Abraham* und *Lorentz* drangen nicht zum Wesen der Maxwellschen Theorie vor, obwohl sie Bleibendes in Detailfragen geleistet haben. Heute hört es sich fast unglaublich an, wenn man feststellen muß, daß sie ähnlich wie *Maxwell* in der Ätherhypothese befangen waren. In der Äther-Ideologie aufgewachsen und ausgebildet, waren sie nicht in der Lage, die Ausbreitung des Lichtes ohne Äther als Medium gedanklich zu fassen. Es mußte erst der vorurteilsfreie, junge *Einstein* kommen, der dem Licht eine eigene Gegenständlichkeit zuschrieb, so daß dessen Fortpflanzung für ihn auch ohne Zwischenmedium vorstellbar wurde.

Woher stammte nun eigentlich diese Äthervorstellung? Bekanntlich benötigt der Schall zu seiner Ausbreitung ein Medium, in dem er sich wellenförmig fortpflanzen kann. Ohne Luft als Medium können keine Schallwellen an unser Ohr dringen. Auch Wasserwellen können sich ohne Wasser nicht ausbreiten. Da nun gemäß der Huygensschen Wellentheorie des Lichtes tatsächlich große Analogien zwischen Licht und Schall bestehen – wie gefährlich können doch, obwohl für die Forschung unumgänglich, Analogien sein! – ersann man als Medium für die Lichtfortpflanzung den Äther als ein Objekt mit merkwürdigen Eigenschaften: Durchdringlichkeit aller Körper, Unwägbarkeit usw. Dieser Äther sollte den unendlichen Newtonschen Raum kontinuierlich ausfüllen. Eine Erregung in ihm sollte sich als Lichtwelle ausbreiten, ähnlich wie eine Erregung der Luft oder eines Metalls eine Schallwelle hervorruft.

In dieses Bild paßte auch gut die Vorstellung der Faradayschen Feldlinien, die sich doch so schön durch einen Magneten und Eisenfeilspäne veranschaulichen ließen. Der Magnet prägte sozusagen diese Feldlinien in den Äther ein. Aus diesen Darlegungen geht klar hervor, daß die Mechanik der Kontinua der Äthervorstellung Pate gestanden hatte. Im Grunde genommen handelte es sich also um einen Mechanizismus, der für die elektromagnetischen Erscheinungen den modellmäßigen Rahmen abgeben sollte und dem die elektromagnetischen Erscheinungen mithin unterzuordnen waren. Der an die mechanische Bewegungsform gewöhnte Geist dieser Zeit benötigte aus Gründen einer falsch verstandenen Anschaulichkeit – gemeint war eine mechanische Anschaulichkeit – den Weltäther. Um mit der fortschreitenden experimentellen Erfahrung im Einklang zu bleiben, mußten immer kompliziertere Äthermodelle konstruiert werden, so die teilweise Mitführung des Äthers durch bewegte Körper, vor allem durch die Erde. Je verwickelter diese Konstruktionen wurden, um so mehr sank der Glaube an ein so fragwürdiges, mysteriöses Objekt.

Aus der Serie der vielen vorrelativistischen Versuche, auf die wir nicht näher eingehen können, ragt das im Jahre 1881 von *A. Michelson* in Potsdam durchgeführte sogenannte Michelson-Experiment ganz besonders heraus. Durch seine Aussage wurde die Ätherhypothese unwiderruflich erschüttert.

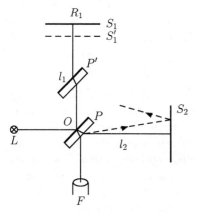

Abb. 1.3

1.5 Krise der Newtonschen Mechanik und Elektromagnetik

Später wurde dieser Versuch mit verbesserter Technik von *E.W. Morley* (1887) und *D.C. Miller* (1904) sowie von *K.K. Illingworth* und *G. Joos* (1927–1930 im Zeisswerk Jena) wiederholt. Die Schlüssigkeit des ersten Experiments konnte dabei entscheidend verschärft werden. Da es sich dabei um eines der wichtigsten Experimente zur Speziellen Relativitätstheorie handelt, wollen wir den Versuch kurz beschreiben und einige relevante Schlüsse ziehen

Die Abb. 1.3 gibt schematisch ein Michelson-Interferometer wieder, das fest mit der Erde verbunden sei, also eine Relativbewegung gegen den Weltäther aufweise, dessen Existenz wir bei der Konzipierung dieses Versuches voraussetzen wollen, um ihn auf diese Weise ad absurdum zu führen.

Als Analogie zur Erde mit dem Interferometer, die auf ihrem für eine kurze Zeit als näherungsweise geradlinig angenommenen Weg um die Sonne durch den Weltäther dahinrast, kann man sich ein auf der Erde fahrendes Auto vorstellen, das eine Relativbewegung gegenüber der Luft besitzt.

Aus der Lichtquelle L kommend, trifft nun ein Lichtstrahl unter einem Winkel von 45° auf die einseitig leicht versilberte planparallele Glasplatte P. Ein Teilstrahl gelangt durch Reflexion nach Durchquerung der Glasplatte P', die von derselben Art wie die Glasplatte P sei und dazu parallel stehen soll, auf den Planspiegel S_1, wird dort reflektiert und dringt nach Durchquerung von P' und P in das Fernrohr F ein. Der zweite Teilstrahl wird an der Glasplatte P gebrochen, trifft auf den Planspiegel S_2, wird reflektiert, durchdringt P bis zur Stelle O, wird reflektiert und gelangt ebenfalls in das Fernrohr F. In O kommen die beiden Teilstrahlen zur Interferenz, und da ihre Lichtwege verschieden sind, wirkt sich die Reflexion des einen Teilstrahles an S_2 so aus, als wäre er an dem gedachten Planspiegel S_1' reflektiert worden, so daß wir uns ersatzweise eine Interferenz der an S_1 und S_1' reflektierten Lichtstrahlen vorstellen können. Die Hilfsplatte P' wurde dabei deshalb eingefügt, damit beide Teilstrahlen dreimal das Glas durchqueren, also eine Phasenverschiebung infolge einer unsymmetrischen Durchquerung des Glases vermieden wird. Im Fernrohr werden dann die Interferenzstreifen ausgewertet.

Auf der Basis dieser Versuchsanordnung berechnen wir nun die Laufzeitdifferenz der beiden Strahlen in Abhängigkeit von der vermeintlichen Relativgeschwindigkeit v gegen den Äther. Dabei nehmen wir an, daß die Bewegung des Michelson-Interferometers die Richtung $O \to R_1$ besitzt. Durch Anwendung des pythagoreischen Lehrsatzes und einige hier nicht näher aufzuführende Überlegungen resultiert für die Laufzeitdifferenz der Ausdruck:

$$(\Delta t)_\mathrm{I} = \frac{2}{c}\left(\frac{l_1}{1-\frac{v^2}{c^2}} - \frac{l_2}{\sqrt{1-\frac{v^2}{c^2}}}\right). \tag{1.30}$$

Dabei sind l_1 und l_2 die Armlängen des Interferometers entsprechend der Abbildung. Wie schon früher, bezeichnet c auch hier die Vakuum-Lichtgeschwindigkeit.

Als nächstes wird nun die gesamte Apparatur um 90° gegen den Uhrzeigersinn gedreht. Diese Drehung ist deshalb nötig, um eine Bezugsmessung ausführen zu können, da man die Erde nicht stillstehen lassen kann. Wir brauchen jetzt nicht alle Überlegungen noch einmal vom Anfang an durchzugehen, sondern sehen, daß diese Drehung lediglich bedeutet, daß die beiden Spiegel S_1 und S_2 ihre Funktion vertauschen. In bezug auf Gleichung (1.30) heißt das, daß die Laufzeitdifferenz nach der Drehung

$$(\Delta t)_\mathrm{II} = \frac{2}{c}\left(\frac{l_1}{\sqrt{1-\frac{v^2}{c^2}}} - \frac{l_2}{1-\frac{v^2}{c^2}}\right) \tag{1.31}$$

beträgt. Bildet man nun die Differenz dieser beiden Laufzeiten, rechnet diese in die korrespondierende Phasendifferenz $\Delta\Phi$ und diese weiter in die Linienverschiebung in Streifenbreiten $\delta = \frac{\Delta\Phi}{2\pi}$ um, so findet man für $\frac{v^2}{c^2} \ll 1$, d. h. für Relativgeschwindigkeiten, die gegenüber der Lichtgeschwindigkeit sehr klein sind, bei etwaiger Gleichheit der Interferometerarme ($l_1 \approx l_2 \approx l$) den Ausdruck

$$\delta = \frac{2l}{\lambda}\frac{v^2}{c^2}, \tag{1.32}$$

wobei λ die Wellenlänge des verwendeten Lichtes ist.

Bereits bei dem Experiment in Jena erreichte man eine so große Genauigkeit, daß die letzten ernsthaften Zweifler ihren Glauben an den Weltäther aufgaben: Durch Vergrößerung des Lichtweges durch mannigfache Reflexionen konnte man auf eine effektive Armlänge von $l = 30\,\mathrm{m}$ kommen. Das verwendete Licht hatte eine Wellenlänge von $\lambda \approx 5000\,\mathrm{\AA}$. Setzt man diese Werte und die Bahngeschwindigkeit der Erde ($v \approx 30\,\mathrm{km\,s^{-1}}$) gegenüber dem erdachten Äther in die Formel (1.32) ein, so resultiert eine Linienverschiebung in Streifenbreiten $\delta \approx 1$. Bei tatsächlicher Existenz des Äthers hätte also die Linienverschiebung eine ganze Streifenbreite betragen müssen.

1.5 Krise der Newtonschen Mechanik und Elektromagnetik

In Wirklichkeit zeigte sich keine über die Fehlergrenzen hinausgehende Verschiebung, wobei die Jenaer Apparatur noch eine Verschiebung von 1/1000 der Streifenbreite hätte feststellen können.

In der Folgezeit wurde das Michelson-Experiment noch oft ausgeführt, wobei in den letzten Jahren insbesondere auch die Fortschritte der Laserphysik ausgenutzt wurden. Das Ergebnis war immer negativ.

Um die Jahrhundertwende versuchte man den für die Ätherhypothese negativen Ausgang des Michelson-Experiments auf verschiedene Weisen zu erklären:

1. Die Ätheranhänger gaben ihre These vom ruhenden Äther auf und ließen den Äther mit der Erde mitbewegt sein. Unter solchen Umständen wäre in der Tat keine Linienverschiebung zu erwarten (man denke etwa an die Analogie der Schallwellen in der Luft). Ein solches Äthermodell stand aber in direktem Widerspruch zur beobachteten Aberration, deren Erklärung damals gerade auf einem ruhenden Weltäther basierte.

2. *W. Ritz* stellte 1908 seine Geschoßhypothese auf. Danach sollte sich Licht infolge seiner Trägheit – inzwischen wußte man, daß die Lichtteilchen (Photonen) zwar keine Ruhmasse besitzen, ihnen aber Impulsmasse zugeschrieben werden muß – bezüglich der Geschwindigkeitsaddition ähnlich verhalten wie ein Newtonscher Massenpunkt. Mithin war die Geschwindigkeit des Lichtes einer irdischen Lichtquelle im Bezugssystem der Sonne aus der auf der Erde gemessenen Vakuum-Lichtgeschwindigkeit c und der Erdgeschwindigkeit gegenüber der Sonne zusammenzusetzen. Mit anderen Worten: Licht, das von einer auf einen Beobachter zubewegten Lichtquelle ausgeht, sollte für diesen Beobachter eine größere Geschwindigkeit als die Vakuum-Lichtgeschwindigkeit c besitzen, und umgekehrt.

Diese Hypothese widersprach aber der Beobachtung von Doppelsternen als diskreten Lichtpunkten. Ein Doppelsternsystem besteht nämlich aus zwei Sternen, die sich um den gemeinsamen Schwerpunkt bewegen. Besäße nun das Licht, welches von dem auf uns zubewegten Stern kommt, eine größere Geschwindigkeit und Licht, das von dem von uns fortbewegten Stern auf uns trifft, eine kleinere Geschwindigkeit, so wären die Lichtlaufzeiten beider Sterne zu uns verschieden. Das hätte aber dann zur Folge, daß beide Sterne nicht derart getrennt nebeneinander zu sehen wären, wie es den Gesetzen der Mechanik entspricht.

3. Einen anderen Ausweg suchten *G. Fitzgerald* und *H.A. Lorentz* in ihrer Kontraktionshypothese. Sie gingen davon aus, daß der in Bewegungsrich-

tung liegende Arm des Michelson-Interferometers um den Faktor $\sqrt{1-v^2/c^2}$ durch die Bewegung verkürzt wird, während auf den senkrecht zur Bewegungsrichtung befindlichen Arm kein Kontraktionseffekt wirken sollte. Gemäß dieser Hypothese wären dann die beiden Formeln (1.30) und (1.31) in

$$(\Delta t)_\mathrm{I} = \frac{2}{c\sqrt{1-\dfrac{v^2}{c^2}}}(l_1 - l_2) \quad \text{und} \quad (\Delta t)_\mathrm{II} = \frac{2}{c\sqrt{1-\dfrac{v^2}{c^2}}}(l_1 - l_2)$$

abzuändern. Die Laufzeitdifferenz würde dann im Einklang mit dem Michelson-Experiment verschwinden, da der durch die Existenz des Äthers bedingte Effekt den Kontraktionseffekt gerade kompensieren müßte.

Auch diese Hypothese hielt der Kritik nicht stand, denn für die als real betrachtete Kontraktion des Interferometerarmes müßten Kräfte verantwortlich gemacht werden, die es nicht gibt.

Bekanntlich ist ein geradlinig-gleichförmig bewegter Stab, auf den keine eingeprägten äußeren Kräfte wirken, erfahrungsgemäß kräftefrei.

Die Quintessenz all dieser Erfahrungen entspricht folgender Aussage:

Prinzip der Konstanz der Lichtgeschwindigkeit:
„Die Vakuum-Lichtgeschwindigkeit besitzt in Inertialsystemen unabhängig vom Bewegungszustand der Lichtquelle und des Beobachters immer denselben Wert. Sie ist eine universelle Naturkonstante."

Diese Feststellung klingt heute – trotz eventueller emotionaler, anschaulichkeitsbedingter Skrupel als Widerpart zu der bereits geistig vollzogenen rationalen Einsicht – akzeptabel. Man durchschaut aber erst die damit verbundenen Implikationen, wenn man sich einige Konsequenzen bis zu ihrem logischen Ende klarmacht. Wir wollen zu diesem Zweck ein Beispiel herausgreifen:

Wir betrachten gemäß Abb. 1.4 zwei gegeneinander geradlinig-gleichförmig bewegte Beobachter (Inertialsysteme Σ und Σ'). In dem Moment des gedanklichen Zusammenfallens der beiden Beobachter, die wir im Ursprung der zugehörigen Bezugssysteme lokalisiert denken können, wird vom gemeinsamen Bezugssystem-Ursprung (wegen des obigen Prinzips der Konstanz der Lichtgeschwindigkeit ist es gleichgültig, von welchem der zusammenfallenden Zentren) eine blitzartige kugelwellenförmige Lichterregung in den Raum gesandt. Diese Lichtausbreitung, deren Wellenfront eine Kugel darstellt (Lichtkugel), ist ein objektiver Vorgang. Deshalb kann jeder der beiden Beobachter

1.5 Krise der Newtonschen Mechanik und Elektromagnetik

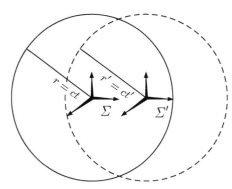

Abb. 1.4

mit Recht von sich behaupten, daß er sich im Mittelpunkt dieser Lichtkugel befindet, denn beide Inertialsysteme sind gleichberechtigt. Für den im Bezugssystem Σ befindlichen Beobachter ist der Radius r der Lichtkugel nach der Zeit t durch $r = ct$ gegeben. In Unkenntnis der Relativität der Zeit rechnet der Beobachter im Bezugssystem Σ' mit derselben absoluten Zeit und schreibt deshalb für den Radius seiner (eigentlich derselben objektiven) Lichtkugel den Radius $r' = ct$ auf, woraus dann durch Vergleich $r' = r$ folgt. Da sich aber beide Beobachter wegen ihrer gegenseitigen Bewegung mit der Geschwindigkeit u in x-Richtung inzwischen voneinander entfernt haben, ist $r' \neq r$, denn es ist

$$r'^2 = x'^2 + y'^2 + z'^2 = (x - ut)^2 + y^2 + z^2 \neq x^2 + y^2 + z^2 = r^2\,.$$

Wie wir später im einzelnen erkennen werden, ist der damit hervorgerufene mathematische Widerspruch zwischen den beiden Gleichungen $r = r'$ und $r \neq r'$ durch die Verwendung derselben Zeit in beiden Inertialsystemen bedingt. Die Relativierung des Zeitbegriffs löst diesen Widerspruch, da dann jedes Inertialsystem seine eigene Zeit besitzt, so daß die beiden konsistenten Gleichungen $r = ct$ und $r' = ct'$ einander gegenüberstehen. Damit wird dann auch die formal-logisch widersprüchliche Behauptung der voneinander entfernten Beobachter logisch vereinbar, daß sie sich nämlich im Mittelpunkt derselben Lichtkugel befinden.

2 Weitere Experimente zur Vorbereitung oder Bestätigung der Speziellen Relativitätstheorie

Das im vorigen Kapitel behandelte Michelson-Experiment spielte für die Entwicklung der Relativitätstheorie eine herausragende Rolle. Es wurden aber noch viele andere Experimente durchgeführt, die weitere interessante Fragen aufwarfen und deshalb im folgenden skizziert werden sollen.

2.1 Astronomische Aberration

Diese von *Bradley* 1727 entdeckte Erscheinung haben wir schon früher gestreift. Hier soll sie näher beschrieben werden. *Bradley* fand, daß für ein auf der Erde feststehendes Fernrohr die Fixsterne am Himmel gewisse Kurven durchlaufen, und zwar die Sterne in Nähe des Pols der Ekliptik Kreisbögen, die Sterne in der Ekliptik Geradenstücke und die dazwischenliegenden Sterne Ellipsenbögen.

Die Analyse dieser Beobachtung zeigt, daß man bei einer relativen Bewegung zwischen Lichtquelle und Beobachter das Fernrohr in einem gewissen Winkel zum Lichtstrahl einstellen muß. Man nennt diese Erscheinung astronomische Aberration.

Mit Hilfe der Hypothese vom ruhenden Weltäther versuchte man folgende Erklärung: Das Licht breitet sich im Ruhsystem des Äthers geradlinig aus. Hat man die Fernrohrachse in Lichtrichtung eingestellt, so muß das auf der Fernrohrachse einfallende Licht das Fernrohr in einem bestimmten Abstand von der Fernrohrachse wieder verlassen, wenn sich das Fernrohr inzwischen weiterbewegt. Diese Überlegung entspricht dem mechanischen Analogon eines Durchschusses durch ein bewegtes Schiff.

Aus der Abb. 2.1 (übertriebene Darstellung) lesen wir den Zusammenhang

$$\tan \alpha = \frac{a}{l}$$

2.1 Astronomische Aberration

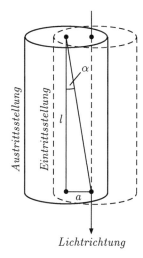

Abb. 2.1   *Lichtrichtung*

ab. Ist die Transversalgeschwindigkeit des Fernrohrs u, und ist die Verweilzeit des Lichtes im Fernrohr t, so gelten die Zusammenhänge

$$a = ut\,, \qquad l = c_{\text{Med}}\, t\,,$$

so daß

$$\tan \alpha = \frac{u}{c_{\text{Med}}} \qquad (2.1)$$

entsteht, wobei c_{Med} die Lichtgeschwindigkeit im Fernrohr ist, das gegebenenfalls mit einem Medium gefüllt sein kann.

Diese Überlegungen haben, wie eingangs gesagt, die Ätherhypothese als Grundlage. Vom Experiment wurde für das Vakuum die Aberrationsformel (2.1) in der Tat bestätigt. Damit war ein entscheidendes experimentelles Argument zugunsten des Äthers geliefert, das mit dem Ergebnis des Michelson-Experiments unvereinbar war. Nun zeigte sich aber, daß die Aberrationsformel (2.1) der von *G.P. Airy* nachgewiesenen Tatsache widersprach, daß sich der Aberrationseffekt nicht ändert, wenn das Fernrohr mit Wasser gefüllt wird. Damit stand man vor einem zweifachen Widerspruch. Wie war ein Ausweg aus diesem gedanklichen Wirrwarr zu finden? Die Einsteinsche Spezielle Relativitätstheorie löste diesen Widerspruch ganz zwangsläufig auf ihrer höheren Erkenntnisebene.

2.2 Doppler-Effekt

Dieser sich auf Wellenbewegungen beziehende Effekt tritt in der Akustik und in der Optik auf. Besteht nämlich eine Bewegung von Wellenquelle und Beobachter aufeinander zu, so registriert der Beobachter eine Frequenzerhöhung, während im umgekehrten Fall eine Frequenzerniedrigung eintritt. Auf der Basis eines ruhenden Mediums (Luft für den Schall, gedachter Äther für das Licht) ergibt sich die Formel

$$\nu = \nu_0 \left(1 + \frac{u}{c}\right) \tag{2.2}$$

für eine relativ zum Medium ruhende Quelle und einen bewegten Beobachter und die Formel

$$\nu = \frac{\nu_0}{1 - \dfrac{u}{c}} \tag{2.3}$$

für einen relativ zum Medium ruhenden Beobachter und eine bewegte Quelle. Dabei ist ν die jeweils beobachtete Frequenz, ν_0 die Frequenz ohne Relativbewegung und u die Geschwindigkeit der Relativbewegung.

Die beiden letzten Formeln stimmen in erster Ordnung in u/c überein, weichen aber ab 2. Ordnung voneinander ab. Deshalb sind gemäß diesen Formeln Quelle und Beobachter nicht gleichberechtigt. In der Akustik werden diese Formeln in der Tat bestätigt, wie es zu erwarten ist, denn es existiert ja die Luft als das der Ableitung zugrunde gelegte Medium. Wäre die Ätherhypothese richtig, so müßte es auch in der Optik einen Unterschied zwischen beiden Arten von Doppler-Effekten geben, während nach dem Speziellen Relativitätsprinzip kein derartiger Unterschied bestehen darf, da es danach keine Bevorzugung von Quelle und Beobachter gibt, denn Quelle und Beobachter sind als gleichberechtigte Bezugssysteme zu betrachten.

Der von *Ch. Doppler* 1842 vorausgesagte und von ihm in der Akustik entdeckte Effekt wurde in der Optik 1861 von *E. Mach* bei der spektroskopischen Untersuchung von Sternlicht angewendet und 1906 von *J. Stark* an Kanalstrahlen nachgewiesen. *Q. Majorana* konnte ihn 1919 an mechanisch bewegten Lichtquellen verifizieren. Auch bei der Reflexion von Licht an bewegten Spiegeln tritt er in Erscheinung.

2.3 Trouton-Noble-Versuch

Mit diesem Versuch glaubte man, die Absolutgeschwindigkeit der Erde gegenüber dem angenommenen Äther nachweisen zu können. Zu diesem Zweck wurde ein fest mit der Erde verbundener, aber drehbarer Kondensator konstruiert, der nach seiner Aufladung ein Drehmoment erfahren sollte, welches die die Ladungsmittelpunkte miteinander verbindende Achse senkrecht zur Absolutgeschwindigkeit gegenüber dem Äther einstellen sollte.

Der von *F.Th. Trouton* und *H.R. Noble* 1903 ausgeführte Versuch ergab keinen Dreheffekt. Dasselbe trifft auch auf die 1925 von *R. Tomaschek* und 1926 von *C.T. Chase* mit großer Präzision durchgeführten Wiederholungen des Trouton-Noble-Versuches zu.

Vom Standpunkt des Speziellen Relativitätsprinzips ist natürlich kein Drehmoment zu erwarten, da beide auf den Kondensatorplatten befindlichen elektrischen Ladungen keine relative Bewegung gegeneinander besitzen, so daß keine magnetischen Kraftwirkungen aufeinander auftreten können, die die Grundlage für die Erklärung des erwarteten Effektes bilden würden.

2.4 Wienscher Versuch

Im Jahre 1913 hat *J. Stark* entdeckt, daß die Spektrallinien des Lichtes von Atomen, die sich in einem elektrischen Feld befinden, eine charakteristische Aufspaltung erfahren. Durch die Arbeiten von *J.C. Maxwell*, *H. Hertz* und *H.A. Lorentz* war klar geworden, daß bei der Relativbewegung eines Beobachters gegenüber einem Magnetfeld ein elektrisches Feld und bei der Relativbewegung gegenüber einem elektrischen Feld ein Magnetfeld in Erscheinung tritt. Dieser Zusammenhang von Magnetfeld und elektrischem Feld wurde später im Rahmen der Speziellen Relativitätstheorie auf ein solides 4-dimensionales Fundament gestellt. Wir werden an geeigneter Stelle davon noch mehr hören.

Auf den oben beschriebenen Stark-Effekt angewandt, heißt das, daß das Licht von Atomen, die sich in einem Magnetfeld bewegen, wegen des dabei in Erscheinung tretenden elektrischen Feldes die Stark-Aufspaltung der Spektrallinien aufweisen müßte. Diese Idee griff 1914 *W. Wien* auf. Er schoß Wasserstoffatome in Form von Kanalstrahlen mit einer Geschwindigkeit v von etwa $5 \cdot 10^7 \, \text{cm}\,\text{s}^{-1}$ in ein Magnetfeld $\boldsymbol{B}$. Dabei zeigte sich dieselbe Aufspaltung, als befänden sich die Atome in einem äquivalenten elektrostatischen

Feld der Größe $v \times B$. Dieser Ausdruck entsprach genau den Erwartungen der Speziellen Relativitätstheorie.

2.5 Fizeauscher Mitführungsversuch

Das im folgenden skizzierte Experiment wurde um 1851 von *A. Fizeau* gemacht. Es wurde um 1886 von *A. Michelson* und *E.W. Morley* wiederholt und mit besonderer Präzision von *P. Zeeman* in den Jahren 1914/15 erneut ausgeführt.

Fizeau ging natürlich noch von der Ätherhypothese aus. Deshalb war seine Frage, wie der Äther und letzten Endes das Licht in einem bewegten optischen Medium mitgeführt werden, auf der Basis dieser Vorstellung ganz folgerichtig.

Er baute zwei Rohre, die er parallel anordnete und in denen er in entgegengesetzter Richtung ein durchsichtiges Medium strömen ließ. Durch einen halbdurchlässig versilberten Spiegel zerlegte er einen Lichtstrahl in zwei Teilstrahlen, die er in entgegengesetzter Richtung längs der Rohrachsen durch die Apparatur laufen ließ. Nach einem vollen Umlauf brachte er beide Teilstrahlen zur Interferenz, die er in einem Fernrohr beobachten konnte. Es zeigte sich nun, daß durch die Bewegung des Mediums in den beiden Rohren (mit zwei Rohren wird gearbeitet, um den Effekt zu verdoppeln) eine Phasendifferenz beider Teilstrahlen erzeugt wird, die durch Verschiebung der Interferenzstreifen sichtbar wird. Man findet empirisch eine Phasenverschiebung, die einer Lichtgeschwindigkeit im bewegten Medium von der Größe

$$c_{\text{Med}} = \frac{c}{n} \pm u \left(1 - \frac{1}{n^2}\right) \tag{2.4}$$

entspricht. Dabei ist das Pluszeichen im Falle gleicher Richtung von Licht und Mediumsbewegung und das Minuszeichen im entgegengesetzten Fall einzusetzen. Es bedeutet: c Vakuum-Lichtgeschwindigkeit, n Brechungsindex des Mediums und u Strömungsgeschwindigkeit des Mediums. Der Faktor $\left(1 - \frac{1}{n^2}\right)$ heißt Fresnelscher Mitführungskoeffizient. Für das Vakuum ($n = 1$) verschwindet der Mitführungseffekt natürlich, ganz im Einklang mit Formel (2.4).

Wäre für das Licht das Additionstheorem der Geschwindigkeiten aus der Newtonschen Mechanik gültig, so würde sich für das bewegte Medium die

Lichtgeschwindigkeit $c_{\text{Med}} = \dfrac{c}{n} \pm u$ ergeben. Das aus der Speziellen Relativitätstheorie resultierende Additionstheorem der Geschwindigkeiten erklärt den gemessenen Effekt mühelos. Wir werden von diesem Additionstheorem später noch hören.

2.6 Messung der Lebensdauer von Myonen

Die Myonen sind Elementarteilchen von etwa 207 Elektronmassen. Sie besitzen eine mittlere Lebensdauer von $2{,}2 \cdot 10^{-6}$ s, gemessen in dem Bezugssystem, in welchem diese Teilchen ruhen. Abgesehen von ihrer Erzeugung im Labor entstehen sie auch in den etwa 20 bis 30 km über der Erdoberfläche gelegenen Schichten der Atmosphäre durch den Einfall primärer kosmischer Strahlung, die auf die Stickstoff- und Sauerstoffatomkerne der Atmosphäre trifft. Selbst wenn man den erzeugten Myonen Lichtgeschwindigkeit zubilligen würde, so dürften sie während ihrer Lebensdauer höchstens einen Weg in Richtung Erde von $2{,}2 \cdot 10^{-6} \cdot 3 \cdot 10^{10}$ cm $= 660$ m zurücklegen. Der tatsächlich durchlaufene Weg beträgt aber etwa 20 bis 30 km. Dieser Tatbestand ist auf der Basis der vorrelativistischen Physik völlig unverständlich und unerklärbar. Er findet aber eine ganz natürliche Erklärung durch die relativistische Zeitdilatation, die uns später noch beschäftigen wird.

2.7 Sagnac-Versuch

Bei diesem Versuch, den *G. Sagnac* um 1913/14 durchgeführt hat, befinden sich auf einer drehbaren Kreisscheibe eine monochromatische Lichtquelle, eine Glasplatte mit einer halbdurchlässigen Schicht zwischen zwei weiteren Glasplatten, einige Spiegel auf der Peripherie und eine photographische Kamera, die Interferenzstreifen registriert. Das von der Lichtquelle ausgesandte Licht wird durch die halbdurchlässige Schicht in zwei Teilstrahlen zerlegt, die in entgegengesetzter Richtung von Spiegel zu Spiegel die Scheibe umlaufen, sich danach wieder vereinigen und interferierend auf die Photoplatte gelangen. Durch die Rotation der Scheibe tritt eine Verschiebung der Interferenzstreifen ein.

Die Erklärung des Sagnac-Effektes ist eigentlich recht einfach, wenn man die Trägheit des Lichtes einmal akzeptiert hat. Vom Inertialsystem aus betrachtet, sieht die Sache so aus, daß sich in der Zeit, da sich das Licht auf dem Weg von Spiegel zu Spiegel befindet, die Scheibe gewissermaßen darunter wegbewegt, so daß sich die effektiven Spiegelabstände verändern, was sich in einer Veränderung der Lichtlaufzeiten und schließlich in einer Phasenverschiebung auswirkt.

Bei dieser Darlegung fällt einem sofort auf, daß es sich beim Sagnac-Effekt im Rahmen der Optik um eine analoge Erscheinung handelt wie beim Foucaultschen Pendelversuch auf dem Gebiet der Mechanik.

Während *Sagnac* mit nur wenigen Drehungen der Scheibe pro Sekunde arbeitete, erreichte *B. Pogany* 25 Drehungen pro Sekunde. Er maß 1925/26 einen Wert, der nur um 2% von dem theoretischen Wert abwich.

Da es sich beim Sagnac-Versuch wie auch beim im folgenden zu besprechenden Michelson-Gale-Versuch um rotierende Versuchsanordnungen, also um Apparaturen in Nichtinertialsystemen handelt, wird damit der Rahmen der Speziellen Relativitätstheorie überschritten. Wir befinden uns dann schon bei Aufgabenstellungen der Allgemeinen Relativitätstheorie.

2.8 Michelson-Gale-Versuch

Bei diesem Experiment, das 1924/25 ausgeführt wurde, handelt es sich um den Sagnac-Versuch in großen Dimensionen, nämlich um die Benutzung der Erde als rotierendes Bezugssystem anstelle der Scheibe beim Sagnac-Versuch. Im Unterschied zum Foucaultschen Pendelversuch, der zum mechanischen Nachweis der Erddrehung angestellt wurde, geht es also hier um einen optischen Beweis der Drehung der Erde.

Weil die Rotationsgeschwindigkeit der Erde relativ klein ist, mußte die vom Licht umlaufene Fläche recht groß gewählt werden, da die Größe des Effekts vom Produkt aus Rotationsgeschwindigkeit und umlaufener Fläche bestimmt wird. Zu diesem Zweck wurden fast kilometerlange Lichtwege in evakuierten Röhren präpariert. Erschwert wurde das Experiment auch insofern, als man bei der Erde keine Nullmarkierung hat, so daß ein zweiter Umlauf des Lichtes um eine kleinere Fläche, also mit keiner merklichen Phasenverschiebung, zum Vergleich herangezogen werden mußte. Um die Rotationsgeschwindigkeitskomponente senkrecht zur umlaufenen Fläche möglichst groß zu bekommen, mußte man darüber hinaus noch das Experiment im nördlichen Polargebiet aufbauen.

3 Speziell-relativistische Physik

3.1 Die Vorläufer der Speziellen Relativitätstheorie

Der vorangehende Teil über die hauptsächlich vorrelativistische Physik diente dazu, die Widersprüchlichkeiten der Newtonschen Epoche der Physik an einigen charakteristischen Beispielen darzustellen und zu zeigen, welche empirischen und theoretischen Momente ihre Krise ausgelöst haben. An einigen neuralgischen Punkten wurden wir dabei schon nahe an die relativistische Konzeption der Physik gedrängt. Wie weit kamen nun die Vorläufer *Einsteins* eigentlich an die Spezielle Relativitätstheorie heran?

Wie wir bereits im einzelnen dargelegt haben, fand *Maxwell* 1864 die endgültige Form der elektromagnetischen Grundgesetze für ein Inertialsystem. Daß es sich dabei um die endgültige Form handelte, wußte man natürlich damals nicht. Deshalb glaubten viele Physiker, daß die Ursache für die experimentellen Unstimmigkeiten in der Elektromagnetik-Optik auf Unvollständigkeiten in den Maxwell-Gleichungen zurückzuführen seien. Aus diesem Grund wurden etliche Abänderungs- und Ergänzungsversuche an den Maxwell-Gleichungen im Hinblick auf bewegte Medien unternommen, die aber keine Klarheit in das Verständnis des immer umfangreicher werdenden widersprüchlichen Faktenmaterials zu bringen vermochten.

Als der historisch interessanteste Vorschlag dabei ist vielleicht die von *H. Hertz* 1890 vorgelegte Hertzsche Elektrodynamik unter Einarbeitung der sogenannten Röntgen-Stromdichte anzusehen. Auch an die Bemühungen von *J.J. Larmor* und *H.A. Lorentz* sollte man in diesem Zusammenhang noch einmal nachdrücklich erinnern. Unter diesem Aspekt wird dann auch verständlich, warum die drei für die Schaffung der Speziellen Relativitätstheorie so entscheidenden Arbeiten unter auf die Elektrodynamik bezogenen Titeln erschienen:

H.A. Lorentz: „Elektromagnetische Erscheinungen in einem System, das sich mit beliebiger, die des Lichtes nicht erreichender Geschwindigkeit bewegt" (am 27.5.1904 der Amsterdamer Akademie vorgelegt), *H. Poincaré*: „Über die Dynamik des Elektrons" (am 5.6.1905 Vortrag in der Pariser Akademie, am 23.7.1905 in Palermo zum Druck gegeben), *A. Einstein*: „Zur Elektrodynamik bewegter Körper" (am 30.6.1905 den Annalen der Physik eingereicht).

Der tiefere Grund für die Unfruchtbarkeit vieler vorrelativistischen elektrodynamischen Arbeiten lag, wie wir bereits wissen, in der Befangenheit der Forscher in der Ätherhypothese, der eben *Maxwell, Hertz, Lorentz, Larmor* und andere anhingen. Diesen Tatbestand abstrakter fassend, kann man auch so sagen: Alle die genannten weltbekannten Physiker waren nicht in der Lage, das Spezielle Relativitätsprinzip, auf das wir später noch ausführlich eingehen werden, tiefgründig genug zu erkennen und in seiner Tragweite mit allen Konsequenzen auszuschöpfen.

In diesem Zusammenhang muß unbedingt darauf hingewiesen werden, daß der hervorragende Physiker *W. Voigt* bereits 1887 in Verallgemeinerung der von uns früher behandelten Galilei-Transformation gefunden hat, daß es eine 4-dimensionale raumzeitliche Koordinatentransformation gibt, die die Differentialgleichung für die Lichtausbreitung im Vakuum forminvariant läßt. Der Idee nach geht es dabei bereits um die Forminvarianz des gesamten Maxwellschen Gleichungssystems, also um die berühmte Lorentz-Transformation, die bis auf den charakteristischen Wurzelfaktor in richtiger Stellung schon von *Voigt* erreicht wurde. Aber auch *Voigt* hat, über diesen mathematischen Sachverhalt hinausgehend, nicht den eigentlichen physikalischen Hintergrund durchschaut. Leider hat seine immerhin richtungsweisende Darlegung auch niemand beachtet.

Wir wollen weiter festhalten, daß – allerdings auch auf der Basis der Äthervorstellung – die richtigen Lorentz-Transformationen, wenn auch ziemlich verworren und versteckt, zum ersten Mal bei *J.J. Larmor* 1900 in seinem Lehrbuch „Äther und Materie" auftauchten. Von 1899 bis 1904 bemühte sich außerdem *Lorentz* sehr intensiv um diese Problematik. In der oben zitierten Arbeit (1904) stehen dann, wenn man frühere Arbeiten sinngebend mit heranzieht, in der Tat die im Prinzip richtigen Lorentz-Transformationen.

Lorentz blieb aber der Ätherhypothese verhaftet und wollte den absoluten Zeitbegriff nur ungern aufgeben. Seine transformierte Zeit betrachtete er nur als Rechengröße.

Poincaré kannte diese Lorentzsche Arbeit und die darin enthaltenen Transformationen. In seiner oben genannten Publikation von 1905 sprach er das Spezielle Relativitätsprinzip aus und wandte sich klar gegen die Ätherhypothese. Er prägte darin die Namen „Lorentz-Transformation" und „Lorentz-

Gruppe". In gewisser Weise trägt sein umfangreiches Traktat schon typische 4-dimensionale Züge. Dennoch ist die Arbeit nicht voll auf die eigentlich relativistischen Aspekte der Problematik angelegt. *Poincaré* ist am weitesten an *Einstein* herangekommen und hat an der Speziellen Relativitätstheorie einen hohen Anteil.

Einstein besaß von diesen Anstrengungen von *Lorentz* und *Poincaré* wohl keine Kenntnis, denn seine Arbeit ist von einem ganz anderen Herangehen an die Thematik geprägt. Nicht einmal den Michelson-Versuch hat er zitiert. *Einstein* konnte sich später nicht mehr erinnern, ob er von diesem fundamentalen Experiment überhaupt Kenntnis hatte. Bei ihm dominierte vielmehr die Idee des Speziellen Relativitätsprinzips, verbunden mit der Verwerfung der Ätherhypothese, sowie der philosophische Aspekt um die Relativierung der Gleichzeitigkeit. Aus diesem Ideenkreis flossen dann seine mathematischen Deduktionen. Seine Arbeit behandelte in den wesentlichen Punkten das Gesamtgebäude der speziell-relativistischen Physik.

Die bisherigen Ausführungen, gekennzeichnet durch ihre Orientierung auf das Spezielle Relativitätsprinzip und die richtigen raumzeitlichen Transformationsgesetze, hatten einen vorwiegend universal angelegten Charakter. Neben den damit verbundenen Vorarbeiten zur Relativitätstheorie dürfen aber eine Reihe weiterer wertvoller Arbeiten nicht übersehen werden, die auf spezielle Aspekte ausgerichtet waren:

Zunächst ist erwähnenswert, daß *Poincaré* 1900 zwischen der Energiestromdichte (Poynting-Vektor) S und der Impulsdichte g des elektromagnetischen Feldes die Beziehung

$$S = gc^2 \tag{3.1}$$

aufgestellt hat, die für dieses spezielle Feld in die bekannte Masse-Energie-Relation $E = mc^2$ umgeschrieben werden kann.

Diesem interessanten Zusammenhang von Masse und Energie hat im Jahre 1904 auch *F. Hasenöhrl* ausgiebige Studien gewidmet. Etwas später wurde derselbe Gegenstand auch noch von *C. von Mosengeil* bearbeitet. Wie kam *Hasenöhrl* schon 1904 an diese fundamentale Erkenntnis von der Äquivalenz von Masse und Energie, wenn auch quantitativ noch nicht in der endgültigen Fassung und noch auf die elektromagnetische Strahlung beschränkt, heran? Durch die grundlegenden Arbeiten von *G.R. Kirchhoff* und *L.E. Boltzmann* zur elektromagnetischen Strahlung, Thermodynamik und Statistik war bekanntlich eine beachtliche Vorarbeit zur Planckschen Entdeckung des Strahlungsgesetzes schwarzer Körper geleistet worden. Die dabei angewandten Methoden waren bei *Hasenöhrl* auf sehr fruchtbaren Boden gefallen: Er dachte sich einen mit elektromagnetischer Strahlung angefüllten Hohlraum in einen beschleunigten Bewegungszustand versetzt. Dabei verrichten die beschleunigten, als ideal reflektierend angesehenen Wände Arbeit an der Strahlung – eine Arbeit, die sich gemäß der 1900 von *Max Planck* gefundenen Formel zwischen der Energie $\mathcal{E}$ und der Frequenz ν eines Photons (in Einsteinscher Interpretation)

$$\mathcal{E} = h\nu \tag{3.2}$$

(h Plancksches Wirkungsquantum) über den Doppler-Effekt in einer Frequenzverschiebung auswirkt. Damit war für *Hasenöhrl* die Brücke zwischen der Energie der Strahlung und deren bei der Beschleunigung auftretenden Trägheit geschlagen. Diese Verknüpfung von Energie und Trägheit war aber wegen der Trägheit der Masse eine Verknüpfung von Energie und Masse. Die gedankliche Marschroute für die Rechnung war somit gegeben. Abgesehen von der Problematik des genauen Vorfaktors, konnte damit *Hasenöhrl* für die Strahlung die Masse-Energie-Relation

$$E = mc^2 \tag{3.3}$$

(E Energie, m Masse, c Vakuum-Lichtgeschwindigkeit) begründen.

Wenn man sich heute in die vorrelativistischen Arbeiten mit ihrem objektiv bedingten gedanklichen und mathematischen Gestrüpp noch einmal vertieft, dann wird man unwillkürlich in die seelischen Spannungen der damaligen Forscher versetzt, und man kann nachempfinden, wie sie sich Steinchen um Steinchen der Erkenntnis abgequält haben. Mit großer Hochachtung sollten wir immer an diese mühseligen Vorarbeiten zur Relativitätstheorie denken. Wie atmet man auf und welche Erleichterung verspürt man, wenn man dann zur Einsteinschen Arbeit von 1905 greifen kann! Das Licht der geistigen Klarheit läßt den verirrten und verwirrten Wanderer eine wunderbare neue Sphäre dieser herrlichen Natur schauen!

3.2 Das Spezielle Relativitätsprinzip und die Lorentz-Transformation

Einstein hat schon als Kind viel über die Lichtausbreitung nachgegrübelt. Es gingen ihm Gedanken durch den Kopf, wie man Licht einholen und einfangen könne. Auch sein kindliches Spiel mit einer geschenkten Magnetnadel

3.2 Das Spezielle Relativitätsprinzip und die Lorentz-Transformation

und Magneten hat in ihm tiefe Eindrücke mit offensichtlich latenten Nachwirkungen hinterlassen.

Diese beiden unscheinbaren Erfahrungsmomente finden sich als ganz entscheidende Erkenntnisbrücken in der bereits mehrfach erwähnten Einsteinschen Arbeit „Zur Elektrodynamik bewegter Körper" wieder, die 1905 in den Annalen der Physik veröffentlicht wurde und als Grundlegung der Speziellen Relativitätstheorie gilt. Im folgenden beschäftigen wir uns mit beiden Problemkreisen:

Einsteins Nachdenken über die Ausbreitung von Lichtsignalen mündete in seine Bewältigung der Gleichzeitigkeitsproblematik ein.

Was verstand man eigentlich vor *Einstein* unter der Gleichzeitigkeit zweier Ereignisse an verschiedenen Orten? Die Antwort ist durch die Newtonsche Konzeption einer absoluten Zeit klar vorgezeichnet. Die absolute Zeit wird nämlich durch eine für die gesamte Welt verbindliche Weltuhr symbolisiert. Da sich die Fernwirkung ihrer Idee nach mit unendlicher Ausbreitungsgeschwindigkeit fortpflanzen sollte, würde also die Übertragung selbst keine Zeit beanspruchen, so daß alles auf die technische Frage hinausliefe, die Weltzeitablesung zu beherrschen.

Mit *Olaf Römers* Entdeckung der Endlichkeit der Lichtgeschwindigkeit mußte diese Vorstellung schon beachtlich modifiziert werden, denn es war jetzt die Zeit für die Ausbreitung des Lichtes von der Uhr zum Beobachter noch mit in Rechnung zu stellen. Bei Berücksichtigung dieses Retardierungseffektes war dann die gestellte Aufgabe für eine Uhr und einen Beobachter, die sich relativ zueinander in Ruhe befanden, zu lösen. Die Probleme wurden aber mit dem Moment komplizierter, als Bewegungen von Uhr und Beobachter zuzulassen waren. Hier half aber die Äthervorstellung weiter, durch die ein absolutes Ruhsystem vorgezeichnet war, auf das die Relativbewegungen bezogen werden mußten, die dann Modifikationen der Lichtgeschwindigkeit ergaben. Obwohl im Detail recht kompliziert, war aber doch im Prinzip auf dieser Basis eine Definitionsmöglichkeit für die Gleichzeitigkeit gegeben, der immer noch absoluter Charakter im Sinne einer für beliebig bewegte Beobachter gültigen Aussage zuzuschreiben war.

Der Sturz der Ätherhypothese brachte nun schlagartig eine neue Situation mit sich. Das von uns schon früher dargelegte Prinzip der Konstanz der Lichtgeschwindigkeit vereinfachte die Fragestellung grundlegend, da jetzt bei all diesen Überlegungen mit einer einheitlichen konstanten Lichtgeschwindigkeit, deren Wert vom Bewegungszustand von Lichtquelle und Beobachter unabhängig war, gerechnet werden konnte.

Einstein definierte auf dieser Basis die Gleichzeitigkeit zweier entfernt liegender Ereignisse wie folgt:

Zwei Ereignisse an voneinander entfernten Orten sind gleichzeitig, wenn das zur Zeit der Ereignisse ausgesandte Licht sich in der Mitte der Verbindungsstrecke trifft.

Wie wir später hören werden, impliziert diese verblüffend einfache Definition die Preisgabe der Absolutheit der Gleichzeitigkeit, d. h., die Feststellung einer Gleichzeitigkeit von Ereignissen hängt vom Bewegungszustand des Beobachters ab, ist also für verschieden bewegte Beobachter verschieden.

Zu welchen Anknüpfungspunkten führte nun das Spiel mit den Magneten?

Mit diesem Ideenkreis beginnt *Einsteins* berühmte Arbeit. Wir zitieren aus ihren ersten beiden Absätzen:

„Daß die Elektrodynamik Maxwells – wie dieselbe gegenwärtig aufgefaßt zu werden pflegt – in ihrer Anwendung auf bewegte Körper zu Asymmetrien führt, welche den Phänomenen nicht anzuhaften scheinen, ist bekannt. Man denke z. B. an die elektrodynamische Wechselwirkung zwischen einem Magneten und einem Leiter. Das beobachtete Phänomen hängt hier nur ab von der Relativbewegung von Leiter und Magnet, während nach der üblichen Auffassung die beiden Fälle, daß der eine oder der andere dieser Körper der bewegte sei, streng voneinander zu trennen sind . . . .

Beispiele ähnlicher Art, sowie die mißlungenen Versuche, eine Bewegung der Erde relativ zum ‚Lichtmedium' zu konstatieren, führen zu der Vermutung, daß dem Begriffe der absoluten Ruhe nicht nur in der Mechanik, sondern auch in der Elektrodynamik keine Eigenschaften der Erscheinungen entsprechen, sondern daß vielmehr für alle Koordinatensysteme, für welche die mechanischen Gleichungen gelten, auch die gleichen elektrodynamischen und optischen Gesetze gelten, . . . Wir wollen diese Vermutung (deren Inhalt im folgenden ‚Prinzip der Relativität' genannt werden wird) zur Voraussetzung erheben . . . Die Einführung eines ‚Lichtäthers' wird sich insofern als überflüssig erweisen, als nach der zu entwickelnden Auffassung weder ein mit besonderen Eigenschaften ausgestatteter ‚absolut ruhender Raum' eingeführt, noch einem Punkte des leeren Raumes, in welchem elektromagnetische Prozesse stattfinden, ein Geschwindigkeitsvektor zugeordnet wird."

3.2 Das Spezielle Relativitätsprinzip und die Lorentz-Transformation

Diese Sätze wiegen schwer. Sie fixieren *Einsteins* Grundposition, die schon an dieser frühen Stelle von seiner tiefen Einsicht in das Naturgeschehen zeugt. Die mathematische Ausarbeitung der Theorie – anerkanntermaßen sicherlich ebenfalls eine große Leistung – folgt dann im wesentlichen zwangsläufig aus dieser Ausgangsposition.

Aus heutiger Sicht bietet es sich an, die Einsteinsche Arbeit unter dem Aspekt der Lösung des Widerspruchs zwischen Galileischem und Speziellem Relativitätsprinzip resp. Newtonscher Mechanik und Maxwellscher Elektromagnetik zu analysieren.

Im Abschnitt über die Newtonsche Mechanik haben wir mit besonderem Gewicht die Galilei-Transformation (1.17) herausgearbeitet, da sie die Newtonsche Konzeption von Raum und Zeit repräsentiert. Die Newtonsche Bewegungsgleichung als Grundgesetz der Newtonschen Mechanik erwies sich als forminvariant (kovariant) gegenüber der Galilei-Transformation. Dieser Tatbestand bestimmte den Inhalt des Galileischen Relativitätsprinzips.

Bei den folgenden Überlegungen geht es im Grunde genommen um dieselbe Problematik, aber auf einem wesentlich subtileren Gebiet der Physik, nämlich um die Forminvarianz (Kovarianz) der Maxwellschen Elektromagnetik. Das didaktische und philosophische Motiv für unsere so eingehende Beschäftigung mit der Newtonschen Physik wird dadurch retrospektiv verständlich.

Die Galilei-Transformation erstreckt sich den obigen Ausführungen zufolge auf die Newtonsche Mechanik. Das konnte man natürlich am Ende des vorigen Jahrhunderts noch nicht wissen. Deshalb war es ganz selbstverständlich, die Forminvarianz der Maxwellschen Gleichungen, die als die Grundgesetze des Elektromagnetismus fungieren, gegenüber der Galilei-Transformation zu untersuchen. Das mathematische Ergebnis lautet: Die Maxwellschen Gleichungen sind gegenüber der Galilei-Transformation nicht forminvariant. Da die Newtonsche Konzeption von Raum und Zeit als Grundauffassung ohne alle Zweifel so tief im Weltbild der damaligen Physikergeneration verwurzelt war, schien es das Natürlichste zu sein, davon auszugehen, daß die ursprüngliche Form der Maxwell-Gleichungen noch unvollständig ist. Es sollte also solch eine Abänderung erfolgen, die auf eine Gestalt dieses Gleichungssystems führt, welche der Forminvarianz gegenüber Galilei-Transformationen genügt. Über die Erfolglosigkeit dieses Unterfangens haben wir berichtet. Wie sollte es weitergehen? Noch einige Jahrzehnte in guter Hoffnung probieren oder einen revolutionären Schritt wagen und damit die bis dahin herrschenden Grundauffassungen von Raum und Zeit fallen lassen?

Die mathematische Analyse zeigte, wenn auch, wie wir oben skizziert haben, auf einem sehr mühseligen Weg, daß die Maxwell-Gleichungen gegenüber der Lorentz-Transformation

$$x' = \frac{x - ut}{\sqrt{1 - \frac{u^2}{c^2}}}, \quad y' = y, \quad z' = z, \quad t' = \frac{t - \frac{ux}{c^2}}{\sqrt{1 - \frac{u^2}{c^2}}} \qquad (3.4)$$

forminvariant sind. Bei dieser Darstellungsweise ist eine kinematische Verknüpfung der Inertialsysteme gewählt, wie es der Abb. 1.2 entspricht. Man erkennt auch leicht, daß die Lorentz-Transformationen (3.4) das Pendant der Galilei-Transformationen (1.17) sind, wobei sie aber Raum und Zeit in 4-dimensionaler Weise verbinden. Sie gehen für eine Relativgeschwindigkeit u der beiden Inertialsysteme, die viel kleiner als die Vakuum-Lichtgeschwindigkeit c ist, d. h. für $\frac{u^2}{c^2} \ll 1$, in der Tat in die Galilei-Transformationen (1.17) über, so daß die Galilei-Transformationen als Spezialfall der Lorentz-Transformationen für kleine Relativgeschwindigkeiten erscheinen. Der philosophische Hintergrund dieses Zusammenhanges wird uns später noch ausführlich beschäftigen.

Stellt man sich nun auf den Standpunkt, daß die ursprüngliche Maxwell-Theorie schon die abgeschlossene Theorie (im Heisenbergschen Sinne) des Elektromagnetismus ist, so hat man folgerichtig die Lorentz-Transformation als die Interpretationsbasis für eine neue Raum-Zeit-Konzeption zu nehmen. Die experimentelle Erfahrung bestätigte die Richtigkeit dieser Alternative. Damit sind wir aber mit unserer Gedankenkette noch nicht zu Ende!

Wir stehen jetzt vor folgender Entscheidungssituation:

Die Newtonsche Mechanik mit der Galilei-Transformation induziert die Newtonsche Lehre von einem absoluten Raum und einer absoluten Zeit.

Die Maxwellsche Elektromagnetik mit der Lorentz-Transformation induziert eine 4-dimensionale Verbindung von Raum und Zeit, also letzten Endes, wie wir noch zeigen werden, die Relativierung dieser Kategorien.

Welche Synthese ist die wissenschaftlich einzig sinnvolle? Bei dieser Entscheidung wird der Physiker zum Philosophen. Er muß das Ganze, und zwar in seiner inneren Einheit sehen. Nur wer dieses tiefe Verständnis für „das, was die Welt im Innersten zusammenhält" (nach *Goethes* Faust) mitbringt und aus seinem innersten Wesen heraus von der letztlich philosophischen

3.2 Das Spezielle Relativitätsprinzip und die Lorentz-Transformation

Einheit der Natur trotz ihrer Vielfalt unbeirrbar überzeugt ist, kann die Konsequenzen einer solchen Entscheidung verkraften. Retrospektiv können wir heute sagen, daß *Einstein*, wie es in seinem oben angeführten Zitat anklingt und vor allem wie seine praktische Bewältigung der Problematik davon zeugt, der weitsichtige Philosoph mit den eben beschriebenen Charaktereigenschaften war. Er hat sich – vielleicht mehr unbewußt als bewußt der Unbefangenheit seiner Jugend folgend – nicht vom mechanistischen Geist voriger Jahrhunderte betören lassen, sondern erkannte, daß die Elektromagnetik eine höhere theoretische Entwicklungsstufe als die Mechanik repräsentiert. Deshalb mußte er konsequenterweise bei allen sich anschließenden Entscheidungsfindungen der Elektromagnetik das Primat gegenüber der Mechanik geben. Der Widerspruch zwischen Newtonscher Mechanik und Maxwellscher Elektromagnetik war damit klar zugunsten der Elektromagnetik aufgelöst.

Als Konzentrat all dieser Erkenntnisse resultierte das von *Einstein* mit durchschlagender Klarheit praktizierte Spezielle Relativitätsprinzip, das eine unmittelbare logische Fortsetzung des Galileischen Relativitätsprinzips darstellt. Im Abschnitt 1.3 haben wir das Galileische Relativitätsprinzip kennengelernt. Es konstatierte die Forminvarianz (Kovarianz) der Newtonschen Bewegungsgleichung als das Grundgesetz der Newtonschen Mechanik. *Einsteins* entscheidender Schritt bestand darin, diese Idee auf die Elektromagnetik und später auch auf weitere Gebiete der Physik zu übertragen, also die Forminvarianz der diesen Gebieten zugeordneten Grundgesetze zu fordern.

Spezielles Relativitätsprinzip:
„Die Grundgesetze der Physik besitzen für zwei Beobachter, die sich in geradlinig-gleichförmig gegeneinander bewegten Inertialsystemen befinden, dieselbe Form."

Dabei wird auf die Benutzung der rechtwinklig-kartesischen Koordinaten x, y, z und der Inertialzeit t Bezug genommen. In der praktischen Auswirkung bedeutete die Primatisierung der Elektromagnetik gegenüber der Newtonschen Mechanik, daß die Maxwellsche Theorie mit der Lorentz-Transformation und den daraus resultierenden unabdingbaren Konsequenzen für die neue Raum-Zeit-Lehre das Fundament für das moderne Physikverständnis zu bilden hatte. Die Newtonsche Mechanik konnte nur noch als eine sehr begrenzt gültige und insbesondere nur auf kleine Geschwindigkeiten anwendbare Theorie angesehen werden. Eine neue mechanische Theorie, nämlich die Einsteinsche relativistische Mechanik, war zu schaffen, die natürlich – dem Prinzip der wissenschaftlichen Erkenntniskontinuität folgend – unter bestimmten Bedingungen die Newtonsche Mechanik als Spezialfall enthalten mußte. Auch diese Aufgabe hat *Einstein* in seiner epochemachenden Arbeit von 1905 bewältigt.

3.3 Die Entdeckung der Vierdimensionalität der Raum-Zeit (Minkowski-Raum)

Wenn man sich die berühmte Lorentz-Transformation (3.4), Basis der Umrechnung der räumlichen und zeitlichen Gegebenheiten der speziell-relativistischen Physik von einem Inertialsystem auf ein anderes, ansieht, so erkennt man daran – von der Auszeichnung der x-Richtung sehen wir ab –, daß eine ganz spezifische Verknüpfung der x-Koordinate und der Zeit t in dem Ausgangs-Inertialsystem (ungestrichenes Bezugssystem) einerseits mit den korrespondierenden Größen im dagegen bewegten Inertialsystem (gestrichenes Bezugssystem) andererseits vorliegt.

Gemäß der Newtonschen Konzeption der Absolutheit von Raum und Zeit war in der Newtonschen Physik, wie die Galilei-Transformation (1.17) das auch ausweist, keine derartige mathematische Verknüpfung von Raum und Zeit gegeben. Offensichtlich brachte also das Spezielle Relativitätsprinzip mit seiner Forminvarianz der Naturgesetze diese tiefgründige philosophische Aussage mathematisch an das Tageslicht. Eine erstrangige wissenschaftliche Erkenntnis war damit gewonnen.

In mathematischer Hinsicht verdanken wir den ersten Schritt zu dieser Einsicht dem insbesondere durch seine Arbeiten zur Himmelsmechanik (Dreikörperproblem) bekannt gewordenen und von uns schon öfters erwähnten Mathematiker *H. Poincaré*, der den Gruppencharakter der Lorentz-Transformation erkannt hat. Dabei versteht man unter dem Begriff „Gruppe" eine Gesamtheit von mathematischen Elementen, die gewissen Postulaten hinsichtlich ihrer Verknüpfung genügen. Die Gruppentheorie wurde von *E. Galois* 1832 buchstäblich wenige Stunden vor seinem Tod in den entscheidendsten Punkten vollendet. Mit 21 Jahren starb nämlich dieses herausragende Genie, von der reaktionären monarchistischen Polizei zu Tode gehetzt, infolge eines inszenierten Duells.

Man fand bereits um 1905, daß die Lorentz-Transformation mathematisch einer Drehung in einem 4-dimensionalen Raum, aufgebaut aus den drei

3.3 Die Entdeckung der Vierdimensionalität der Raum-Zeit

Raumdimensionen und der Zeit, gleichkommt, wenn man die rechtwinkligen kartesischen Koordinaten x, y, z und die imaginäre Zeitkoordinate ict zur Aufspannung dieses 4-dimensionalen Raumes benutzt. Dabei ist i die imaginäre Einheit mit der Eigenschaft i$^2 = -1$.

Die volle Einsicht in die Vierdimensionalität unserer Welt mit dem entsprechend ausgebauten physikalischen Hintergrund gelang *H. Minkowski* 1908. Auf der 80. Versammlung Deutscher Naturforscher und Ärzte in Köln hielt er dazu einen Vortrag mit dem Thema „Raum und Zeit". Dessen erster Absatz lautet:

„Die Anschauungen über Raum und Zeit, die ich Ihnen entwickeln möchte, sind auf experimentell-physikalischem Boden erwachsen. Darin liegt ihre Stärke. Ihre Tendenz ist eine radikale. Von Stund an sollen Raum für sich und Zeit für sich völlig zu Schatten herabsinken, und nur noch eine Art Union der beiden soll Selbständigkeit bewahren."

In dem Minkowskischen Vortrag, der vom physikalischen Standpunkt aus auf eine Identifizierung des Wesens von Raum und Zeit hinausläuft, insofern in der Endkonsequenz zu weit geht, wird, abgesehen von Fragen zur Gravitation, die relativistische 4-dimensionale Dynamik übersichtlich behandelt, wobei die spezifischen räumlichen und zeitlichen Aspekte durch Projektion aus der 4-dimensionalen „Raum-Zeit" (oft auch „Raum-Zeit-Kontinuum" genannt) in den 3-dimensionalen Ortsraum und auf die Zeit in Erscheinung treten. Zur Veranschaulichung dieses Zusammenhanges hat *Minkowski* den sogenannten Lichtkegel verwendet, der sich bis in unsere Tage als außerordentlich nützliches Instrument der Forschung erwiesen hat. Wir wollen die Grundgedanken um den Begriff des Lichtkegels im folgenden skizzieren, da es sich dabei um eine wichtige relativistische Veranschaulichungsmethode handelt.

Bekanntlich ist die Fortpflanzungsgeschwindigkeit des Lichtes im Vakuum die Naturkonstante c. Wenn Licht vom Ursprung eines 3-dimensionalen räumlichen Koordinatensystems zur Zeit $t = 0$ als Lichtblitz frei in den Raum gesandt wird, so gilt für die Ausbreitung der Wellenfront die Kugelgleichung („Lichtkugel")

$$x^2 + y^2 + z^2 = r^2 = c^2 t^2 \,. \tag{3.5}$$

Im 3-dimensionalen Ortsraum erfolgt also die freie kugelsymmetrische Lichtausbreitung in Form einer Kugel mit einem zeitlich anwachsenden Radius. Wie stellt sich dieser Sachverhalt 4-dimensional dar?

Die Gleichung (3.5) läßt sich auch in der Form

$$x^2 + y^2 + z^2 - (ct)^2 = 0 \tag{3.6}$$

mit den vier Koordinaten x, y, z und ct schreiben. Im Vierdimensionalen ist das aber gerade eine Kegelgleichung. Daher rührt also der Name Lichtkegel.

Da wir auf einem Blatt nur über zwei Dimensionen zur Darstellung geometrischer Zusammenhänge verfügen, wählen wir eine Schnittebene durch die 4-dimensionale Minkowskische Raum-Zeit (Minkowski-Raum), die durch die

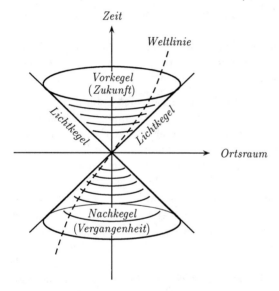

Abb. 3.1

x-Richtung (räumliche Richtung) und die t-Richtung (zeitliche Richtung) aufgespannt wird. Dabei ist es zweckmäßig, statt t die Koordinate ct zu benutzen, damit beide Koordinaten dieselbe physikalische Dimension einer Länge bekommen. Diese Situation ist in Abb. 3.1 festgehalten: Als Abszisse dient x, als Ordinate ct. Da die Lichtausbreitung vom Ursprung des Koordinatensystems aus gemäß Formel (3.5) in der Schnittebene, für die $y = 0$ und $z = 0$ gilt, durch die Gleichung $x = \pm ct$ beschrieben wird, sind die durch diese Gleichung zum Ausdruck gebrachten beiden Geraden die Schnittkurven des Lichtkegels mit der Schnittebene.

Da die positive Zeitrichtung (Zukunft) nach oben zeigt, entspricht also aus Kausalitätsgründen der obere Halbkegel der faktischen Lichtausbreitung.

3.3 Die Entdeckung der Vierdimensionalität der Raum-Zeit

Man nennt diesen die Zukunft charakterisierenden Teil des Lichtkegels Vorkegel. Setzt man die Überlegungen in negative Zeitrichtung (Vergangenheit) fort, so gelangt man zum unteren Halbkegel, der als Nachkegel die Vergangenheit symbolisiert.

Entsprechend dem eingangs erwähnten Zugang von *Minkowski* zur Vierdimensionalität unserer Welt kann man auch, anstatt wie oben die reelle Größe ct als vierte Koordinate zu benutzen, mit einer imaginären vierten Koordinate, nämlich ict, arbeiten. Dann schreibt sich die Gleichung (3.6) als

$$x^2 + y^2 + z^2 + (\mathrm{i}ct)^2 = 0\,. \tag{3.7}$$

Im Unterschied zur Form (3.6) steht also hier vor dem vierten Glied ein Pluszeichen. Auf diese Weise erreicht man durch den Kunstgriff der Verwendung der imaginären Einheit i rein formal, daß die Zeit scheinbar dieselbe Qualität wie der Raum bekommt. So konnte man dann formal die 3-dimensionalen Drehungen auf 4-dimensionale Drehungen verallgemeinern. Das ist aber nur ein mathematischer Schritt, der für gewisse Zwecke nützlich ist, dem aber kein physikalischer Hintergrund zukommt. Vom Standpunkt der Physik bleibt in diesen Bereichen der Natur ein prinzipieller Unterschied im Wesen von Raum und Zeit bestehen, wenn auch beide zusammen in der Tat unbestritten in der Raum-Zeit eine tief verwurzelte physikalische Union im Sinne *Minkowskis* bilden. Um das unterschiedliche physikalische Wesen von Raum und Zeit zu unterstreichen, sagt man oft auch, daß Raum und Zeit verschiedene Signatur besitzen, was sich in den verschiedenen Vorzeichen der Glieder in (3.6) ausdrückt. Daß das physikalische Wesen von Raum und Zeit prinzipiell voneinander verschieden ist, erkennt man auch an der Existenz der Irreversibilität physikalischer Vorgänge, die durch den Zeitablauf und nicht durch räumliche Relationen bedingt ist.

Man könnte vielleicht meinen, daß die Vierdimensionalität der Raum-Zeit doch die Wesensunterschiede von Raum und Zeit aufhebt, da es eine alleinige Frage der Projektion aus der Raum-Zeit ist, wie räumliche oder zeitliche Gegebenheiten geschaffen werden. Dieser naheliegende Gedanke ist im ersten Moment tatsächlich verblüffend. Sieht man sich den Sachverhalt jedoch näher an, so erkennt man, daß es gerade der Lichtkegel ist, der dieser Projektionswillkür eine Grenze setzt. Würde man nämlich diese Einschränkung außer acht lassen, so käme das einer Überschreitung der Lichtgeschwindigkeit als Grenzgeschwindigkeit massiver, d. h. an reelle Masse gebundener

Bezugssysteme gleich. Dafür fehlt aber bis heute jegliche experimentelle Erfahrung in den gewohnten Bereichen unserer Natur vom Atomkern bis zu den Galaxien.

Es soll jedoch angemerkt werden, daß im Elementarteilchen-Bereich im Zusammenhang mit der Tachyonen-Frage, auf die wir später noch eingehen müssen, weiter im Inneren der theoretisch vorausgesagten Schwarzen Löcher, die uns auch beschäftigen werden, sowie in der superextremen „Anfangsphase" unseres expandierenden Kosmos, womit wir uns im Abschnitt über die Kosmologie noch befassen wollen, die Signaturfrage von Raum und Zeit ein echtes physikalisches Problem geworden ist.

Ein sehr nützlicher, im 4-dimensionalen Minkowski-Raum mit Lichtkegel angewandter Begriff ist die Weltlinie eines Massenpunktes, die wir auch in Abb. 3.1 veranschaulicht haben. Sie gibt in raumzeitlicher Darstellung die Bewegung eines betrachteten Massenpunktes mit Ruhmasse wieder. Da die Geschwindigkeit eines solchen Massenpunktes die Lichtgeschwindigkeit nicht erreicht, ist die Richtung der Weltlinie nach oben steiler, als es der Richtung des Lichtkegels entspricht, der ja dem Grenzfall der Bewegung von Photonen (Lichtteilchen ohne Ruhmasse) zugeordnet ist. Man nennt die Richtung der Weltlinie realer Massenpunkte zeitartig, die dazu senkrechte Richtung raumartig und die Richtung des Lichtkegels als Grenze zwischen beiden lichtartig.

Zur Begriffsbildung sei angemerkt, daß man die 4-dimensionalen Koordinaten mit der imaginären Einheit $(x, y, z, \mathrm{i}ct)$ Minkowski-Koordinaten nennt. Diese Koordinaten werden heute nur noch in der Speziellen Relativitätstheorie benutzt. Sie werden sogar in diesem Bereich schon unzweckmäßig, wenn es um die Quanten- oder Elementarteilchentheorie geht, da der Quantentheorie aus ihrem Wesen heraus die imaginäre Einheit – natürlich aus ganz anderen Gründen – immanent ist. Benutzt man Minkowski-Koordinaten, also eine imaginäre Zeitkoordinate, so hat man dann nämlich zwischen zwei Arten von imaginären Einheiten zu unterscheiden, was zu beachtlichen mathematischen Verwicklungen führen kann.

Die reellen 4-dimensionalen Koordinaten (x, y, z, ct) heißen Galilei-Koordinaten. Diese machen den Wesensunterschied von Raum und Zeit durch Anzeigen der richtigen Signatur auch äußerlich sichtbar und haben sich deshalb für tiefergehende Forschungen durchgesetzt. Mathematisch induzieren sie aber einen komplizierteren Formelapparat, weil bei ihrer Benutzung die

3.3 Die Entdeckung der Vierdimensionalität der Raum-Zeit

physikalischen Größen untere (kovariante) und obere (kontravariante) Indizes bekommen, während Minkowski-Koordinaten nur eine Sorte von Indizes nach sich ziehen. Das Indexbild mit unteren und oberen Indizes ist ein wesentliches Merkmal des relativistischen Kalküls, der in der Allgemeinen Relativitätstheorie mit all seinen Konsequenzen hervortritt (Ricci-Kalkül).

Die 4-dimensionale Raum-Zeit (Minkowski-Raum) ist in der Speziellen Relativitätstheorie von absolutem Charakter, ähnlich dem 3-dimensionalen absoluten Ortsraum *Newtons*. Sie stellt in gewisser Weise die 4-dimensionale Extrapolation des 3-dimensionalen absoluten Raumes *Newtons* dar. Insofern zeichnet sie sich – abgesehen von der durch den Lichtkegel bedingten Separation – ebenfalls durch die jetzt aber 4-dimensionalen Eigenschaften der Homogenität und Isotropie aus. Über diese Begriffe ist dasselbe zu sagen, was wir früher für die Newtonsche Physik ausgeführt haben. Wir merken deshalb insbesondere an, daß die Raum-Zeit in der Speziellen Relativitätstheorie als ein Passivum im Sinne eines um die Zeitdimension erweiterten Gefäßes fungiert, in dem die Körper, Stoffe, Felder usw. raumzeitlich existieren, d. h. sich bewegen, ohne daß eine Rückwirkung auf diese Raum-Zeit vorliegt. Die eben erwähnten Attribute sind das Charakteristische des Minkowski-Raumes.

Es scheint uns an dieser Stelle angebracht zu sein, darauf hinzuweisen, daß die durch die Schaffung der Relativitätstheorie entdeckte und wissenschaftlich begründete Vierdimensionalität unserer Welt in ihrem inneren Wesen – mit der Zeit als vierter Dimension – nichts zu tun hat mit der spiritistischen räumlichen vierten Dimension, die eine außerhalb der Wissenschaft stehende Spekulation ist.

Das Fundamentale an Erkenntnisgewinn, über die bloße Struktur des Minkowski-Raumes hinausgehend, bestand nun weiter darin, daß etliche physikalische Grundbegriffe, die bis zur Schaffung der Speziellen Relativitätstheorie als 3-dimensionale Begriffe lose nebeneinander existierten, auf einmal eine tief verwurzelte 4-dimensionale Zusammengehörigkeit offenbarten. Es stellte sich plötzlich heraus, daß diese 3-dimensionalen Größen organische Bestandteile höherer 4-dimensionaler Einheiten sind, die man Vierertensoren nennt. Durch diese Einsicht lösten sich schlagartig viele bis dahin umstrittene Probleme, die insbesondere mit der Umrechnung der 3-dimensionalen physikalischen Größen auf andere Beobachter zusammenhingen, von selbst. Das war ein in seiner Tragweite herausragender Fortschritt für die gesamte Grundlagenphysik, der sich bis weit in die Quantentheorie hinein manifestiert.

Was sind nun diese Vierertensoren überhaupt? Es sind mathematische Größen, die zur Klasse der sogenannten geometrischen Objekte gehören und eine Gesamtheit von Komponenten als Bestandteile umfassen. Im Unterschied zu anderen Größen, z. B. den Matrizen, unterliegen die Komponenten von Tensoren bei der Umrechnung von einem Bezugssystem auf ein anderes einem fest vorgeschriebenen Transformationsgesetz.

Mathematisch bezeichnet man einen Tensor durch ein Grundsymbol, das entsprechend einem gewissen Indexbild Indizes trägt. Die Zahl der Indizes bestimmt die Stufe des Tensors. Demgemäß teilt man ein:

1. Tensor nullter Stufe (kein Index).

Eine solche Größe heißt synonym Invariante (in nicht ganz konsequenter Bezeichnung auch Skalar).

2. Tensor erster Stufe (ein Index).

Diese Größe hat so viele Komponenten, wie der zugrunde gelegte Raum (hier die Raum-Zeit) Dimensionen besitzt. Diese Komponentenzahl fällt nun gerade mit der Zahl der Vektorkomponenten in einem solchen Raum zusammen. Deshalb nennt man einen Tensor erster Stufe oft kurz Vektor. Man beachte aber, daß dieser Vektorbegriff einfach die Gesamtheit der Komponenten umfaßt, aber nicht entsprechend unserer früheren Festlegung eine Größe mit gerichtetem Zahlencharakter ist.

3. Tensor zweiter, dritter usw. Stufe.

Solche Größen sind keine mathematische Spielerei, sondern widerspiegeln reale Gegebenheiten der Natur. Ihre Behandlung würde hier zu weit führen.

Nachdem wir nun Vierertensoren mathematisch skizziert haben, können wir die oben als fundamental gekennzeichnete Entdeckung der inneren organischen Verbundenheit 3-dimensionaler physikalischer Größen als Bestandteile von Vierertensoren exemplifizieren:

Tensoren nullter Stufe (Invarianten) sind:

Naturkonstanten: Vakuum-Lichtgeschwindigkeit, Plancksches Wirkungsquantum, elektrische Elementarladung, Newtonsche Gravitationskonstante usw. (trivialer Fall).

Weiter: Ruhmasse, elektrische Ladung, Ruhmassendichte, elektrische Ruhladungsdichte, Eigenzeit, Temperatur, Entropie usw.

3.3 Die Entdeckung der Vierdimensionalität der Raum-Zeit

Tensoren erster Stufe sind:

Vierergeschwindigkeit, aufgebaut aus der gewöhnlichen Geschwindigkeit und der Vakuum-Lichtgeschwindigkeit;

Viererbeschleunigung, aufgebaut aus der gewöhnlichen Beschleunigung und einem schwer interpretierbaren kinematischen Ausdruck;

Viererimpuls, aufgebaut aus dem gewöhnlichen Impuls und der Masse;

elektrische Viererstromdichte, aufgebaut aus der gewöhnlichen elektrischen Stromdichte und der elektrischen Ladungsdichte;

Viererimpulsdichte, aufgebaut aus der gewöhnlichen Impulsdichte und der Massendichte;

Viererkraft, aufgebaut aus der gewöhnlichen Kraft und der Leistung; usw.

Tensoren zweiter Stufe sind:

elektromagnetischer Feldstärketensor, aufgebaut aus der elektrischen und magnetischen Feldstärke;

elektromagnetischer Erregungstensor, aufgebaut aus der elektrischen und magnetischen Erregung;

elektromagnetischer Polarisationstensor, aufgebaut aus der elektrischen Polarisation und der Magnetisierung; usw.

Wir haben hier nur die wichtigsten Zuordnungen genannt, um einen kleinen Einblick in die inneren Strukturen einiger physikalischer Begriffe zu geben.

Zum Abschluß wollen wir zu der wichtigen physikalischen Größe Eigenzeit, die oben als Invariante erwähnt wurde, einige quantitative Anmerkungen machen: Bewegt sich ein Körper mit der Geschwindigkeit v und wird sein Bewegungsablauf mittels der Zeit t (Koordinatenzeit) beschrieben, so ist dem Zeitdifferential dt das Differential der Eigenzeit $d\tau$ gemäß der Formel

$$d\tau = dt\sqrt{1 - \frac{v^2}{c^2}} \tag{3.8}$$

zugeordnet. Die Eigenzeit, die den für den bewegten Körper zuständigen Zeitablauf repräsentiert, läßt sich nur differentiell eindeutig angeben. Bei entsprechender mathematischer Vorbildung erkennt man, daß das Differential der Eigenzeit kein vollständiges Differential ist. Das bedeutet, daß eine integrable Größe Eigenzeit nicht existiert. Vielmehr hängt die durchlaufene („durchlebte") Eigenzeit eines Körpers von seinem konkreten Weg, also von seiner Weltlinie ab. Wenden wir diese Aussage auf zwei Körper an, die sich zu einem bestimmten Zeitpunkt von einem gewissen Raumpunkt aus in Bewegung setzen und nach einer Weile wieder treffen, so bedeutet das, daß beide Körper in der Zwischenzeit verschieden lange Eigenzeiten durchlebt haben. Diese Thematik wird uns später im Zusammenhang mit dem Zwillingsproblem erneut beschäftigen.

3.4 Speziell-relativistische Theorienbildung: Mechanik, Elektromagnetik und Quantenmechanik

In den obigen Ausführungen haben wir herausgearbeitet, daß die Schaffung der Speziellen Relativitätstheorie weitgehend der empirischen und theoretischen Austragung des Konflikts zwischen Newtonscher Mechanik mit ihrer absoluten Raum-Zeit-Konzeption und der ihrem Wesen nach relativistisch strukturierten Maxwellschen Elektromagnetik zu verdanken ist. Nachdem *Einstein* diese schon vor ihm ausgelöste Krise der Physik zugunsten der Elektromagnetik entschieden und damit die neue Lehre von der Vierdimensionalität der Raum-Zeit induziert hatte, war es eine aus der inneren logischen Einheit der Physik diktierte Aufgabe, die Mechanik auf das Niveau 4-dimensionaler Naturerkenntnis zu heben. Das Ergebnis war die Einsteinsche speziell-relativistische Mechanik mit ihren vielfältigen Konsequenzen. Damit waren die Mechanik und Elektromagnetik in einem in sich konsistenten, widerspruchsfreien einheitlichen Gesamtgebäude aufgebaut. Die darauf folgenden Forschungen konzentrierten sich nun auf die Gravitationstheorie, die auf der Newtonschen Basis etliche astronomische Gegebenheiten nicht erklären konnte und deshalb erneuerungsbedürftig erschien, und auf die mehr und mehr in den Mittelpunkt des Interesses tretenden Quantenphänomene.

Es zeigte sich einerseits, daß das Gravitationsproblem im Minkowski-Raum prinzipiell nicht lösbar ist, sondern daß es dabei vielmehr einer völlig neuen Einsicht in die Struktur der 4-dimensionalen Raum-Zeit bedurfte: Die Euklidische Geometrie, die einen ebenen (ungekrümmten) Raum beschreibt, mußte aufgegeben und durch die Riemannsche Geometrie ersetzt werden, die einem Raum mit Krümmungseigenschaften adäquat ist. Dieser Gedankenkreis wird uns später im Rahmen der allgemein-relativistischen Physik beschäftigen. Für diese Phänomene ist die Spezielle Relativitätstheorie zu eng.

Andererseits wurde durch die Plancksche Entdeckung des Wirkungsquantums (1900) und die Schaffung des Bohrschen Atommodells (1913) eine Entwicklung mit unabsehbaren Folgen ausgelöst. Heute wissen wir, wie tief die

Atomphysik über die Kerntechnik in unser tägliches Leben bis hin zu politischen Entscheidungen eingreift. Zunächst ging es allerdings bei all diesen Neuerungen um rein wissenschaftsinterne Fragestellungen. Es mußte herausgefunden werden, warum eigentlich Unstimmigkeiten bei der Anwendung der Mechanik auf Atome und Moleküle auftreten. Es lag natürlich anfangs nahe zu glauben, daß die neue speziell-relativistische Mechanik einen Ausweg aus der schwierigen Situation in der Atomphysik bringen könnte. Trotz einiger optimistischer Aspekte, die insbesondere aus *A. Sommerfelds* Behandlung der Feinstruktur der Spektrallinien des Wasserstoffatoms mittels der speziell-relativistischen Mechanik auf der Basis der von ihm theoretisch erweitert gefaßten Bohrschen Quantenpostulate abgeleitet wurden, blieb die Einsicht in die Diskretheit des atomaren Geschehens, das sich gerade in der Diskretheit der Spektrallinien des ausgesandten Lichtes äußerte, dunkel. Warum eigentlich?

Heute verstehen wir dieses Warum. Eine neue Mechanik war in der Tat geschaffen worden. Sie erfaßte die Bewegungsvorgänge bis zu Geschwindigkeiten nahe der Vakuum-Lichtgeschwindigkeit, also bis zu schier unbegrenzt großen Energien. Aber das tiefere Wesen der Grundgesetze dieser Mechanik war trotz der qualitativ höheren Stufe gegenüber der Newtonschen Mechanik vom Prinzip her klassisch-deterministisch. Daß die Naturgesetze des Mikrokosmos, also die Quantengesetze in heutiger Sprache, von ihrem Wesen her in Wirklichkeit probabilistischer, d. h. statistischer Natur sind, ahnte man damals noch nicht. Erst aus jetziger Sicht können wir diesen Entwicklungsprozeß richtig verstehen und werten: Um die Jahrhundertwende war die Zeit reif geworden, um einen doppelten Mangel der Newtonschen Mechanik zu offenbaren, einerseits ihre Begrenzung auf kleine Geschwindigkeiten, andererseits ihre Limitierung auf den Makrokosmos, also letzten Endes insgesamt eine Beschränkung auf die menschliche Alltagsumwelt.

Nach einer fruchtbaren Zwischenetappe über die Entdeckung des Dualismus von Korpuskular- und Wellencharakter der Quantenteilchen durch *Louis-Victor de Broglie* (1892 – 1987) im Jahre 1923/24 wurde die eigentliche Quantenmechanik von *Werner Heisenberg* (1901 – 1976) und *Erwin Schrödinger* (1887 – 1961) entwickelt. Dabei schuf *Heisenberg* – gerade Absolvent der Universität Göttingen – im Jahre 1925 die Matrizenmechanik, die zur Beschreibung der Natur die bis dahin nur Mathematikern bekannten Matrizen verwendet, und *Schrödinger* im Anschluß an das Ideengut von *de Broglie* im Jahre 1926 die Wellenmechanik, deren mathematische Hilfsmittel partielle Differentialgleichungen für komplexe Funktionen sind.

Zunächst schien es sich dabei um zwei verschiedene physikalische Theorien der Physik des Mikrokosmos zu handeln. Da beide Theorien Ergebnisse lieferten, die jeweils für sich auf die empirischen Daten der Atomphysik gut paßten, lag der Verdacht nahe, daß man es mit zwei äußerlich verschiedenen mathematischen Apparaten zu tun haben könnte, die ihrem Wesen nach vom selben physikalischen Inhalt, also isomorph sind. Tatsächlich gelang es *Schrödinger* auch bald, die Äquivalenz dieser beiden verschiedenen Darstellungsformen der Quantenmechanik mathematisch zu beweisen. Damit war die Quantenmechanik mit ihrer völlig neuartigen Denkweise als Folge der völligen Neuartigkeit ihrer Grundgesetze aus der Taufe gehoben. Sie stimmte wunderbar mit dem bis dahin bekannten empirischen Material überein und konnte schlagartig Ordnung in die Unübersichtlichkeit der Atomspektren – man sprach damals von der Spektren-Zoologie – bringen. Das Geheimnis um die Diskretheit in der Mikrowelt unserer Natur war entschleiert!

Das Schwergewicht der quantentheoretischen Forschung – bis dahin um *Niels Bohr* in Kopenhagen konzentriert – verlagerte sich dann deutlich nach Göttingen zu *Max Born* und *Werner Heisenberg*. Die weltberühmten fruchtbaren Göttinger Jahre der Physik setzten ein, und die meisten Quantentheoretiker der Welt gingen durch diese Schule. Mit dem Umzug *Heisenbergs* und einiger seiner Schüler nach Leipzig fand man schließlich große quantenphysikalische Aktivitäten, die in dieser Zeit vorwiegend auf die Anwendung der Quantenmechanik bis hin zur Chemie orientiert waren, in dieser Stadt.

Man möchte nun vielleicht glauben, mit diesem eben skizzierten epochalen Fortschritt sei Ruhe in die Erforschung der Mikrophysik gekommen. Weit gefehlt! Wie könnte es auch jemals Ruhe und Stillstand in der Wissenschaft geben! Die Natur in ihrer Unerschöpflichkeit ruft den hellen philosophischen Kopf beständig auf den Plan. Der Grübler wird dank seiner tiefgründigen Denkweise stets Rätsel um sich sehen – an Stellen, wo ein oberflächlicher Charakter gar nichts Besonderes wahrnimmt und sozusagen blind durch die Welt geht.

Was fehlte denn nun eigentlich noch an dieser so interessanten Quantenmechanik? Die Antwort ist kurz: Die damalige, vom Ansatz her grundsätzlich richtige Quantenmechanik war nichtrelativistisch, also nur für relativ kleine Energien der Quantenteilchen gültig. Sie bildete also die quantentheoretische Fortsetzung der nichtrelativistischen Newtonschen Mechanik und nicht die Fortführung der inzwischen existierenden speziell-relativistischen Mechanik. Dieser letztere, noch ausstehende Übergang, für den natürlich beim ersten Anlauf keine Chancen bestanden, war noch zu vollziehen.

3.4 Speziell-relativistische Theorienbildung 83

Diesen Schritt schaffte *P.A.M. Dirac* (1902–1984), der ebenfalls das mitreißende Göttinger Klima der zwanziger Jahre miterleben konnte. Es gelang ihm auf ganz geniale Weise, die Wellenformulierung der Quantenmechanik im Sinne *Schrödingers* auf das speziell-relativistische Niveau zu heben. Die Genialität dieser Tat lag weniger in der formalen Hebung der Schrödinger-Gleichung auf die speziell-relativistische Plattform, denn dieser Schritt lag eigentlich auf der Hand und wurde auch gleichzeitig von *Schrödinger, O. Klein* und *W. Gordon* sowie *V. Fock* erkannt und getan. Vielmehr löste *Dirac* das Problem, wie der Spin der Quantenteilchen relativistisch zu erfassen sei.

Der Spin stellt eine spezifisch quantische Eigenschaft von Mikroteilchen dar, ist also ein bei klassischen Teilchen, insbesondere bei solchen der Newtonschen Mechanik, unbekanntes Phänomen. Man kann ihn in sehr gewagter Analogie als durch Eigenrotation der Teilchen erzeugt ansehen, denn seiner Auswirkung nach manifestiert er sich als Eigendrehimpuls. Diese Spineigenschaft von Quantenobjekten wurde 1925 von *G.E. Uhlenbeck* und *S. Goudsmit* bei Elektronen entdeckt.

Unmittelbar nach Aufstellung der Schrödinger-Gleichung gelang es *Wolfgang Pauli* (1900–1958), einem der Großen der Theoretischen Physik unseres Jahrhunderts, den Spin mathematisch zu fassen und seine nichtrelativistischen Auswirkungen in einem Zusatzglied in der Schrödinger-Gleichung festzuhalten. Es zeigte sich dabei, daß die Beschreibung des Spin den Rahmen des komplexen Zahlenkörpers überschreitet und noch höherer zahlentheoretischer Hilfsmittel bedarf. *Pauli* konnte diese Aufgabe auf nichtrelativistischem Niveau durch die Benutzung zweireihiger Matrizen bewältigen (Paulische Spinmatrizen).

Diracs Erfolg war ein zweifacher: Einerseits fand er eine speziell-relativistische Bewegungsgleichung für das Elektron als das experimentell besonders gut untersuchte Quantenteilchen. Andererseits erfaßte diese Gleichung auch den Spin relativistisch, ging also über *Paulis* Ergebnis noch hinaus. Ihm gelang der glückliche Wurf im Jahre 1928. Er erkannte, daß es zur relativistischen Beschreibung der Eigenschaften des Elektrons eines noch komplizierteren mathematischen Apparates bedurfte. Weder die komplexen Zahlen noch die zweireihigen Matrizen reichten aus, um diesen Mikrobereich der Natur richtig abzubilden. *Dirac* mußte auf die sogenannten hyperkomplexen Zahlen zurückgreifen, die in Gestalt der Clifford-Algebra schon seit langem Forschungsgegenstand der Mathematik waren. Damit hatte *Dirac* dann das richtige Werkzeug zur Formulierung der Bewegungsgleichung von Quantenobjekten mit Spin gefunden. Später konnte man dann zeigen, daß sich die-

3 Speziell-relativistische Physik

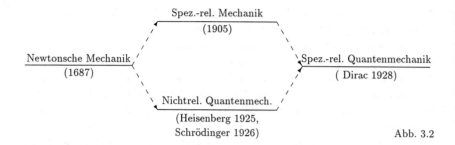

Abb. 3.2

se sogenannte Dirac-Gleichung des Elektrons mittels vierreihiger Matrizen darstellen läßt. Diese Formulierung ist heute die vorherrschende Beschreibungsart von Mikroobjekten mit Spin.

Den oben skizzierten Weg der Theorienbildung von der Newtonschen Mechanik bis zur speziell-relativistischen Quantenmechanik soll die Abb. 3.2 noch einmal veranschaulichen.

3.5 Einige Folgerungen aus der Speziellen Relativitätstheorie

Die vorigen Ausführungen dienten dazu, die Reichweite der Speziellen Relativitätstheorie über die Mechanik und Elektromagnetik hinaus bis in die Quantenmechanik hinein anzudeuten. Später werden wir auf diesen Gegenstand noch einmal zurückkommen und sehen, daß die Spezielle Relativitätstheorie noch weit über die Quantenmechanik hinausreicht und Grundlage der klassischen Feldtheorien (außer Gravitation), der Quantenfeldtheorien und der gegenwärtigen Elementarteilchentheorien ist. Aber mit diesen Hinweisen sind wir schon weit vorausgeeilt. Vorher sollen deshalb noch ein paar unmittelbare Folgerungen aus der Speziellen Relativitätstheorie behandelt werden. Es geht uns dabei einerseits um direkte Konsequenzen aus der Vierdimensionalität der Raum-Zeit, die sich in rein kinematischen Aussagen niederschlagen (Längenkontraktion, Zeitdilatation, Relativierung der Gleichzeitigkeit), und andererseits um dynamische Beziehungen (Zusammenhang von Masse und Energie usw.).

3.5.1 Speziell-relativistische Längenkontraktion

Im Zusammenhang mit dem Michelson-Versuch haben wir früher die Fitzgerald-Lorentzsche Hypothese der Kontraktion von in Bewegungsrichtung gelegenen Interferometerarmen kennengelernt. Da es für die dabei postulierte Materialdeformation keine physikalische Kraft als Ursache gibt, konnten wir diese Hypothese nicht anerkennen.

Im folgenden machen wir uns mit dem Phänomen der relativistischen Längenkontraktion vertraut, deren tiefere Wurzeln in der Vierdimensionalität der Raum-Zeit liegen. Es handelt sich also im Unterschied zur obigen Kontraktionshypothese nicht um eine Materialdeformation, sondern um einen kinematischen Raum-Zeit-Effekt, der aus der räumlichen Projektion 4-dimensionaler Raum-Zeit-Ereignisse resultiert. Da es sich um eine vielfach heftig umstrittene Erscheinung handelt, die mathematisch elementar zu bewältigen ist, geben wir hier die direkte Ableitung. Dabei werden wir feststellen, daß keinerlei Bezug auf Elastomechanik genommen wird, sondern in der Tat nur raumzeitliche Relationen herangezogen werden, so daß unsere obige Interpretation der Längenkontraktion gerechtfertigt wird.

Wir knüpfen an die Formeln (3.4) der Lorentz-Transformation an, die die Umrechnung der Koordinaten eines raumzeitlichen Ereignisses von einem Inertialsystem auf ein anderes gestattet. Betrachten wir nun die beiden Enden 1 und 2 eines Stabes in raumzeitlicher Sicht, so haben wir neben der räumlichen Koordinatenfestlegung auch die Zeitfixierung zu beachten, so daß die Stabenden durch die Zahlenwerte (x_1, y_1, z_1, t_1) sowie (x_2, y_2, z_2, t_2) im Inertialsystem Σ und durch die Zahlenwerte (x'_1, y'_1, z'_1, t'_1) sowie (x'_2, y'_2, z'_2, t'_2) im Inertialsystem Σ' zu charakterisieren sind. Jetzt schreiben wir die Formeln (3.4) einmal für das Ende 1 (Anhängen des Index 1) und einmal für das Ende 2 (Anhängen des Index 2) auf und subtrahieren die Gleichungen. Das Resultat lautet:

a) $x'_2 - x'_1 = \dfrac{(x_2 - x_1) - u(t_2 - t_1)}{\sqrt{1 - \dfrac{u^2}{c^2}}}$, b) $y'_2 - y'_1 = y_2 - y_1$, (3.9)

c) $z'_2 - z'_1 = z_2 - z_1$, d) $t'_2 - t'_1 = \dfrac{(t_2 - t_1) - \dfrac{u}{c^2}(x_2 - x_1)}{\sqrt{1 - \dfrac{u^2}{c^2}}}$.

Diese raumzeitlichen Relationen haben wir nun physikalisch sinnvoll zu interpretieren, wobei wir auf die in Abb. 1.2 festgehaltene Verknüpfung der beiden Inertialsysteme Σ und Σ' Bezug nehmen wollen. An dieser Stelle kommt nun das zum Tragen, was wir früher allgemein über den Meßprozeß ausgesagt haben. Messen wird erst unter Angabe der genauen Bedingungen des Meßprozesses zu einer eindeutigen Operation. Konkret heißt das hier für den Stab, daß die Festlegung der Meßbedingungen und Meßvorschriften das impliziert, was sinnvollerweise unter Länge des Stabes zu verstehen ist.

Im einzelnen gehen wir folgendermaßen vor: Der betrachtete Stab möge in dem Inertialsystem Σ' ruhen und dort die Länge $l_0 = x'_2 - x'_1$ besitzen. Die Messung soll so erfolgen, daß im Inertialsystem Σ, von dem aus betrachtet wird, sich der Stab mit der Geschwindigkeit u vorbeibewegt, die Enden des Stabes gleichzeitig angestrahlt werden, d. h. $t_2 = t_1$. Bezeichnen wir die Länge des Stabes im Inertialsystem Σ mit $l = x_2 - x_1$, so folgt aus Formel (3.9a) sofort:

$$l = l_0 \sqrt{1 - \frac{u^2}{c^2}}. \tag{3.10}$$

Wir erkennen nun leicht, daß l kleiner als l_0 ausfällt, so daß die so gemessene Länge des Stabes in einem Inertialsystem, in dem er sich bewegt, kürzer ist als in dem Inertialsystem, in dem er ruht. Damit haben wir die Erscheinung der Längenkontraktion erhalten.

Man beachte aber, daß es durchaus möglich gewesen wäre, die Länge des Stabes auch so zu definieren, daß im Inertialsystem Σ' (Ruhsystem des Stabes) von den Stabenden gleichzeitig Lichtsignale ausgesandt würden ($t'_2 = t'_1$), die zur Längenmarkierung im Inertialsystem Σ dienen könnten. Dann käme aus den obigen Formeln eine Längendilatation zustande.

Der von der Relativistischen Physik beschrittene Weg der Längendefinition durch die Gleichzeitigkeit des Meßvorgangs in dem Bezugssystem, auf das sich die Aussage bezieht, ist physikalisch anderen Varianten vorzuziehen. Dennoch lehrt uns dieses Beispiel der Relativierung der Länge ganz eindringlich, daß die Länge eines Gegenstandes kein mit der Existenz des Gegenstandes selbst vorgegebenes absolutes Faktum ist, sondern daß der der Länge zuzuordnende Zahlenwert von der Festlegung der Meßbedingungen abhängt.

Aus den Formeln (3.9b) und (3.9c) erkennen wir, daß im Unterschied zum Kontraktionseffekt in Bewegungsrichtung des Stabes senkrecht dazu keine Längenänderung auftritt.

3.5 Einige Folgerungen aus der Speziellen Relativitätstheorie   87

Die heutige Meßgenauigkeit reicht noch nicht aus, die Längenkontraktion in einem Direktexperiment zu bestätigen. Doch fügt sie sich als Mosaiksteinchen in das Netz der indirekten Schlüsse völlig organisch ein.

3.5.2 Speziell-relativistische Zeitdilatation

Da in der Speziellen Relativitätstheorie Raum und Zeit jeweils für sich relative Kategorien sind und nur die 4-dimensionale Raum-Zeit als neue Einheit im Rahmen ihrer Anwendbarkeit Absolutheitscharakter beanspruchen darf, sind für zeitliche Intervalle ähnliche Effekte wie für räumliche Distanzen zu erwarten. Hinsichtlich der philosophischen Interpretation kann das oben bei der Längenkontraktion Gesagte sinngemäß übernommen werden, so daß ein Zeitintervall ebenfalls zu einer relativen Größe wird. Da auch die Zeitdilatation mit elementaren mathematischen Hilfsmitteln berechnet werden kann, vollziehen wir hier ebenfalls ihre Herleitung, zumal dabei ihre Interpretation augenscheinlicher wird.

Wir betrachten im Inertialsystem Σ eine feste Stelle $(x_2 = x_1)$, von der im zeitlichen Intervall $T_0 = t_2 - t_1$ Signale ausgehen. Den zeitlichen Abstand dieser Signale registrieren wir sodann in dem vorbei bewegten Inertialsystem Σ'. Gemäß Formel (3.9a) müssen wir erkennen, daß für einen Beobachter in diesem Inertialsystem Σ' die Signale von im Abstand

$$x'_2 - x'_1 = -\frac{uT_0}{\sqrt{1 - \frac{u^2}{c^2}}} \tag{3.11}$$

entfernt voneinander gelegenen Punkten herkommen. Außerdem beträgt das Intervall $T = t'_2 - t'_1$ der Signale für einen solchen Beobachter gemäß Formel (3.9d)

$$T = \frac{T_0}{\sqrt{1 - \frac{u^2}{c^2}}}. \tag{3.12}$$

Daraus lesen wir ab, daß T größer als T_0 ist, d. h., das Zeitintervall der Signale ist für einen an der Signalquelle vorbei bewegten Beobachter gedehnt. Man spricht deshalb von Zeitdilatation.

Unsere für Signalgeber angestellten Überlegungen sind natürlich unmittelbar auf Uhren als Zeitmesser zu übertragen, so daß wir sagen können, daß entsprechend der oben dargelegten Meßprozedur für Zeitintervalle eine an einem Beobachter vorbei bewegte Uhr langsamer geht als eine bei ihm in Ruhe befindliche Uhr gleicher Art.

Abschließend wollen wir nun noch einmal auf die in Abschnitt 2.6 dargelegte Problematik um die Lebensdauer der Myonen eingehen. Wir haben dort ausgeführt, daß das Antreffen von Myonen, die in etwa 20 bis 30 km Höhe in der Atmosphäre durch die kosmische Strahlung erzeugt werden, in der Nähe der Erdoberfläche auf der Basis der vorrelativistischen Physik völlig unverständlich ist, die relativistische Zeitdilatation dagegen eine ganz natürliche Erklärungsmöglichkeit bietet. In der Tat ist auf die Lebensdauer der Myonen, die im mitbewegten Bezugssystem $T_0 = 2{,}2 \cdot 10^{-6}$ s beträgt, die Dilatationsformel (3.12) anzuwenden. Da die Geschwindigkeit u der Vakuum-Lichtgeschwindigkeit c recht nahekommt, wird die auf der Erde beobachtete Lebensdauer dieser Elementarteilchen beachtlich groß, so daß diese ohne Schwierigkeiten 20 bis 30 km der Erdatmosphäre durchstoßen können.

Dieser experimentelle Befund war für lange Zeit der einzige direkte Beleg für die relativistische Zeitdilatation. Natürlich gibt es ähnlich wie bei der relativistischen Längenkontraktion auch für die Zeitdilatation ein ganzes Netz indirekter Argumente, denn alle diese relativistischen Effekte stehen nicht für sich isoliert, sondern sind inhärente Bestandteile des logisch geschlossenen Gesamtgebäudes der Speziellen Relativitätstheorie, aus der man nicht willkürlich Teile weglassen kann, ohne das Ganze zu zerstören.

3.5.3 Relativierung der Gleichzeitigkeit

Früher haben wir gesehen, daß bei *Einsteins* Zugang zur Relativitätstheorie das Problem der Gleichzeitigkeit von Ereignissen an zwei Körpern, die sich relativ zueinander in Bewegung befinden, eine herausragende Rolle gespielt hat. Wir haben auch kennengelernt, wie *Einstein* mittels des Prinzips der Konstanz der Vakuum-Lichtgeschwindigkeit die Gleichzeitigkeit von Ereignissen gefaßt hat. Seine Definition der Gleichzeitigkeit hat uns sehr beeindruckt. Wir geben sie deshalb in diesem Zusammenhang noch einmal wieder:

Zwei Ereignisse an voneinander entfernten Orten sind gleichzeitig, wenn das zur Zeit der Ereignisse ausgesandte Licht sich in der Mitte der Verbindungsstrecke trifft.

Im vorigen Abschnitt haben wir einen Einblick in das Phänomen der Zeitdilatation nehmen können. Eng mit der Relativierung des Zeitintervalls ist die

3.5 Einige Folgerungen aus der Speziellen Relativitätstheorie   89

Relativierung der Gleichzeitigkeit verbunden. Das bedeutet, daß Ereignisse, die in einem Inertialsystem als gleichzeitig registriert werden, in einem dagegen bewegten Inertialsystem in einem zeitlichen Abstand auftreten. Mathematisch ist diese Gegebenheit außerordentlich leicht einzusehen. Zu diesem Zweck stellen wir uns im Inertialsystem Σ an den Stellen x_1 und x_2 ein gleichzeitiges Ereignis vor ($t_1 = t_2$), das vom vorbei bewegten Inertialsystem Σ' aus beobachtet werden soll. Gemäß Formel (3.9d) folgt sofort der nichtverschwindende Zeitabstand

$$t'_2 - t'_1 = -\frac{u}{c^2\sqrt{1-\frac{u^2}{c^2}}}(x_2 - x_1) \neq 0 \tag{3.13}$$

für den vorbei bewegten Beobachter, d. h., für diesen Beobachter liegen die Ereignisse hintereinander. Er registriert sie also nicht als gleichzeitig. Eine Weltuhr mit einer absoluten Zeitangabe wird damit zur Illusion!

3.5.4 Kausalität der Zeitfolge

Von altersher ist die empirisch gefestigte Überzeugung von der Kausalität der Naturerscheinungen Bestandteil wissenschaftlichen Denkens. Die Kausalität des Geschehens, die sich in der definierten Zeitabfolge von Ursache und Wirkung manifestiert, ist eng mit dem empirisch als Tatsache zu nehmenden Zeitrichtungssinn verbunden. Dieser Problemkreis hängt wiederum untrennbar mit der Irreversibilität der Naturprozesse zusammen. Es ist hier nicht der Ort, diese Gesamtproblematik näher zu analysieren. Vielmehr haben wir folgende Frage zu beantworten: Welche Auswirkung hat die Relativierung der Gleichzeitigkeit für die kausale Zeitfolge? Wird diese durch die Relativitätstheorie eventuell sogar umgekehrt?

Wir können unsere Leser beruhigen. Die Relativitätstheorie bringt zwar die Relativierung der Gleichzeitigkeit und die Zeitdilatation mit sich, aber die Reihenfolge von Ereignissen selbst wird durch sie nicht angetastet, so daß sie auch nicht mit der Kausalität im Konflikt steht. Das hängt mit dem Lichtkegel im Minkowski-Raum zusammen, der die Nichtüberschreitbarkeit der Vakuum-Lichtgeschwindigkeit für die Übertragung physikalischer Wirkungen garantiert. Nur zeitartig oder lichtartig zueinander gelegene Ereignisse, nicht aber raumartig verbundene Ereignisse, können sich danach in einem Kausalzusammenhang befinden. Ein solcher Kausalzusammenhang wird durch die Wahl eines anderen Bezugssystems nicht angetastet.

3.5.5 Zwillingsparadoxon

Bald nach der Erkenntnis der Zeitdilatation wurde folgendes Paradoxon gegen die Relativitätstheorie konstruiert: Wenn wir zwei gleich gebaute Uhren I und II betrachten und wir diese gegeneinander geradlinig-gleichförmig bewegen lassen, so folgt aus dem Phänomen der Zeitdilatation für die Uhr I, daß die an ihr vorbei bewegte Uhr II langsamer geht. Da beide Uhren gemäß dem Speziellen Relativitätsprinzip gleichberechtigte Inertialsysteme repräsentieren, so resultiert bei Umkehrung der Überlegungen für die Uhr II, daß die an ihr vorbei bewegte Uhr I im Gegensatz zur vorangehenden Aussage langsamer gehen muß.

Man glaubte, damit einen logischen Widerspruch in der Speziellen Relativitätstheorie entdeckt zu haben. Dieses Streitobjekt, angewandt auf Zwillinge anstelle der Uhren, ging als Zwillingsparadoxon in die Geschichte der Relativitätstheorie ein.

Was hat es nun wirklich damit auf sich? Welche der beiden Uhren geht denn in „Wirklichkeit" langsamer? Das sind bekannte Fragen, die immer wieder gestellt werden. Wir wollen sie im folgenden etwas genauer analysieren.

Die Frage nach dem Gang der Uhren in „Wirklichkeit" ist offensichtlich falsch gestellt, denn die hinter dieser Frage versteckte vermeintliche „Wirklichkeit" ist die objektiv-real nicht existierende Newtonsche absolute Weltzeit, die – wenn auch unbewußt – als Richter verwendet werden soll. Wir müssen deshalb ohne Einschränkung die beiden obigen, anscheinend zueinander im Widerspruch stehenden Aussagen als richtig anerkennen. Der anscheinende Widerspruch löst sich aber bald als ein scheinbarer, nicht existierender Widerspruch auf. Wie können wir das einsehen?

Wir nehmen nochmals die beiden gleich gebauten Uhren I und II (um eine statistische Auswertung zu ermöglichen, sollte man eigentlich zwei Gruppen gleich gebauter Uhren verwenden) und synchronisieren beide auf der Erde. Die eine Uhr I halten wir auf der Erde fest, die andere soll auf eine bestimmte Geschwindigkeit beschleunigt werden. Sie bewegt sich von der Erde fort. Nach einer gewissen Zeit wird diese Uhr abgebremst und in entgegengesetzter Richtung beschleunigt, um zur Erde zurückkehren zu können, wo der erneute Uhrenvergleich stattfinden soll. So hat ein reales Experiment auszusehen.

Betrachten wir nun die Bewegungsgeschichte beider Uhren, so leuchtet ein, daß wegen der Beschleunigungs- und Bremsphasen der Uhr II von einer

3.5 Einige Folgerungen aus der Speziellen Relativitätstheorie

physikalischen Gleichberechtigung beider Uhren im Sinne des Speziellen Relativitätsprinzips keine Rede mehr sein kann, denn diese Uhr repräsentiert kein Inertialsystem. Die Verknüpfung beider Uhren mit jeweiligen Inertialsystemen war aber für die Konstruktion des obigen Paradoxons Voraussetzung der Argumentation. Damit löst sich der der Speziellen Relativitätstheorie angehängte logische Widerspruch von selbst auf. Das Paradoxon verliert seinen Inhalt.

Offensichtlich verbirgt sich aber hinter dem oben beschriebenen Gedankenversuch ein echtes physikalisches Problem, zu dem wir noch einige Überlegungen anstellen wollen. Was ist denn nun wirklich von einem solchen Experiment, falls es ausgeführt würde, zu erwarten?

Wegen der Beschleunigungs- und Bremsphasen der Uhr II handelt es sich bei dem mit dieser Uhr verbundenen Bezugssystem um ein Nichtinertialsystem. Der Zeitvergleich beider Uhren nach deren Zusammentreffen läuft auf den Vergleich der früher bereits eingeführten Eigenzeiten beider Uhren hinaus. Es geht also um die Feststellung der von jeder Uhr „durchlebten" Eigenzeit während der Reise auf ihrer Weltlinie.

Die mathematische Analyse zeigt, wie wir früher dargelegt haben, daß die durchlebte Eigenzeit vom gewählten Weg abhängt. Zu jedem Weg durch die Welt gehört eine bestimmte Eigenzeit. In Anwendung auf die von uns betrachteten Uhren heißt das konkret, daß in der Tat jede Uhr beim Zusammentreffen eine andere durchlebte Eigenzeit anzeigen wird. Insbesondere ergibt sich für die „gereiste" Uhr eine kleinere Eigenzeit.

Dieses an dem Beispiel zweier Uhren exemplifizierte Gedankenexperiment wird oft auch auf Zwillinge übertragen. Da die physiologischen Prozesse nach unseren bisherigen Erkenntnissen auch durch das physikalische Zeitmaß zu quantifizieren sind, dürfte es gegen einen solchen Schritt keine ernsthaften Einwände geben. Das Ergebnis dieser Übertragung unserer Problemstellung vom Uhrenpaar auf das Zwillingspaar würde damit zu der Erkenntnis führen, daß die von einem Lebewesen durchlebte Eigenzeit (nur die Eigenzeit als Invariante ist für eine objektive Aussage ein geeigneter Begriff) von dem „Reiseweg" durch unsere Welt abhängt. In scherzhafter Formulierung: wer viel reist, bleibt jünger.

Diese unserer Meinung nach vom Prinzip her in der Tat richtige Schlußfolgerung für das Zwillingsproblem hat in der phantastischen Unterhaltungsliteratur für viele abenteuerliche Begegnungen von Menschen herhalten müssen (Vater jünger als Sohn usw.). Man muß sich natürlich darüber im klaren sein, daß entsprechend der Formel (3.12) der Effekt erst bei Reisegeschwindigkeiten merkbar wird, die nahe bei der Lichtgeschwindigkeit liegen. Dennoch ist die Problematik ernst zu nehmen.

3.5.6 Veränderlichkeit der Masse

In unserer obigen Darstellung des Konflikts zwischen Newtonscher Mechanik und Maxwellscher Elektromagnetik haben wir darauf hingewiesen, daß die experimentelle Entdeckung der Veränderlichkeit der Masse durch *Kaufmann* am Anfang des 20. Jahrhunderts ein ganz entscheidendes Faktum zuungunsten der Newtonschen Physik darstellte. Wir haben auch gesehen, daß die Erkenntnis von der Trägheit der elektromagnetischen Energie eine theoretische Klärung der aufgeworfenen Problematik der Massenveränderlichkeit erforderte. An Versuchen, Massenformeln für bewegte Teilchen aufzustellen, hat es nicht gefehlt. Besondere Verdienste haben sich dabei *J.J. Thomson*, *Abraham*, *Schwarzschild*, *Lorentz* und *Sommerfeld* erworben.

Die richtige, experimentell später dann auch im einzelnen bestätigte Massenformel lautet:

$$m = \frac{m_0}{\sqrt{1 - \frac{v^2}{c^2}}}. \tag{3.14}$$

Dabei ist m_0 die Ruhmasse des betrachteten Körpers, also diejenige Masse, die dem Ruhezustand des Körpers entspricht, und v seine Geschwindigkeit. Die geschwindigkeitsabhängige Masse m heißt Impulsmasse, weil ihre Multiplikation mit der Geschwindigkeit den Impuls des Körpers ergibt. Die obige Massenformel besagt, daß die Impulsmasse eines Teilchens mit wachsender Geschwindigkeit immer größer wird und bei Annäherung der Geschwindigkeit an die Vakuum-Lichtgeschwindigkeit über alle Grenzen wächst. Ein Erreichen bzw. Überschreiten der Vakuum-Lichtgeschwindigkeit ist für massive Teilchen (Teilchen mit nichtverschwindender Ruhmasse, d. h. $m_0 \neq 0$) nicht möglich, denn die Impulsmasse würde dann unendlich groß bzw. imaginär werden.

Unsere letzte Aussage bezog sich bewußt auf massive Teilchen. In der Natur gibt es aber auch Teilchen mit verschwindender Ruhmasse ($m_0 = 0$), nämlich die Photonen und, wenn auch bis jetzt umstritten, die Neutrinos. Diese Teilchen breiten sich nach ihrer Entstehung mit Vakuum-Lichtgeschwindigkeit im Vakuum aus, ihre Existenz ist aber untrennbar mit diesem Bewegungsablauf verbunden. Obwohl sie keine Ruhmasse besitzen, transportieren sie

3.5 Einige Folgerungen aus der Speziellen Relativitätstheorie

aber dennoch Impulsmasse. Wendet man auf sie formal die Massenformel (3.14) an, deren Gültigkeit ihrer Herleitung nach allerdings nur für massive Teilchen gewährleistet ist, so erkennt man, daß diese Massenformel zu ihnen nicht im Widerspruch steht, denn es ergibt sich für die Impulsmasse ein sogenannter unbestimmter Ausdruck: $m = \dfrac{0}{0}$, der natürlich nur bei einem geeignet auszuführenden Grenzübergang einen definierten Sinn bekommt.

Auf dieser formalen Übertragung beruht eigentlich die extrapolierte Sprechweise, daß Photonen und Neutrinos keine Ruhmasse besitzen. Von der theoretischen Grundlegung, her, d. h. von den Maxwell-Gleichungen und von der Weyl-Gleichung als der meist angenommenen Bewegungsgleichung des Neutrinos, ist eine solche Interpretationsbasis nicht gegeben, da der Begriff der Ruhmasse diesen Theorien fremd ist. Bei der obigen Sprechweise handelt es sich also in der Tat um eine mit entsprechender Sinngebung zu betrachtende Extrapolation von den analogen Grundgleichungen für massive Teilchen.

Schließlich noch ein weiterer Gesichtspunkt zur Massenformel (3.14): Bei der Behandlung des Lichtkegels im Minkowski-Raum und bei den damit verbundenen Betrachtungen zur Kausalität haben wir bereits auf das heute von vielen Physikern ernsthaft erforschte Tachyonen-Problem hingewiesen. Die Zahl der theoretischen Arbeiten dazu ist beträchtlich. Anhand der genannten Massenformel wollen wir die Fragestellung kurz skizzieren:

Wir wollen probeweise einmal annehmen, es gäbe massive Teilchen, die sich im Vakuum superluminal, also schneller als Licht bewegen, und für die die Massenformel (3.14) zuständig ist. Aus dieser Formel erkennen wir nun, daß für $v > c$ der Wurzelausdruck rein imaginär wird. Gehen wir davon aus, daß diese Teilchen eine raumzeitliche Existenz als reelle physikalische Objekte besitzen, so müssen wir ihnen wohl sinnvollerweise eine reelle Impulsmasse zuschreiben, die letzten Endes in der physikalischen Bewegungsgleichung erscheint. Folgen wir dieser Überlegung, so haben wir ja keine andere Möglichkeit, als die rein imaginäre Wurzel durch eine rein imaginäre Ruhmasse zu kompensieren. Mit einer rein imaginären Ruhmasse eines solchen superluminal bewegten Teilchens wäre also ein reeller, d. h. beobachtbarer Bewegungsablauf durchaus verträglich.

Das sind initiale Überlegungen, die auf die Vermutung der Existenz von Tachyonen geführt haben. Obwohl zunächst kein formaler Widerspruch zur Speziellen Relativitätstheorie vorliegt, würde aber der Nachweis von Tachyonen ein völlig neues Durchdenken und eine grundsätzliche Erweiterung dieser Theorie mit sehr frappierenden Folgen nach sich ziehen müssen.

3.5.7 Masse-Energie-Relation

Früher haben wir auf die Bedeutung *Hasenöhrls* für die Entdeckung der Masse-Energie-Relation für die elektromagnetische Strahlung hingewiesen. *Einstein* konnte durch Deduktion aus der speziell-relativistischen Mechanik die Formel (3.3) auch für den Zusammenhang von mechanischer Masse und mechanischer Energie ableiten, so daß wir sagen können, daß es sich bei der Masse-Energie-Relation

$$E = mc^2 \qquad (3.15)$$

im Rahmen der Speziellen Relativitätstheorie um einen universellen Zusammenhang von Masse und Energie handelt, da c als Vakuum-Lichtgeschwindigkeit eine Naturkonstante ist. Aus diesem Grund interpretieren wir die Masse-Energie-Relation nicht im Sinne einer Umwandlung von Masse in Energie oder von Energie in Masse, sondern im Sinne einer gegenseitigen Zuordnung in einem ganz bestimmten quantitativen Verhältnis. Jedem Quantum Masse ist ein ganz bestimmtes Quantum Energie eindeutig zugeordnet und umgekehrt. Quantitativ wirkt sich die Masse-Energie-Relation so aus, daß gilt:

$$1\,\mathrm{g} \leftrightarrow 9 \cdot 10^{13}\,\mathrm{Joule} = 9 \cdot 10^{20}\,\mathrm{erg} = 2{,}15 \cdot 10^{13}\,\mathrm{cal}\,.$$

Zu der unserer Meinung nach der universellen Situation nicht adäquaten Interpretation der „Umwandelbarkeit" von Masse in Energie und umgekehrt kommt man, wenn man an ganz spezielle Umwandlungsprozesse denkt, z. B. die Masse mit einem mechanischen (massiven) Teilchen und die Energie mit einem Photon verknüpft. Dann folgt natürlich sofort aus der Paarerzeugung durch ein Photon die „Umwandlung" der Photonenergie in die Masse des erzeugten Teilchenpaars oder aus der Paarvernichtung und der damit verbundenen Entstehung eines Photons die „Umwandlung" der Masse des Teilchenpaares in die Photonenergie. Da Photonen unseren obigen Ausführungen zufolge Impulsmasse besitzen, die über die Masse-Energie-Relation mit deren Energie verknüpft ist, verliert die Interpretation von der gegenseitigen „Umwandelbarkeit" von Masse und Energie, ganz abgesehen von der Verletzung der physikalischen Dimension, ihre Basis.

Auch die Deutung der Masse-Energie-Relation in dem Sinne, daß die Energie eine Erscheinungsform der Masse oder die Masse eine Erscheinungsform der Energie ist, muß unseres Erachtens als ungerechtfertigt angesehen werden. Masse und Energie sind von ihrem Ursprung her unabhängige Begriffe, von denen im Rahmen der Speziellen Relativitätstheorie, die dieser Diskussion hier zugrunde gelegt ist, keiner dem anderen untergeordnet ist, sondern die eben nach den Erkenntnissen der Speziellen Relativitätstheorie in einem prinzipiellen Zuordnungsverhältnis stehen.

Philosophisch gesehen, haben die gerade erwähnten und auch heute noch in der wissenschaftlichen Literatur verbreiteten Interpretationen ihre Ursache in dem ungerechtfertigterweise aus der Newtonschen Physik gefolgerten mechanischen Materialismus, der die Begriffe „Masse", „Stoff", „Substanz", „Materie" (Gebrauch in der Physik) verabsolutiert und darüberhinaus noch vermengt hat. Daß daraus bei der Überwindung der Newtonschen Physik durch die Relativistische Physik sofort eine philosophische Konfusion auftreten mußte, liegt auf der Hand.

Die Masse-Energie-Relation ist auch hinsichtlich der Geschichte der physikalischen Begriffe von herausragender Bedeutung. Wir wollen dieser Seite des Gegenstandes ebenfalls einige Ausführungen widmen.

Die Prägung des Wortes „Energie" findet man um 1620 ohne klare Begriffsbestimmung erstmals bei *Kepler*. *Leibniz* nannte die kinetische Energie „vis viva" (lebendige Kraft) und im Unterschied dazu die potentielle Energie „vis mortua" (tote Kraft). In der Literatur früherer Jahrhunderte wird der Begriff Energie synonym zu den Begriffen „Kraft" oder „lebendige Kraft" gebraucht. Die Begriffsverwirrung von Energie und Kraft konnte erst mit der Mathematisierung der Mechanik beendet werden. Die eindeutige Fixierung des Begriffes Energie (gemeint war die kinetische Energie) geht auf *Th. Young* (1807) zurück. *J.W.M. Rankine* ist die Festlegung der Begriffe „kinetische Energie" und „potentielle Energie" in der historisch bewährten und bis in unsere Zeit benutzten Art zu verdanken. *W. Thomson* (*Kelvin*) übertrug den Energiebegriff auf die Wärmelehre und erkannte dabei wichtige Zusammenhänge. Ein relativ umfassendes Verständnis der Energie im Rahmen der nichtrelativistischen Physik wurde durch den Erhaltungs- und Umwandlungssatz der Energie (Energieprinzip) erzielt, der von *Robert Mayer* (1842, 1845) entdeckt wurde. Unabhängig davon bezog 1843 *J.P. Joule* auch die chemische Energie mit in die Energiebilanz ein, wobei ihm die in einem galvanischen Element gespeicherte chemische Energie, die sich beim Stromfluß in Joulesche Wärme umwandeln kann, als Anhaltspunkt diente. Vier Jahre später (1847) formulierte *H. Helmholtz* ohne Bezug auf die Arbeiten von *R. Mayer* das Energieprinzip als universelles Naturprinzip für alle Gebiete der Naturwissenschaften. Aber erst um 1860 fand es in Physikerkreisen allgemeine Anerkennung. Die durch *Einstein* ein halbes

Jahrhundert später infolge der Erkenntnisse der Allgemeinen Relativitätstheorie notwendig gewordene Einschränkung des Energieprinzips werden wir später kennenlernen.

Parallel zu der Geschichte um den Erhaltungssatz der Energie lief historisch die Geschichte um den Erhaltungssatz der Masse. Um die Bedeutung der Masse-Energie-Relation richtig würdigen zu können, wollen wir auch dazu einige Anmerkungen machen.

Das Gedankengut, welches das „Ewige", „Bleibende", „Unzerstörbare" der Materie zum Inhalt hat, reicht mindestens bis in die Antike zurück. Berühmt geworden ist der Satz des *Demokrit*: „Nichts wird aus Nichts, und Nichts vergeht zu Nichts." Insbesondere finden sich solche Ideen einer allgemeinen Erhaltung der Materie auch bei *M.W. Lomonossow* (1748).

Obwohl diese Gedanken ein allgemeines Attribut der Materie ansprechen, wurden sie aber nach Schaffung des Begriffes der Masse stark mit diesem als absolut konzipierten Begriff in Verbindung gebracht. Auf die Vermengung des Begriffes der Masse mit Stoff, Substanz und Materie haben wir bereits oben hingewiesen.

Die quantitative Fassung des „Erhaltungssatzes der Masse" verdankt man insbesondere *A.L. Lavoisier*, der bei der Entwicklung der Chemie zur Wissenschaft eine herausragende Rolle gespielt hat. Er konnte empirisch bestätigen, daß die Erhaltung der Massen der chemischen Elemente bei der Bildung chemischer Verbindungen gewährleistet ist. Um 1790 fand er darüber hinaus noch, daß die Elemente in einer chemischen Verbindung in einem festen Massenverhältnis stehen.

Dem heutigen Erkenntnisstand der Relativitätstheorie entsprechend muß man den geläufigen „Erhaltungssatz der Massen" in der Chemie zu dem „Erhaltungssatz der Ruhmassen" umfunktionieren, der dem „Erhaltungssatz der Teilchenzahlen" der an den chemischen Reaktionen beteiligten Stoffe gleichwertig ist. Chemische Reaktionen sind also dadurch von den kernphysikalischen Reaktionen abgegrenzt, daß bei ihnen keine Vernichtungs- und Erzeugungsprozesse der Teilchen auftreten. Woran liegt es nun eigentlich, daß vom strengen wissenschaftlichen Standpunkt aus gesehen diese begriffliche Korrektur notwendig wurde?

Der tiefere Grund liegt im sogenannten Massendefekt von Bindungsenergien aller Art, also letzten Endes in der Masse-Energie-Relation. Im einzelnen handelt es sich beim Massendefekt darum, daß die Ruhmasse eines zusammengesetzten Atomkerns kleiner ist als die Summe der Ruhmassen der

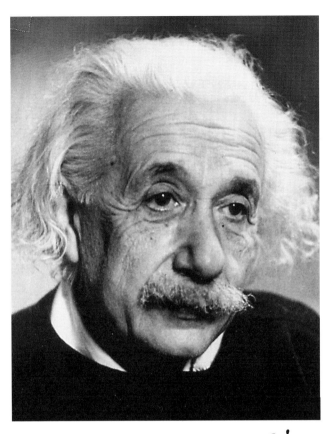

Albert Einstein (1879–1955)

Galileo Galilei
(1564–1642)

Isaac Newton
(1643–1727)

James Clerk Maxwell
(1831–1879)

Ernst Mach
(1838–1916)

Hendrik Antoon Lorentz
(1853–1928)

Henri Poincaré
(1854–1912)

Arnold Sommerfeld
(1868–1951)

Hermann Minkowski
(1864–1909)

Max Planck
(1858–1947)

Marcel Großmann
(1878–1936)

Niels Bohr
(1885–1962)

Erwin Schrödinger
(1887–1961)

Alexander Alexandro-
witsch Friedman
(1888–1925)

Louis-Victor de Broglie
(1892–1987)

Werner Heisenberg
(1901–1976)

Paul Adrian Maurice Dirac
(1902–1984)

Albert Einstein
(1922)

Albert Einstein
(1954)

Folgenden Institutionen wird für die Genehmigung der Verwendung benutzter Fotos gedankt:
Bundesarchiv Koblenz, Repro-Archiv F. Herneck Berlin, Sächsische Landesbibliothek Dresden, Staatsbibliothek zu Berlin, Ullstein Bilderdienst Berlin

ihn aufbauenden Komponenten (Protonen, Neutronen). Der Massendifferenz dieser beiden Zustände (gebunden und frei) ist gemäß der Masse-Energie-Relation eine bestimmte Menge Energie zugeordnet, die gerade in der beim Bindungsprozeß ausgesandten Strahlung wegtransportiert wird. Da dieser Energie ein entsprechendes Quantum Masse korrespondiert, liegt also kein Verschwinden von Masse oder Energie in der Gesamtbilanz vor.

Da bei Umwandlungsreaktionen chemischer oder kernphysikalischer Natur allgemein Energieumsetzungen und damit untrennbar Masseumsetzungen stattfinden, kann also von einem Erhaltungssatz der Masse im obigen Sinn (aber auch der Ruhmassen im relativistischen Sinn) nicht mehr die Rede sein. Die beiden historisch entstandenen Erhaltungssätze von Energie und Masse verschmelzen damit dank der Ergebnisse der Relativitätstheorie zu einem einzigen Erhaltungssatz auf höherer Ebene – eine wunderbare Bestätigung der These von der Einheit der Natur.

Die im 19. Jahrhundert bei Energieänderungen auftretenden Massenänderungen waren viel zu gering, um direkt gemessen werden zu können. *Einstein* selbst hat aber sofort die Bedeutung der kernphysikalischen Prozesse für dieses Phänomen erkannt. Eine eindrucksvolle experimentelle Bestätigung dieser theoretischen Voraussage konnte *W. Braunbek* 1937 durch eine umfassende Analyse des Massendefekts bei Kernprozessen liefern. Inzwischen gehört der Massendefekt zur alltäglichen Arbeit der Kernphysiker. Von den vielen bemerkenswerten Beispielen wollen wir lediglich zwei erwähnen: die von *P.M.S. Blackett* und *G.P. Occhialini* entdeckte Paarerzeugung und die von *O. Klemperer* gefundene Paarvernichtung.

Die Masse-Energie-Relation, die hier nur als eines von vielen Nebenprodukten der Speziellen Relativitätstheorie erscheint, spielt für den Fortbestand der Menschheit eine fundamentale Rolle. Wie alle großen naturwissenschaftlichen Entdeckungen ist auch sie zum Verderb oder Segen des Menschengeschlechts ausnutzbar. Die Abwürfe der Atombomben auf Hiroshima und Nagasaki im Jahre 1945 haben als Fanale eindringlicher denn je die Wissenschafter auf die Verantwortung für die Verwertung des von ihnen geschaffenen Geistesprodukts hingewiesen.

3.5.8 Additionstheorem der Geschwindigkeiten

Wenn ein Schiff geradlinig-gleichförmig mit einer Geschwindigkeit von 10 m pro Sekunde relativ zum Ufer auf einem See schwimmt und auf dem Deck dieses Schiffes ein Junge mit einem Roller in Fahrtrichtung mit einer Geschwindigkeit von zwei Metern pro Sekunde fährt, zweifelt keiner, daß der Junge, vom Ufer aus gesehen, eine Geschwindigkeit von 12 m pro Sekunde besitzt. In der Newtonschen Mechanik werden also die Geschwindigkeiten einfach addiert. *Einstein* konnte bereits in seiner Arbeit von 1905 zeigen, daß das Newtonsche Additionstheorem der Geschwindigkeiten in der Speziellen Relativitätstheorie nicht mehr gültig ist, sondern durch das folgende relativistische Additionstheorem ersetzt werden muß:

$$v' = \frac{v+u}{1+\frac{uv}{c^2}}.\qquad(3.16)$$

Dabei wurde angenommen, daß die Relativbewegung in x-Richtung mit der Geschwindigkeit u erfolgt. Die Geschwindigkeiten v resp. v' des betrachteten bewegten Körpers beziehen sich auf die Inertialsysteme Σ resp. Σ'. Natürlich wird der relativistische Effekt erst bei Geschwindigkeiten u und v nahe der Vakuum-Lichtgeschwindigkeit c merkbar, wie der Nenner in Formel (3.16) anzeigt, aber dennoch handelt es sich um ein sehr interessantes Phänomen. Man beachte dabei insbesondere die logische Konsistenz hinsichtlich der Nichtüberschreitbarkeit der Vakuum-Lichtgeschwindigkeit: Selbst wenn u und v gegen c streben, strebt v' auch nur gegen c, d. h., Fast-Lichtgeschwindigkeit im Inertialsystem Σ und Fast-Lichtgeschwindigkeit der Relativbewegung dieses Bezugssystems gegenüber dem Inertialsystem Σ' führen nur zu einer Fast-Lichtgeschwindigkeit im letzteren Bezugssystem.

3.6 Die Grenzen der Speziellen Relativitätstheorie

Die Spezielle Relativitätstheorie hat sich als eine weitreichende Theorie in der Physik ausgezeichnet bewährt. Im Abschnitt 3.4 über speziell-relativistische Theorienbildung haben wir nur einige Gebiete der Physik (Mechanik, Elektromagnetik, Quantenmechanik) als herausgegriffene Beispiele beleuchtet. Die ebenso gut speziell-relativistisch fundierten Bereiche Kontinuumsmechanik (Elastomechanik und Hydromechanik), Thermodynamik und Statistik haben wir ganz außer acht gelassen. Im Zusammenhang mit der Quantenmechanik stellten wir in Aussicht, daß wir in dieser Entwicklungsrichtung später auch noch auf die Quantenfeldtheorie und Elementarteilchentheorie eingehen werden.

Trotz der durchschlagenden Bedeutung der Speziellen Relativitätstheorie für die eben genannten Zweige der Physik wurden für *Einstein* ziemlich schnell

3.6 Die Grenzen der Speziellen Relativitätstheorie

Beschränkungen und Grenzen sichtbar, die für den weiteren Fortschritt der Physik überwunden werden mußten oder bis heute als Barrieren vor uns stehen.

Zunächst fielen zweierlei Mängel auf:

Erstens sind die Physiker in der Speziellen Relativitätstheorie auf die Plazierung in Inertialsystemen festgelegt, d. h., der Weiterführung der Physik für Beobachter in Nichtinertialsystemen sind in der Speziellen Relativitätstheorie prinzipielle Schranken gesetzt.

Zweitens ist der 4-dimensionale mathematische Apparat der Speziellen Relativitätstheorie im Minkowski-Raum auf die Benutzung der Galilei-Koordinaten x, y, z, ct zugeschnitten. Die Lösung praktischer Probleme ist aber in der Regel an solche Koordinaten gebunden, die der Symmetrie des behandelten Objekts optimal angepaßt sind. Im allgemeinen handelt es sich dabei um krummlinige Koordinaten.

Dem aufmerksamen Leser wird weiter aufgefallen sein, daß wir ein sehr fundamentales Gebiet der Physik, nämlich die Gravitationstheorie, zwar gelegentlich am Rande erwähnt, aber in die speziell-relativistischen Betrachtungen nicht einbezogen haben. Wir haben auch manchmal darauf hingewiesen, daß die relativistische Fassung der Gravitationstheorie – als Anknüpfungspunkt muß dabei natürlich die Newtonsche Gravitationstheorie dienen – ein völliges Umdenken erfordert, da die Gravitation in die Geometrie von Raum und Zeit eingreift.

Das wurde durch die verschiedenen fehlgeschlagenen speziell-relativistischen Verallgemeinerungsversuche der Newtonschen Gravitationstheorie, von denen der wohl am besten ausgearbeitete von *G. Nordström* (1913/14) stammt, überzeugend klargestellt. Allein schon die Periheldrehung erschien mit verkehrtem Vorzeichen.

In der Tat sind wir hier an einer der Grenzen der Speziellen Relativitätstheorie angelangt. Der folgende Teil des Buches wird erkennen lassen, wie riesig sich theoretisch-physikalische, aber auch mathematische Schwierigkeiten auftürmen, sobald diese angezeigten Grenzen überschritten werden. Der Grund dafür liegt in erster Linie in der durch die Gravitation bedingten Nichtlinearität in diesem Bereich der Natur.

Eine andere Grenze der Speziellen Relativitätstheorie wird im Submikrokosmos vermutet, also in dem Teil unserer Wirklichkeit, der von der räumlichen Ausdehnung her unterhalb der Größe der Elementarteilchen liegt. Es wurde nämlich experimentell durch Streuversuche gezeigt, daß die Elementarteilchen selber innere Strukturen aufweisen (Quarkstruktur des Protons usw.), so daß die früher entwickelte Vorstellung von der Elementarität der Elementarteilchen nicht mehr aufrechterhalten werden kann. Der historisch entstandene Name Elementarteilchen ist geblieben, aber an die Elementarteilchen als letzte Urbausteine, insbesondere als strukturlose Punktobjekte, glaubt kaum noch ein seriöser Forscher auf diesem Gebiet der Physik.

Trotz einer Reihe sehr erfolgreicher Ansätze fehlt bis heute eine überzeugende Universaltheorie der Elementarteilchen. Dabei ist zu beachten, daß in vielen Zentren der Erde seit einigen Jahrzehnten mit riesigem personellem und materiellem Einsatz pausenlos geforscht wird. Es deutet vieles darauf hin, daß die bisherigen Mißerfolge im Grundsätzlichen – der hochzuschätzenden Teilresultate sind wir uns natürlich bewußt – daran liegen könnten, daß noch nicht die richtige Einsicht in die Raum-Zeit-Struktur des Submikrokosmos erzielt wurde. Einzelne Forscher gehen sogar so weit zu glauben, daß in diesem Grenzbereich der Speziellen Relativitätstheorie die Kontinuumsstruktur der Raum-Zeit durch eine Art Zellenstruktur (die Existenz einer Elementarlänge und einer Elementarzeit ist im Gespräch) abgelöst wird. Bei dieser und vielen anderen Ideen handelt es sich aber bisher um reine Arbeitshypothesen der einzelnen Theoretiker. Es ist eine völlig offene Frage, wann es dem Menschen gelingen wird, diese Barriere der Erkenntnis zu überwinden.

4 Allgemein-relativistische Physik

4.1 Einsteins Weg zur Allgemeinen Relativitätstheorie

Als wir die Grenzen der Speziellen Relativitätstheorie skizzierten, stießen wir, abgesehen von der Problematik um die Quantentheorie und Elementarteilchenphysik, auf folgende Barrieren:

Festlegung auf Inertialsysteme,
Beschränkung des mathematischen Apparates auf Galilei-Koordinaten,
Nichterfassung der Gravitation.

Diese drei Problemkreise standen dann mit dem Ziel der Überwindung der aufgezeigten Schranken durch die Entwicklung einer allgemeineren Relativitätstheorie auch in der Tat im Mittelpunkt der Einsteinschen Überlegungen in der Zeit von 1908 bis 1915. Wie eine solche allgemeine Relativitätstheorie konkret beschaffen sein und realisiert werden sollte, war natürlich eine vollkommen offene Frage. Nur ständiges Nachdenken über den Gegenstand und unentwegtes Neudurchdenken der Problematik von Anbeginn an, verbunden mit streckenweise hoffnungslosen Verirrungen und Rückschlägen, waren die einzige Möglichkeit, einen Weg über die schier unüberwindlichen geistigen Barrieren in das Neuland, dessen Umrisse *Einstein* nur ahnen konnte, zu finden.

Einstein war sich später darüber im klaren, daß die Zeit für die Spezielle Relativitätstheorie empirisch und ideell reif gewesen war, als er dieses Werk im Jahre 1905 – den Anteil seiner Vorläufer und Zeitgenossen haben wir dabei stets im Auge – schuf. Die Situation vor der Entwicklung der Allgemeinen Relativitätstheorie im Jahre 1915 war dagegen davon grundverschieden. Verfolgt man *Einsteins* Arbeiten in jener Periode, so kommt man unzweifelhaft zu dem Schluß: Die Allgemeine Relativitätstheorie, für die es nur ganz wenige induktive Indizien gab, die mühsam herauspräpariert werden mußten, konnte nur von einem Menschen geschaffen werden, der mindestens ganz bestimmte Charaktereigenschaften mitbrachte: tiefgründige Grüblernatur, zähe Geduld und beachtlichen Fleiß, unbeirrbare Überzeugung von dem Sinn der sich selbst gestellten Aufgabe, einfache Denkart, philosophischen Blick für das Ganze in seiner Einheit, ausreichende mathematische Begabung und schließlich genug inneren Frieden und Humor, um mit den Störfaktoren seiner Umwelt fertig zu werden. Neben diesen inneren Bedingungen mußten natürlich noch eine Reihe äußerer Voraussetzungen, wie die Sicherung des Lebensunterhaltes zur Durchführung der Arbeiten, der Zugang zur internationalen wissenschaftlichen Literatur, die Teilnahme an internationalen Kongressen und einige andere mehr erfüllt sein.

Das sind wesentliche Grundvoraussetzungen, die auch heute noch zusammentreffen müssen, wenn Höchstleistungen vollbracht werden sollen, die für Jahrhunderte bestimmt sind.

Bei *Einstein* lag eine Koinzidenz dieser genannten notwendigen charakterlichen Wesenszüge vor. Außerdem war damals seine ökonomische Sicherheit gewährleistet. So konnte er in wenigen Jahren dieses grandiose Werk der Allgemeinen Relativitätstheorie vollbringen. Dabei darf man allerdings den mathematischen Anteil von *Marcel Großmann* nicht übersehen, der als Mathematiker den mit der Bezugnahme auf die Riemannsche Geometrie verbundenen Ricci-Kalkül beherrschte und die mathematische Formulierung der von *Einstein* physikalisch erfaßten Erkenntnisziele bedeutend förderte und beschleunigte.

Die Gelehrten der Welt sind sich darüber einig, daß es ohne die Beharrlichkeit Einsteins noch lange gedauert haben würde, ehe dieses eminente Theoriengebäude das Licht der Welt erblickt hätte. Das liegt einerseits daran, daß Menschen mit den obigen unabdingbaren Grundvoraussetzungen für die Vollbringung einer solchen Spitzenleistung seltener geboren werden, als man vielleicht glauben mag. Andererseits war das empirische Material zu dieser Thematik damals noch so spärlich, daß kein spürbarer Druck der Praxis vorlag. Erst ein halbes Jahrhundert später hatte die Präzisionsmeßtechnik ein solches Niveau erreicht, daß experimentelle Fakten sowohl der terrestrischen als auch der kosmischen Physik erklärt sein wollten.

Einen kleinen Einblick in *Einsteins* Theorie-Werkstatt jener Zeit bekommen wir, wenn wir uns die Themen einiger Arbeiten ansehen:

[1] „Über den Einfluß der Schwerkraft auf die Ausbreitung des Lichtes" [Annalen der Physik, **35** (1911) S. 898–908],

[2] „Lichtgeschwindigkeit und Statik des Gravitationsfeldes" [Annalen der Physik, **38** (1912) S. 355–369],

[3] „Zur Theorie des statischen Gravitationsfeldes" [Annalen der Physik, **38** (1912) S. 443–458],

[4] „Relativität und Gravitation" [Annalen der Physik, **38** (1912) S. 1059–1064],

[5] „Gibt es eine Gravitationswirkung, die der elektrodynamischen Induktionswirkung analog ist?" [Vierteljahrsschrift für gerichtliche Medizin und öffentliches Sanitätswesen, 3. Folge, **44** (1912) S. 37–40],

[6] „Entwurf einer verallgemeinerten Relativitätstheorie und einer Theorie der Gravitation". [Diese Arbeit besteht aus einem physikalischen Teil, für den *Einstein* zeichnet, und einem mathematischen Teil, den *M. Großmann* beigesteuert hat. Publikation in der Zeitschrift für Physik und Mathematik, **62** (1913) S. 225–261],

[7] „Physikalische Grundlagen einer Gravitationstheorie" [Naturforscher-Gesellschaft, 1913],

[8] „Zum gegenwärtigen Stande des Gravitationsproblems" [Physikalische Zeitschrift, **14** (1913) S.1249–1262],

[9] „Prinzipielles zur verallgemeinerten Relativitätstheorie und Gravitationstheorie" [Physikalische Zeitschrift, **15** (1914) S.176–180],

[10] „Die formale Grundlage der allgemeinen Relativitätstheorie" [Sitzungsberichte der preußischen Akademie der Wissenschaften, 1914],

[11] „Kovarianzeigenschaften der Feldgleichungen der auf die verallgemeinerte Relativitätstheorie gegründeten Gravitationstheorie" [zusammen mit *M. Großmann* in der Zeitschrift für Mathematik und Physik, **63** (1914) S. 215–225],

[12] „Zur allgemeinen Relativitätstheorie" [Sitzungsberichte der preußischen Akademie der Wissenschaften, 1915],

[13] „Erklärung der Perihelbewegung des Merkur in der allgemeinen Relativitätstheorie" [Sitzungsberichte der preußischen Akademie der Wissenschaften, 1915],

[14] „Die Feldgleichungen der Gravitation" [Sitzungsberichte der preußischen Akademie der Wissenschaften, 1915],

[15] „Die Grundlage der allgemeinen Relativitätstheorie" [Annalen der Physik, **49** (1916) S. 769–822].

Die vorletzte Arbeit [14] wurde am 2.12.1915 zum Druck eingereicht. Sie enthält nach einem langen Irrweg die richtige Form der Feldgleichungen der Einsteinschen Gravitationstheorie. Die zuletzt genannte Publikation [15] wurde am 20.3.1916 eingereicht. Sie stellt in zusammenfassender Weise das Gesamtgebäude der Allgemeinen Relativitätstheorie inklusive Einsteinscher Gravitationstheorie dar. Sie ist die Krönung des Einsteinschen Lebenswerkes.

Wir haben mit Absicht die wichtigsten Arbeiten *Einsteins* in dieser entscheidenden Phase seines Lebens aufgelistet, um dem Leser ein bißchen Gefühl dafür zu vermitteln, wie hart und schwer der Weg eines Wissenschaftlers zu wahrer Erkenntnis zu sein pflegt.

Den ersten fruchtbaren physikalischen Schritt zu seinem Theoriengebäude hat wohl *Einstein* mit seiner oben genannten Arbeit [1] über den Einfluß der Schwerkraft auf die Ausbreitung des Lichtes aus dem Jahre 1911 getan, die wir uns im folgenden etwas genauer ansehen wollen.

Daß die Lichtstrahlen im Gravitationsfeld nicht geradlinig sein dürften, ist eine Vermutung, die schon sehr frühzeitig ausgesprochen wurde: Akzeptiert man nämlich *Newtons* Korpuskulartheorie des Lichtes und geht man davon aus, daß die Lichtteilchen Masse haben könnten und damit der Newtonschen Gravitationskraft unterliegen müßten, so ist der Gedanke von der Krümmung der Lichtstrahlen bereits geboren.

Als erster hat wohl *P.S. Laplace* (1749–1827) im Jahre 1795 in seinem berühmten Werk „Exposition du Systéme du Monde" quantitative Aussagen über den Einfluß der Gravitation auf das Licht auf der Basis der Newtonschen Theorie gemacht. Es findet sich dort die Behauptung, daß wegen der auf das Licht ausgeübten Anziehungskraft ein leuchtender Himmelskörper genügender Größe keinen seiner Lichtstrahlen bis zu uns schicken könne und deshalb für uns unsichtbar bleiben müsse. Der mathematische Beweis für diese Behauptung wurde vier Jahre später, also 1799, in den Abhandlungen der Allgemeinen Geographischen Ephemeriden-Gelehrtengesellschaft, herausgeben von *F.X. von Zach* in Weimar, publiziert. Wenn auch auf der Stufe der Newtonschen Gravitationstheorie, so hat doch *Laplace* damit schon die Idee der jetzt erst aktuell gewordenen Schwarzen Löcher antizipiert, mit denen wir uns später noch im einzelnen befassen wollen.

Auch *J.G. Soldner* (1776–1833) von der Berliner Sternwarte sprach sich 1801 klar für die These von der Krümmung der Lichtstrahlen durch Himmelskörper aus: „Wenn also ein Lichtstrahl an einem Weltkörper vorbeigeht,

4.1 Einsteins Weg zur Allgemeinen Relativitätstheorie

so wird er durch die Attraktion desselben genötigt, anstatt in der geraden Richtung fortzugehen, eine Hyperbel zu beschreiben, deren konkave Seite gegen den anziehenden Körper gerichtet ist".

Erneut aufgegriffen und weitergeführt wurde dieser Gedanke – jetzt aber bereits in einem klaren Zusammenhang mit der Frage nach der Geometrie des Raumes – von *Carl Friedrich Gauß* (1777–1855). Dieser große Mathematiker zweifelte die Gültigkeit der Euklidischen Geometrie für unseren realen physikalischen Raum an. Zum Zwecke des experimentellen Nachweises der wirklichen Geometrie des Raumes dachte er an „siderale Dreiecke", die im Weltraum durch Lichtstrahlen im Vakuum aufgespannt werden sollten. Den „sphärischen Exzeß" solcher Dreiecke brachte er mit dem Krümmungsmaß des Raumes in Verbindung. Selbst die praktische Durchführung eines solchen Experiments hatte er sich schon überlegt. Er wollte die Spitzen der drei Berge: Brocken, Inselsberg und Hoher Hagen bei Göttingen, durch Lichtstrahlen miteinander verbinden und die Winkelsumme des dabei entstehenden Dreiecks ausmessen. Heute wissen wir aufgrund der Einsteinschen Gravitationstheorie, daß die dabei auftretende Abweichung von der Euklidischen Geometrie unterhalb der bisherigen Meßgrenzen liegt.

Aufbauend auf der Differentialgeometrie der 2-dimensionalen Flächen seines Lehrers *Gauß* hat *Bernhard Riemann* (1826–1866) diese Lehre für Räume beliebiger Dimensionszahl verallgemeinert und damit insbesondere die Basis für die Geometrie der 4-dimensionalen Raum-Zeit geschaffen. An den rechentechnischen Ausbau der Riemannschen Geometrie durch *E. Christoffel*, *C. Ricci* und *T. Levi-Civita* sei dabei erinnert.

Um die Jahrhundertwende wurde die Zeit für eine quantitative Weiterführung der Gedanken um die Krümmung der Lichtstrahlen reif. Bekanntlich war im Jahre 1900 von *Planck* im wesentlichen die Relation (3.2)

$$\mathcal{E} = h\nu$$

zwischen der Energie $\mathcal{E}$ eines Photons und seiner Frequenz ν (h Plancksches Wirkungsquantum) aufgedeckt worden. Dieser Photonenergie war mittels der Masse-Energie-Relation die Photonmasse

$$m = \frac{\mathcal{E}}{c^2} = \frac{h\nu}{c^2} \tag{4.1}$$

zuzuordnen, so daß kein Zweifel mehr an der Ablenkung der Lichtstrahlen durch gravitierende Massen, z. B. unsere Sonne, bestand. Aber wie sollte man die Photonbahnen berechnen, da doch bekannterweise die Photonen nicht dem mechanischen Bewegungsgesetz unterliegen würden? Wie und wo konnte man da einen Anknüpfungspunkt finden?

Eine der Brücken ins Neuland der Erkenntnis war für *Einstein* einerseits die symbolhaft mit *Galilei* verbundene Einsicht, daß alle Körper gleich schnell fallen, und andererseits die von *Eötvös* bestätigte Gleichheit von schwerer und träger Masse. Offensichtlich gab es also eine Wesensverwandtschaft zwischen dem durch die träge Masse repräsentierten dynamischen Beschleunigungsvorgang und dem durch die schwere Masse bedingten gravitativen Beschleunigungsvorgang eines Körpers. Das Tor zur theoretischen Ausschöpfung des sogenannten Äquivalenzprinzips von träger und schwerer Masse oder in anderer Fassung des Äquivalenzprinzips von beschleunigten Bezugssystemen und Gravitationsfeldern war aufgestoßen.

In der oben genannten Arbeit [1] findet man in klarer Formulierung diesen Gedankengang als „Hypothese über die physikalische Natur des Gravitationsfeldes" ausgesprochen. Wir zitieren einige charakteristische Sätze:

„Diese Erfahrung vom gleichen Fallen aller Körper im Gravitationsfelde ist eine der allgemeinsten, welche die Naturbeobachtung uns geliefert hat; trotzdem hat dieses Gesetz in den Fundamenten unseres physikalischen Weltbildes keinen Platz erhalten."

Von der Gleichwertigkeit eines gleichmäßig beschleunigten Bezugssystems und eines homogenen Gravitationsfeldes für die mechanischen Vorgänge ausgehend, schreibt *Einstein*, daß seine Auffassung jedoch nur dann eine tiefere Bedeutung haben wird, wenn diese Gleichwertigkeit auf alle physikalischen Vorgänge zutrifft, d. h., wenn die Naturgesetze in bezug auf das beschleunigte Bezugssystem und in bezug auf das Gravitationsfeld übereinstimmen. Er fährt dann fort:

„Indem wir das annehmen, erhalten wir ein Prinzip, das, falls es wirklich zutrifft, eine große heuristische Bedeutung besitzt. Denn wir erhalten durch die theoretische Betrachtung der Vorgänge, die sich relativ zu einem gleichförmig beschleunigten Bezugssystem abspielen, Aufschluß über den Verlauf der Vorgänge in einem homogenen Gravitationsfelde."

Bei der Auffindung dieses wohl auch schon von *Newton* durchschauten Prinzips, das eine spezialisierte Fassung des bereits erwähnten Äquivalenzprinzips darstellt, war für *Einstein* folgendes Kasten-Gedankenexperiment nützlich:

4.1 Einsteins Weg zur Allgemeinen Relativitätstheorie

Man stelle sich einen Beobachter A in einem von der Außenwelt optisch isolierten Kasten, weit weg von allen gravitierenden Massen, vor. Nun werde dieser Kasten geradlinig-gleichmäßig beschleunigt. Der Beobachter registriert physikalische Vorgänge irgendwelcher Art in seinem Kasten.

Ein anderer Beobachter B befinde sich ebenfalls in einem von der Außenwelt optisch isolierten Kasten derselben Art und derselben Ausstattung, der aber in einem homogenen Gravitationsfeld, z. B. auf der Erde, ruhen möge. Auch er registriert im Kasten die analogen physikalischen Vorgänge wie der Beobachter A.

Die entscheidende Frage ist nun die folgende: Werden die beiden Beobachter A und B dieselben Registrierresultate finden, falls die kinematische Beschleunigung des Beobachters A und die Gravitationsbeschleunigung des Beobachters B gleich groß sind? Das Äquivalenzprinzip von Beschleunigung und Gravitation behauptet für kleine Kästen und nicht allzu lange Beobachtungszeiten die völlige Übereinstimmung des Ablaufs aller physikalischen Vorgänge, so daß ein Beobachter in optischer Isolierung nicht feststellen kann, ob sein Kasten geschoben wird oder ob er sich in einem Gravitationsfeld befindet.

Man kann sich beide Experimente auch so kombiniert denken, daß der Effekt der Beschleunigung des Kastens durch das Gravitationsfeld aufgehoben wird. Dann muß z. B. ein Gegenstand, der in einem im irdischen Gravitationsfeld reibungsfrei fallenden Kasten unbefestigt ist, relativ zur Kastenumgebung in Ruhe (schwebend) bleiben, da er, von außen gesehen, entsprechend schnell mit fällt. Man sagt deshalb oft auch, daß man in einem beschleunigten Bezugssystem die Gravitation kompensieren kann.

Die weiteren Teile der hier besprochenen bemerkenswerten Einsteinschen Arbeit von 1911 befassen sich mit der Schwere der Energie, der Zeit und der Lichtgeschwindigkeit im Schwerefeld und der darauf aufbauenden Krümmung der Lichtstrahlen im Gravitationsfeld.

Die Abhandlung weist einen typisch induktiven Charakter auf. Die Rechnungen bedienen sich ganz elementarer Hilfsmittel. Von einer 4-dimensionalen Weiterführung der aufgeworfenen Fragen ist noch nichts zu merken. Die Geometrie tritt noch nicht physikalisch in Erscheinung.

Eine andere Brücke ins wissenschaftliche Neuland einer befriedigenden Gravitationstheorie führte für *Einstein* über die Geometrie unseres realen Raumes oder besser – bei Beachtung der bereits aus der Speziellen Relativitätstheorie stammenden Kenntnisse – unserer 4-dimensionalen Raum-Zeit. Wie weit *Gauß* in dieser Hinsicht schon vorgestoßen war, haben wir bereits vernommen.

Welche Gründe zwangen nun auch *Einsteins* Gedanken unentrinnbar immer wieder in diese Richtung?

In der Euklidischen Geometrie, die uns im Elementarunterricht der Mathematik in der Schule vermittelt wird, gelten bekanntlich einige wichtige Lehrsätze:

Wir erinnern uns zum Beispiel an den Beweis, daß die Summe der Winkel in einem ebenen Dreieck 180° beträgt. Bei einem sphärischen Dreieck, das man sich durch Großkreise aus der Oberfläche einer Kugel ausgeschnitten denken kann, ist bekanntlich eine solche einfache Aussage nicht mehr richtig.

Um zu zeigen, daß die Geometrie des 3-dimensionalen Ortsraumes für einen Beobachter in einem gleichmäßig beschleunigten Bezugssystem keineswegs euklidisch ist, denken wir uns folgendes Gedankenexperiment ausgeführt (der Einfluß der Gravitation der Erde werde dabei vernachlässigt):

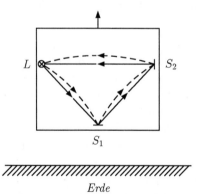

Erde Abb. 4.1

Ein Beobachter befindet sich in einem in einem Inertialsystem ruhenden Kasten (Abb. 4.1). An der einen Seitenwand ist eine Lichtquelle L angebracht, auf dem Boden befindet sich ein Spiegel S_1, an der anderen Seitenwand ein Spiegel S_2. Die Spiegel sind so eingestellt, daß das aus der Lichtquelle kommende Licht von den Spiegeln S_1 und S_2 derart reflektiert wird, daß es wieder zur Lichtquelle zurückgelangt. Dabei bilden die Lichtstrahlen (ausgezogene Strecken) ein Dreieck im Rahmen der Euklidischen Geometrie.

Nun werde der Kasten mit dem Beobachter gleichmäßig nach oben beschleunigt. Damit der aus der Lichtquelle austretende Lichtstrahl beim Spiegel S_1

4.1 Einsteins Weg zur Allgemeinen Relativitätstheorie

ankommt, muß der Strahl unter einem veränderten Winkel ausgesandt werden. Analog müssen die Spiegel S_1 und S_2 etwas eingewinkelt werden, wenn der Strahl wieder zur Lichtquelle zurückkehren soll (gestrichelte Kurven). Da dem Licht beim Längenmeßprozeß und damit auch bei der Bestimmung geometrischer Konfigurationen eine ausgezeichnete Rolle zukommt, wird der Beobachter im beschleunigten Kasten an dem deformierten Dreieck eine Verletzung der Euklidizität der Geometrie seines 3-dimensionalen Ortsraumes feststellen.

Weil entsprechend früheren Ausführungen ein gleichmäßig beschleunigtes Bezugssystem einem homogenen Gravitationsfeld äquivalent ist, war auch durch dieses Gedankenexperiment die Brücke zur Gravitation geschlagen und insbesondere erkannt, daß in irgendeiner Weise das Auftreten von Gravitation mit der Überschreitung des Rahmens der Euklidischen Geometrie verbunden sein muß.

Ein anderes Beispiel bezieht sich auf das Verhältnis von Umfang U zu Radius R eines Kreises. Bekanntlich gilt für dieses Verhältnis in der Euklidischen Geometrie die Beziehung,

$$\frac{U}{R} = 2\pi \, . \tag{4.2}$$

Im folgenden wollen wir uns in einem Gedankenexperiment mit diesem letzten Beispiel in Anwendung auf einen Beobachter auf einer rotierenden Scheibe etwas genauer befassen: Wir stellen uns eine zunächst ruhende Scheibe vor, auf der längs des Radius und des Umfanges Markierungen im Abstand einer gewissen Längeneinheit angebracht seien. Mit einem Maßstab derselben Längeneinheit führen wir eine Radius- und Umfangsmessung durch und erhalten für den Radius den Wert R und für den Umfang den Wert U. Offenbar gilt für beide Größen die Beziehung (4.2).

Jetzt lassen wir diese Scheibe, auf der sich ein Beobachter – entsprechend befestigt – befinden möge, mit einer so großen Winkelgeschwindigkeit ω in einem Inertialsystem rotieren, daß die Geschwindigkeit $v = R\omega$ eines Randpunktes der Scheibe mit der Vakuum-Lichtgeschwindigkeit c vergleichbar wird. Es interessiert nur die Geometrie, mit der es dieser mitrotierende Beobachter zu tun hat. Um Aussagen darüber zu erhalten, führt er auf der rotierenden Scheibe die Messung von Radius und Umfang durch. Da die Betrachtungen hier nur qualitativen Charakter zu haben brauchen, kann die Bewegung der Randpunkte der Scheibe in Richtung des Umfanges durch eine geradlinige Bewegung approximiert werden, so daß darauf die Erkenntnisse der Speziellen Relativitätstheorie anwendbar sind. Mithin hat der Beobachter bei seinem Meßvorgang, bei dem er seine Markierungen auf der Scheibe mit dem im Inertialsystem ruhenden Maßstab vergleicht, längs des Umfanges eine relativistische Längenkontraktion und senkrecht dazu längs des Radius keinen relativistischen Effekt zu erwarten. Das bedeutet also, daß für ihn die Relation (4.2) nicht mehr gilt, also die Euklidizität der Geometrie in seinem 3-dimensionalen Ortsraum verletzt ist.

Diese beiden oft diskutierten Beispiele nahmen auf die Geometrie des 3-dimensionalen Ortsraumes Bezug. Es ist also mathematisch durchaus denkbar, daß die 4-dimensionale Raum-Zeit Euklidische Geometrie aufweist, also der Minkowski-Raum der Speziellen Relativitätstheorie ist, aber dennoch der 3-dimensionale Ortsraum in einem beschleunigten Bezugssystem als Unterraum Krümmung besitzt, wie diese beiden Beispiele gelehrt haben. Man denke zur Unterstützung des Vorstellungsvermögens beispielsweise an eine gekrümmte 2-dimensionale Fläche (Kugelfläche) in dem 3-dimensionalen Raum unserer Alltagserfahrung.

Das Nächstliegende wäre demnach, eine Gravitationstheorie zu entwickeln, die auf einen 3-dimensionalen gekrümmten Ortsraum Bezug nimmt, ohne die Euklidizität des 4-dimensionalen Minkowski-Raumes aufzugeben. Diese Theorienvariante muß aber unbefriedigend bleiben, weil sie auf die bereits auf der Stufe der Speziellen Relativitätstheorie als grundsätzlich erkannte Vierdimensionalität der Raum-Zeit verzichten würde. Naturgesetze auf einer solchen 3-dimensionalen Basis würden gegenüber 4-dimensionalen raumzeitlichen Koordinatentransformationen nicht forminvariant sein – ein Tatbestand, der viele neue Komplikationen nach sich ziehen würde.

Diese und ähnliche Gedanken um die Verknüpfung von Physik und Geometrie mögen bis zum Jahr 1913 in *Einsteins* Kopf immer wieder gekreist sein. Wie es dann weiterging, erfahren wir aus den folgenden Ausführungen.

Den nächsten entscheidenden Schritt nach vorn vollzog *Einstein* mit Hilfe des mathematischen Engagements von *Marcel Großmann* in dem „Entwurf einer verallgemeinerten Relativitätstheorie und einer Theorie der Gravitation" [6] vom Jahre 1913. In dieser Publikation traten die Aufbauelemente der Allgemeinen Relativitätstheorie bereits klar und deutlich hervor, die fundamentalen Probleme waren erkannt, und um die mathematische Formulierung wurde in der richtigen Richtung gerungen. Der metrische Tensor g_{mn} (nach der Initiale von *Gauß* so bezeichnet und gleichzeitig Symbol für Gravitation) spielte bereits eine zentrale Rolle zur Beschreibung des

Gravitationsfeldes. Auch die prinzipielle Bedeutung des daraus konstruierten Riemann-Christoffelschen Krümmungstensors (Riemann-Tensor) R_{mjkn} war verstanden: Man findet den Hinweis, daß der aus dem Riemann-Tensor durch die mathematische Operation der sogenannten Verjüngung entstehende Ricci-Tensor R_{mn} und der Energie-Impuls-Tensor T_{mn} für den Aufbau der Feldgleichungen der Gravitation wesentlich sind. Daß die Formulierung der Feldgleichungen aus diesem Grund auf partielle Differentialgleichungen zweiter Ordnung hinausläuft, war erkannt.

Die völlige Durchführung dieses Programms scheiterte aber noch an der fehlenden endgültigen Einsicht in das Allgemeine Relativitätsprinzip, also an der fehlenden Einsicht in die Notwendigkeit der Forminvarianz (Kovarianz) der Feldgleichungen bei beliebigen kontinuierlichen 4-dimensionalen Koordinatentransformationen. Die Bewältigung dieses Problemkreises war aber gleichbedeutend mit der Loslösung der Theorie von den Inertialsystemen der Speziellen Relativitätstheorie und von der Beschränkung auf die geradlinigen Galilei-Koordinaten. Man erkennt daraus, daß sich in dieser Zielrichtung der Forschung die Überwindung aller drei eingangs genannten Limitierungen der Speziellen Relativitätstheorie anbot: Inertialsysteme, Galilei-Koordinaten, Versperrung des Weges zur Gravitation.

Einstein und *Großmann* waren also den Dingen auf der richtigen Spur. Daß ihnen der Durchbruch dabei versagt blieb, hängt insbesondere mit der noch nicht völligen Beherrschung des kovarianten geometrischen Apparates, also des Ricci-Kalküls in heutiger Sprechweise, zusammen. Durch die alleinige Verwendung unterer Indizes an den geometrischen Größen anstelle der kovarianten (unteren) und kontravarianten (oberen) Indizes wurde der mathematische Apparat undurchsichtig und die Kovarianz verschleiert.

Die ein Jahr später, nämlich 1914, erschienene Arbeit [10] *Einsteins*: „Die formale Grundlage der allgemeinen Relativitätstheorie" kannte diese Schwächen nicht mehr. Der mathematische Apparat war nun von der allgemeinen Kovarianz durchdrungen. Die Gleichung der geodätischen Linie als die kürzeste Linie zwischen zwei vorgegebenen Punkten auf der Basis der Riemannschen Geometrie tauchte auf und war in ihrer Bedeutung als 4-dimensionale Bewegungsgleichung für Massenpunkte erkannt.

Die von *Einstein* gemeinsam mit *Großmann* 1914 verfaßte Publikation [11] stellte die neu gewonnenen Einsichten von einem einheitlichen Standpunkt aus dar.

4 Allgemein-relativistische Physik

Im Jahre 1915 gelang dann *Einstein* mit drei weiteren Arbeiten der endgültige Durchbruch:

Die Schrift [12] „Zur allgemeinen Relativitätstheorie" schlug zehn Feldgleichungen der Gravitation, konzentriert in der Formel

$$R_{mn} = \kappa T_{mn} \quad (m, n = 1, 2, 3, 4), \tag{4.3}$$

vor, wobei der Ricci-Tensor R_{mn} die Geometrie und der Energie-Impuls-Tensor T_{mn} die Energie-, Impuls- und Spannungseigenschaften der Materie repräsentierten sowie κ die Einsteinsche Gravitationskonstante als Verallgemeinerung der Newtonschen Gravitationskonstanten bedeutete. Diese Feldgleichung war noch nicht völlig richtig, aber sie war schon für einen eingeschränkten Erfahrungsbereich anwendbar, z. B. in Raumgebieten außerhalb von Körpern.

Daraus erklärt sich dann auch, daß *Einsteins* Behandlung des Gravitationsfeldes um die Sonne auf der Basis dieser Feldgleichung in der Arbeit [13] zu solchen Resultaten führte, die, über die Keplerschen Ellipsen hinausgehend, für die Bewegung der Planeten eine Art Rosettenbahn lieferten, für die der Begriff Periheldrehung geprägt wurde. In Anwendung auf den Merkur ergab sich eine Drehung von etwa 43″ (Bogensekunden) im Jahrhundert – ein überraschendes Ergebnis, das astronomische Diskrepanzen mit einem Schlag beseitigte. *Einsteins* Vertrauen zu seinem Weg stieg immens.

Die Feldgleichung (4.3) machte ihm aber noch einige Sorgen. Der Energie-Impuls-Tensor T_{mn}, dessen fundamentale Bedeutung für die Physik bereits im Rahmen der Speziellen Relativitätstheorie klar durchschaut war, hatte schon in dieser Theorie vier wichtigen Gleichungen zu genügen, nämlich den drei Impuls-Erhaltungssätzen und dem Energie-Erhaltungssatz. In mathematischer Zusammenfassung mußte also der Energie-Impuls-Tensor eine Gleichung der Art

$$\sum_{n=1}^{4} \frac{\partial T_m{}^n}{\partial x^n} = 0 \quad (m = 1, 2, 3, 4) \tag{4.4}$$

befriedigen, wobei die Größe $\mathcal{T}_m{}^n$ Energie-Impuls-Komplex heißt und eine Modifikation des Energie-Impuls-Tensors T_{mn} darstellt. Für mechanische Systeme ist diese letzte Gleichung mit der mechanischen Bewegungsgleichung identisch. *Einstein* stand deshalb vor der Frage, ob neben den Feldgleichungen der Gravitation die Bewegungsgleichungen mechanischer Systeme als unabhängige Naturgesetze postuliert werden sollten oder ob es eine andere

4.1 Einsteins Weg zur Allgemeinen Relativitätstheorie

denkbare Variante geben könnte. An dieser Stelle tritt wieder durchschlagend sein philosophischer Blick für die Einheit der Natur hervor. Er suchte nach der Möglichkeit, die Feldgleichungen der Gravitation so umzugestalten, daß sich die Bewegungsgleichungen als eine mathematische Konsequenz der Feldgleichungen ergaben. Erst viele Jahre später – wir kommen darauf noch zurück – wurde diese Frage aufgeklärt.

Die Überzeugungskraft der Argumente für eine derartige innere logische Bindung von Feld und Bewegung liegt auf der Hand. Alle bisherigen Abänderungsversuche der Einsteinschen Gravitationstheorie sind im wesentlichen immer wieder gerade an diesem Punkt gescheitert.

Die angestrebten richtigen Feldgleichungen der Gravitation mit der eben beschriebenen Eigenschaft finden sich nun in *Einsteins* Arbeit [14] von 1915: „Die Feldgleichungen der Gravitation". Sie lauten in leichter, aber entscheidender Abwandlung gegenüber (4.3) folgendermaßen:

$$R_{mn} - \frac{1}{2} g_{mn} R = \kappa T_{mn}. \tag{4.5}$$

Dabei ist R der durch die Operation der Verjüngung aus dem Ricci-Tensor hervorgehende sogenannte Krümmungsskalar. Diese Einsteinschen Feldgleichungen der Gravitation als die fundamentalen Grundgesetze des Gravitationsfeldes haben dann in der Tat eine Art Gleichung (4.4) als mathematische Konsequenz zur Folge. Mit ihnen war eines der entscheidendsten Naturgesetze der Physik entdeckt.

Es bleibt zu erwähnen, daß die allgemeine Gleichung (4.4) in Anwendung auf ein punktförmiges Probeteilchen (Vernachlässigung der Rückwirkung des Teilchens) die Gleichung einer raumzeitlichen geodätischen Linie als die kürzeste Linie zwischen zwei festen Punkten der Raum-Zeit ergibt. Das ist ein ganz besonders hervorstechendes Resultat, das *Einstein* schon vor Abschluß seiner Theorie gefunden hatte. Wir halten also fest: Ein punktförmiges mechanisches Probeteilchen bewegt sich in der Raum-Zeit zwischen zwei Punkten auf der kürzesten Verbindungslinie.

Wir haben hier mit Absicht noch einmal von einer besonders hochentwickelten Mathematik, nämlich von den Grundbegriffen der Riemannschen Geometrie, Gebrauch gemacht, ohne zu übersehen, welch jahrelange Beschäftigung mit diesem Gegenstand nötig ist, um ihn als aktives Werkzeug der Forschung benutzen zu können. Wir hielten es aber dennoch für richtig, den Leser den historischen Entstehungsprozeß der Einsteinschen Gravitationstheorie in dieser Weise nacherleben zu lassen. Außerdem meinen wir, daß der Leser in diesem Buch dieses fundamentale Naturgesetz in seiner mathematischen Gestalt wenigstens einmal gesehen haben sollte, zumal es dabei um einen für Jahrhunderte bestimmten Beitrag zur Wissenschaftsgeschichte geht.

Die Einsteinsche Arbeit [15] „Die Grundlage der allgemeinen Relativitätstheorie" vom März 1916 stellt eine Zusammenfassung seiner gesamten bis dahin gewonnenen Einsichten und Erkenntnisse zur Allgemeinen Relativitätstheorie dar. Mit der darin enthaltenen physikalischen Quintessenz wollen wir uns in den folgenden Abschnitten des Buches systematisch beschäftigen.

4.2 Das Wesen der Allgemeinen Relativitätstheorie

4.2.1 Zum Schöpfungsprozeß großer Theorien

In der Regel ist der Weg des Menschen zu neuen Erkenntnissen induktiver Art. Das beweist die Wissenschaftsgeschichte immer wieder von neuem. Es kann auch kaum anders sein, als daß der Mensch – mühselig von Einzelerfahrungen, Erkenntnisbruchstücken und Mosaiksteinchen an Einsichten ausgehend – sich vom Besonderen zum Allgemeinen vorarbeiten muß, um eine neue, höhere Erkenntnisstufe zu erringen. Welche große Rolle dabei die Mathematik spielt, haben wir immer wieder verständlich zu machen versucht. Auch *Einsteins* Weg zur Relativitätstheorie weist diese Merkmale auf. Selbst bei den größten Genies der Wissenschaftsgeschichte sind die erzielten Höchstleistungen ohne die tägliche, harte Kleinarbeit nicht denkbar. Es ist eine Illusion zu glauben, daß epochemachende Theorienschöpfungen durch ad-hoc-Intuitionen ausgelöst werden. Auch den herausragendsten Wissenschaftlern, Dichtern und Künstlern ist nichts von selbst in den Schoß gefallen. Diese Behauptung kann man leicht belegen, wenn man sich einen genaueren Einblick in die Werkstatt dieser Großen – sei es *Einstein*, *Goethe* oder *Beethoven* – verschafft. Selbstverständlich ist eine ganz spezifische Begabungskonstellation die unabdingbare notwendige Voraussetzung für solche fundamentalen Leistungen, aber auch hier gilt der Grundsatz: Ohne Fleiß kein Preis.

Keineswegs im Widerspruch zu dieser Überzeugung steht die Erfahrung schöpferischer Geister, daß die Intuition, der kreative Augenblick, der überspringende Funke an Angelpunkten ihres Schöpfungsprozesses den entscheidenden Umschlag, den eigentlichen Durchbruch ausgelöst haben. Dieser Durchbruch kommt zwar spontan, ist aber in Wirklichkeit das Produkt des

4.2 Das Wesen der Allgemeinen Relativitätstheorie 115

über eine relativ lange Zeit andauernden Nachgrübelns und Neudurchdenkens eines Gegenstandes – ein Prozeß, der fast latent im menschlichen Hirn abläuft.

Ist nun einmal eine allgemeine Theorie geschaffen – eigentlich müßte man dazu „erraten" sagen, denn es handelt sich, wie auch *Einstein* gelegentlich gesagt hat, in der Tat um eine Rateaufgabe wie beim Kreuzworträtsel –, dann setzt der deduktive Schaffensprozeß ein. Die in einer solchen Theorie enthaltenen und als allgemeingültig erkannten Gesetzmäßigkeiten werden auf die mannigfaltigen Detailaufgaben der täglichen Praxis angewandt. Eine gute Theorie leistet dann – vorausgesetzt, daß ihr Gültigkeitsbereich nicht überschritten wird – Erstaunliches und Wunderbares. Sie wird zur besten Praxis. Ihr Wahrheitsgehalt wird zu einem eindrucksvollen emotionalen Erlebnis für den Forscher.

4.2.2 Allgemeines Relativitätsprinzip

Um es gleich vorweg zu sagen: Das Einsteinsche Allgemeine Relativitätsprinzip ist in seiner Deutung – auch bei den auf diesem Gebiet tätigen Wissenschaftlern – umstritten. In der Entstehungsphase der Allgemeinen Relativitätstheorie ist selbst *Einstein* hinsichtlich des rationalen Kerns dieses Prinzips gelegentlichen Schwankungen unterlegen. Das betraf vor allem gewisse inhaltliche Vermischungen von Allgemeinem Relativitätsprinzip, Äquivalenzprinzip von schwerer und träger Masse (identisch mit dem Äquivalenzprinzip von gravitativer und kinematischer Beschleunigung) und Machschem Prinzip.

Was behauptet nun eigentlich dieses umstrittene Einsteinsche Allgemeine Relativitätsprinzip? Um es besser zu verstehen, erinnern wir noch einmal an das Spezielle Relativitätsprinzip aus Abschnitt 3.2. Dort wird die Forminvarianz (Lorentz-Kovarianz) der physikalischen Grundgesetze gegenüber Lorentz-Transformationen behauptet. Außerdem wird festgestellt, daß in die physikalischen Grundgesetze keine frei wählbare Relativgeschwindigkeit eingeht. Wir können diesen Tatbestand folgendermaßen interpretieren:

Die Spezielle Relativitätstheorie lehrt uns, daß es keine absolute Geschwindigkeit eines Inertialsystems geben kann, weil ein naturgegebener Bezug (z. B. Äther) nicht existiert. Da der Ablauf der physikalischen Vorgänge in relativ zueinander bewegten Inertialsystemen bei Wahl derselben Anfangs- und Randbedingungen in jedem Bezugssystem in gleicher Weise vonstatten geht, sind außerdem alle Inertialsysteme in diesem Sinne physikalisch

äquivalent, so daß keines von ihnen vor den anderen ausgezeichnet ist. Die Inertialsysteme besitzen also eine doppelte Äquivalenz:
1. Äquivalenz bezüglich der Forminvarianz der Naturgesetze. Wir wollen für diese Eigenschaft den Begriff „Kovarianz-Äquivalenz" prägen.
2. Äquivalenz bezüglich des bildlichen Ablaufs des physikalischen Geschehens, wozu wir „Prozeß-Äquivalenz" sagen wollen.

Nach diesem Rückblick auf das Spezielle Relativitätsprinzip gehen wir nun an die Formulierung des Allgemeinen Relativitätsprinzips, das als Verallgemeinerung des Speziellen Relativitätsprinzips aufgefaßt wird.

Da es in der Allgemeinen Relativitätstheorie um beliebige 4-dimensionale Koordinatentransformationen geht, denn nur so läßt sich die Einschränkung auf Inertialsysteme mit Galilei-Koordinaten überwinden, gelangt man also unmittelbar zur Frage der Forminvarianz der physikalischen Grundgesetze bei beliebigen (kontinuierlichen) 4-dimensionalen Koordinatentransformationen. Mit der Bezugnahme auf beliebige Koordinaten verschwindet dann aber sofort die Auszeichnung eines speziellen Koordinatensystems wie etwa des Galilei-Koordinatensystems in einem Inertialsystem der Speziellen Relativitätstheorie (Lorentz-System).

In unmittelbarer Verallgemeinerung des Textes des Speziellen Relativitätsprinzips werden wir damit zu folgender Formulierung geführt:

Allgemeines Relativitätsprinzip:
„Die Grundgesetze der Physik besitzen für zwei in beliebigem Bewegungszustand befindliche Beobachter bei Benutzung beliebiger, kontinuierlich auseinander hervorgehender Koordinatensysteme dieselbe Form."

In diesem Sinne wird das Allgemeine Relativitätsprinzip in direkter Verallgemeinerung des Speziellen Relativitätsprinzips zu einer Aussage über die Forminvarianz (Kovarianz) der Grundgesetze der Physik. Deshalb spricht man oft auch synonym vom Allgemeinen Kovarianzprinzip. Die im Allgemeinen Relativitätsprinzip steckende Gleichberechtigung der Koordinatensysteme ist mithin eine Gleichberechtigung hinsichtlich der Form physikalischer Naturgesetze. Da beliebige 4-dimensionale Koordinatentransformationen den Übergang zu beliebig bewegten Bezugssystemen für Beobachter induzieren, resultiert daraus eine Gleichberechtigung hinsichtlich der Form für beliebige Bezugssysteme. Wir können somit festhalten, daß das Allgemeine Relativitätsprinzip die Kovarianz-Äquivalenz befriedigt.

4.2 Das Wesen der Allgemeinen Relativitätstheorie

Wesentlich anders ist aber die tägliche Erfahrung hinsichtlich der Prozeß-Äquivalenz. Man denke dabei nur an die unliebsamen Vorkommnisse auf Karussells oder in bremsenden Verkehrsmitteln. In allgemein-relativistischen Bezugssystemen besteht demnach keineswegs die Prozeß-Äquivalenz. Beide Äquivalenzen fallen also im Unterschied zur Speziellen Relativitätstheorie in der Allgemeinen Relativitätstheorie klar auseinander. Die Frage nach der Ursache dafür wird uns im Zusammenhang mit dem Machschen Prinzip noch ausgiebig beschäftigen.

Es ist ganz nützlich, in dieser Hinsicht *Einstein* einmal selbst zu Wort kommen zu lassen. In seiner oben zitierten Arbeit „Die Grundlage der allgemeinen Relativitätstheorie" schreibt er dazu: „'Die Gesetze der Physik müssen so beschaffen sein, daß sie in bezug auf beliebig bewegte Bezugssysteme gelten'. Wir gelangen also auf diesem Wege zu einer Erweiterung des Relativitätspostulates."

Und an anderer Stelle:

„Das bisherige Mittel, in das zeiträumliche Kontinuum in bestimmter Weise Koordinaten zu legen, versagt also, und es scheint sich auch kein anderer Weg anzubieten, der gestatten würde, der 4-dimensionalen Welt Koordinatensysteme so anzupassen, daß bei ihrer Verwendung eine besonders einfache Formulierung der Naturgesetze zu erwarten wäre. Es bleibt deshalb nichts anderes übrig, als alle denkbaren Koordinatensysteme als für die Naturbeschreibung prinzipiell gleichberechtigt anzusehen. Dies kommt auf die Forderung hinaus: 'Die allgemeinen Naturgesetze sind durch Gleichungen auszudrücken, die für alle Koordinatensysteme gelten, d. h. die beliebigen Substitutionen gegenüber kovariant (allgemein kovariant) sind.'

Es ist klar, daß eine Physik, welche diesem Postulat genügt, dem Allgemeinen Relativitätsprinzip gerecht wird. Denn in allen Substitutionen sind jedenfalls auch diejenigen enthalten, welche allen Relativbewegungen der (dreidimensionalen) Koordinatensysteme entsprechen."

Sieht man von kleineren Diskussionen und von den eigentlich nicht auf eine direkte Kritik an *Einstein* angelegten Beiträgen von *F. Kottler* aus dem Jahre 1912 und später ab, so kam die erste stark physikalisch motivierte und durchaus interessante Kritik am Allgemeinen Relativitätsprinzip 1917 von *Ph. Lenard*, der dieses Prinzip auf ein reines „Gravitationsprinzip" reduziert sehen wollte. Im selben Jahr 1917 brachte auch *E. Kretschmann* seine Kritik vor, der das Allgemeine Relativitätsprinzip als Allgemeines Kovarianzprinzip zwar für mathematisch notwendig, aber physikalisch inhaltsleer und damit trivial ansah, da sich angeblich alle physikalisch bedeutungsvollen Grundgleichungen allgemein-kovariant formulieren lassen.

Als Resultat dieser beachtlich interessanten Diskussionen kam *Einstein* schließlich zu der klaren Festlegung des Allgemeinen Relativitätsprinzips als Allgemeines Kovarianzprinzip, ganz im Sinne der ursprünglichen Formulierung in seiner fundamentalen Arbeit von 1916.

Um das Jahr 1955 kam es erneut zu einer lang anhaltenden Polemik um diese Thematik, als *V. Fock* auf der Basis der Kretschmannschen Argumente die Allgemeine Relativitätstheorie einer scharfen Kritik unterwarf. Sein Hauptkontrahent war *L. Infeld*, ein langjähriger Mitarbeiter *Einsteins*. Dabei ging *Fock* so weit, daß er selbst die Benutzung des Begriffes „Allgemeine Relativitätstheorie" ablehnte und nur die Einsteinschen Feldgleichungen der Gravitation gelten ließ. Durch die Auszeichnung der sogenannten harmonischen Koordinaten von *T. de Donder* glaubte er, damit die Bevorzugung eines Bezugssystems zu erreichen, das man als Verallgemeinerung eines Inertialsystems ansehen könnte. Auf diese Weise wollte er den Streit um die Äquivalenz der Bezugssysteme in der Allgemeinen Relativitätstheorie, der mit einem aktualisierten Streit um die Äquivalenz zwischen dem Copernicanischen und Ptolemäischen Weltsystem verbunden wurde, zugunsten des *Copernicus* entschieden wissen. Wir selbst haben diese Problematik anläßlich des 500. Geburtstages von *Nicolaus Copernicus* noch einmal eingehend analysiert. Den philosophisch interessierten Leser möchten wir zum Studium der umfangreichen Literatur zu diesem Fragenkreis anregen.

Die mit dem Allgemeinen Relativitätsprinzip verbundene Kovarianz-Äquivalenz induziert die gleichberechtigte Benutzung beliebiger Koordinatensysteme. Das hat einige schwerwiegende Konsequenzen, die uns jetzt beschäftigen sollen: In der Speziellen Relativitätstheorie ist mit den Galilei-Koordinaten x, y, z, ct unmittelbar ein Standard für den physikalischen Längen- und Zeitbegriff verbunden. Dagegen sind in der Allgemeinen Relativitätstheorie die Koordinaten x^i nur noch Marken oder Namen (*Max von Laue*), die als Zahlenwerte ohne die Bedeutung von physikalischen Längen oder Zeiten lediglich Raum-Zeit-Punkte etikettieren.

Man könnte im ersten Moment über diese Feststellung stutzen. Die allereinfachsten Beispiele 2-dimensionaler gekrümmter Flächen belehren einen aber bald über die Richtigkeit dieser Auffassung. Man denke z. B. an die Koordinaten auf einer Kugeloberfläche, wo die Einführung 2-dimensionaler kartesischer Koordinaten ebenfalls versagt.

4.2 Das Wesen der Allgemeinen Relativitätstheorie

Da unsere reale Raum-Zeit gekrümmt ist – früher haben wir die physikalische Eigenschaft der Gravitation mit der geometrischen Eigenschaft der Krümmung im Sinne der Einsteinschen Theorie identifizieren können – und deshalb die globale Benutzung von Galilei-Koordinaten als letzte Bezugsinstanz für Längen- und Zeitaussagen ausscheidet, wird der Vergleich von physikalisch relevanten Feststellungen, die in verschiedenen Koordinatensystemen gewonnen werden, außerordentlich schwierig. Es ist oft sogar ein Problem ausgiebiger Forschung, zwei in verschiedenen Koordinatensystemen gewonnene strenge Lösungen der Einsteinschen Feldgleichungen als physikalisch inhaltlich gleich zu identifizieren.

Da nun der reale physikalische Meßprozeß von Längen, Zeitintervallen, Feldstärken usw. eindeutig fixiert sein muß – anderenfalls würde jeder zu physikalisch anderen Meßaussagen kommen –, muß es möglich gemacht werden, den Koordinaten, Vierervektoren usw. eindeutig 3-dimensionale physikalische Begriffe zuzuordnen. Auch diese Verknüpfung erfordert einen beachtlichen theoretischen Aufwand. Dieser unmittelbar mit dem Experiment verknüpften Seite der Allgemeinen Relativitätstheorie ist lange Zeit nicht die ihr gebührende Aufmerksamkeit gewidmet worden. Das führte zu etlichen Fehlinterpretationen dieser Theorie bis hin zu reinen Mißverständnissen. Erst vier Jahrzehnte nach der Entstehung der Allgemeinen Relativitätstheorie wurden in dieser Hinsicht klare physikalische Positionen erarbeitet.

Was sind nun eigentlich die Hauptangriffe der Gegner des Allgemeinen Relativitätsprinzips? Gewöhnlich wird so argumentiert:

In der Speziellen Relativitätstheorie besitzt der metrische Tensor g_{mn} die festen Zahlenwerte:

$$(g_{mn}) = \begin{pmatrix} 1 & 0 & 0 & 0 \\ 0 & 1 & 0 & 0 \\ 0 & 0 & 1 & 0 \\ 0 & 0 & 0 & -1 \end{pmatrix}. \tag{4.6}$$

Dieses Schema ist gegenüber Lorentz-Transformationen forminvariant. Deshalb ist die Forderung der Forminvarianz der physikalischen Grundgesetze in der Speziellen Relativitätstheorie ein Postulat mit physikalischem Inhalt.

In der Allgemeinen Relativitätstheorie hängt der metrische Tensor von den Koordinaten ab. Deshalb hat man es mit den 10 Funktionen $g_{mn}(x^i)$ zu tun, die in die Grundgesetze eingehen. Die Erreichung der Forminvarianz ist dann wegen dieser freien Funktionen nichts Besonderes. Also ist das Allgemeine Relativitätsprinzip eine Trivialität ohne physikalischen Inhalt.

So bestechend dieses Argument bei oberflächlicher Betrachtung auch sein mag, denn in der Tat kann man mit genügend vielen mathematischen Hilfsfunktionen die Forminvarianz von Gleichungen erreichen, so muß hier aber mit Nachdruck darauf hingewiesen werden, daß erstens nur 10 und nicht beliebig viele solcher Tensorkomponenten zur Konstruktion zur Verfügung stehen und daß es sich zweitens bei den metrischen Tensorkomponenten nicht um irgendwelche mathematische Hilfsfunktionen handelt, sondern um eine reale physikalische Gegebenheit, nämlich um das Gravitationsfeld in seiner konkreten Existenz.

Ernster zu nehmen in der Diskussion ist demgegenüber der folgende andere Einwand:

Wenn man ein homogenes Transformationsgesetz für die physikalischen Größen, die in das Naturgesetz eingehen, annimmt und nur kovariante mathematische Operationen bei dessen Konstruktion, die homogen gestaltet sein soll, zuläßt, dann ist die Forminvarianz des Naturgesetzes von selbst erfüllt, mithin ein Relativitätsprinzip überflüssig.

Gegen diese Aussage, die auf einer Reihe dem Relativitätsprinzip äquivalenter Annahmen basiert, ist natürlich nichts einzuwenden. Aber woher weiß denn z. B. der Forscher vom Tensorcharakter des elektromagnetischen Feldes oder vom Spinorcharakter des Diracschen Elektron-Positron-Feldes usw.? Hat ihn nicht gerade das Spezielle Relativitätsprinzip erst einmal darüber belehren müssen?

Man kann in der Tat eine Theorie logisch einfach und geradeaus aufbauen oder – durchaus formal äquivalent – dazu umgekehrt vorgehen. Die historische Erfahrung zeigt aber, daß sich der auf der geringsten Anzahl von unabhängigen Axiomen basierende Aufbau einer Theorie als der einfachste und durchsichtigste Aufbau durchsetzt.

Unserer Auffassung nach sollte man das Allgemeine Relativitätsprinzip als das Kernstück der Allgemeinen Relativitätstheorie an die Spitze der logischen Deduktion setzen. Das Spezielle Relativitätsprinzip sollte man als einen darin enthaltenen Spezialfall ansehen, der durch die Spezialisierung auf Galilei-Koordinaten hervortritt.

4.2.3 Gravitation als Krümmung der Raum-Zeit

Bei der Verfolgung des historischen Schöpfungsprozesses der Allgemeinen Relativitätstheorie durch *Einstein* haben wir deutlich gesehen, wie die induktive Gedankenkette schließlich bei der Krümmung der Raum-Zeit im allgemeinen und bei der Einsteinschen Gravitations-Feldgleichung (4.5), die wir noch einmal aufschreiben wollen:

$$R_{mn} - \frac{1}{2}g_{mn}R = \kappa T_{mn}, \tag{4.7}$$

im besonderen anlangte. Inwiefern ist nun, dem Prinzip der wissenschaftlichen Kontinuität folgend, diese Gleichung eine Weiterführung der Newtonschen Gravitations-Feldgleichung (1.10)? Zur Gegenüberstellung wollen wir letztere auch noch einmal wiedergeben:

$$\frac{\partial^2 \Phi}{\partial x^2} + \frac{\partial^2 \Phi}{\partial y^2} + \frac{\partial^2 \Phi}{\partial z^2} = 4\pi\gamma_\mathrm{N}\mu. \tag{4.8}$$

Um den Zusammenhang von Krümmung und Gravitation besser zu erfassen, wiederholen wir zuerst einige elementare geometrische Beziehungen.

Entsprechend dem pythagoreischen Lehrsatz gilt für ein differentielles rechtwinkliges Dreieck mit den Seiten $\mathrm{d}x$ und $\mathrm{d}y$ sowie der Hypotenuse (Linienelement) $\mathrm{d}\sigma$ in einer Ebene die quadratische Relation

$$(\mathrm{d}\sigma)^2 = (\mathrm{d}x)^2 + (\mathrm{d}y)^2. \tag{4.9}$$

Die Verallgemeinerung auf die 4-dimensionale ebene (flache, ungekrümmte) Raum-Zeit, also den Minkowski-Raum, lautet:

$$(\mathrm{d}s)^2 = (\mathrm{d}x)^2 + (\mathrm{d}y)^2 + (\mathrm{d}z)^2 - c^2(\mathrm{d}t)^2. \tag{4.10}$$

Dabei ist $\mathrm{d}s$ als das invariante 4-dimensionale Linienelement die Verallgemeinerung des 2-dimensionalen Linienelements $\mathrm{d}\sigma$. Zwischen dem früher eingeführten Element der invarianten Eigenzeit $\mathrm{d}\tau$ und dem invarianten Linienelement $\mathrm{d}s$ besteht dabei der Zusammenhang $(\mathrm{d}s)^2 = -c^2(\mathrm{d}\tau)^2$.

Die Lichtausbreitung im Differentiellen wird durch die Gleichung $(\mathrm{d}s)^2 = 0$, d. h.

$$(\mathrm{d}x)^2 + (\mathrm{d}y)^2 + (\mathrm{d}z)^2 - c^2(\mathrm{d}t)^2 = 0, \tag{4.11}$$

beschrieben. Ein Blick auf die Formel (3.6) für den Lichtkegel läßt uns unschwer den Zusammenhang der Lichtausbreitung im Endlichen und Differentiellen erkennen. Da also dem Linienelement $\mathrm{d}s$ eine so grundlegende

122 4 Allgemein-relativistische Physik

invariante Bedeutung zukommt, haben wir es offenbar mit einer sehr fundamentalen Größe zu tun.

Wenn man nun von den Galilei-Koordinaten z, y, z, ct zu beliebigen krummlinigen Koordinaten x^i übergeht, nimmt das Quadrat des Linienelements (4.10) die allgemeinere quadratische Form an:

$$(\mathrm{d}s)^2 = \sum_{m,n=1}^{4} g_{mn}(x^i)\mathrm{d}x^m \mathrm{d}x^n \,, \tag{4.12}$$

wobei die Koeffizienten $g_{mn}(x^i)$ Funktionen der Koordinaten werden. Diese Koeffizienten sind aber gerade die Komponenten des bereits öfters erwähnten metrischen Tensors.

Wie bereits früher ausgeführt, ist nun der metrische Tensor das grundlegende Bauelement für den Riemann-Christoffelschen Krümmungstensor R_{mjkn}, der wiederum Konstruktionselement der Einsteinschen Feldgleichungen ist. Verschwindet dieser Krümmungstensor, so ist die Raum-Zeit ungekrümmt (eben, flach). Verschwindet er nicht, so besitzt die Raum-Zeit Krümmung, die der Newtonschen Gravitation entspricht.

Für schwache statische Gravitationsfelder, wie sie der Newtonschen Gravitationstheorie zukommen, gilt in Verallgemeinerung des metrischen Tensors des ebenen Minkowski-Raumes (4.6) der Zusammenhang

$$(g_{mn}) = \begin{pmatrix} 1 - \dfrac{2\Phi}{c^2} & 0 & 0 & 0 \\ 0 & 1 - \dfrac{2\Phi}{c^2} & 0 & 0 \\ 0 & 0 & 1 - \dfrac{2\Phi}{c^2} & 0 \\ 0 & 0 & 0 & -1 - \dfrac{2\Phi}{c^2} \end{pmatrix} \tag{4.13}$$

zwischen dem metrischen Tensor g_{mn} und dem Newtonschen Gravitationspotential Φ. Deutlich sieht man, wie sich die Newtonsche Gravitationstheorie in die umfassendere geometrische Theorie einordnet.

Spezialisiert man die Einsteinschen Gravitations-Feldgleichungen (4.7) auf den metrischen Tensor (4.13), so gehen sie in der Tat in die Newtonschen Gravitations-Feldgleichungen (4.8) über. Man liest unmittelbar den Zusammenhang

$$\kappa = \frac{8\pi\gamma_\mathrm{N}}{c^4} = 2{,}075 \cdot 10^{-43} \mathrm{m}^{-1}\mathrm{s}^2\mathrm{kg}^{-1} \tag{4.14}$$

zwischen der Einsteinschen Gravitationskonstanten κ und der Newtonschen Gravitationskonstanten γ_N ab.

4.2.4 Problem der Absolutheit von Beschleunigung und Rotation

Betrachtet man die physikalischen Grundgesetze, so erkennt man, daß in ihnen keine frei verfügbare Geschwindigkeit, Beschleunigung usw. – also kinematische Größen, denen man eine absolute Bedeutung zuschreiben müßte – auftreten. Damit entfällt die Frage: Geschwindigkeit, Beschleunigung usw. wogegen? Vor dieses Problem stellen also die Naturgesetze von sich aus den Forscher nicht. Nichtsdestoweniger ist damit eine Thematik heraufbeschworen, über die seit langem viel geschrieben und gestritten wird, ohne daß es bisher zu einer Konvergenz der Auffassungen kommen konnte. Es wird allgemein akzeptiert, daß die Spezielle Relativitätstheorie wegen des Fehlens eines naturgegebenen Bezuges (z. B. Äther) die Absolutheit der Geschwindigkeit eines Inertialsystems negieren muß. Wie verhält es sich aber mit der Absolutheit der Beschleunigung und Rotation eines allgemein-relativistischen Bezugssystems?

Die durch diese Frage aufgeworfene Thematik spielt in der Auseinandersetzung um die Interpretation der Allgemeinen Relativitätstheorie eine bedeutende Rolle. Für *Einstein* selbst waren Überlegungen in dieser Richtung Hauptmotive für den induktiven Zugang zur Allgemeinen Relativitätstheorie. Im Sinne des Machschen Prinzips, das uns noch beschäftigen wird, sah er die Ursache für die Wölbung der Oberfläche des Wassers eines rotierenden Eimers („Newtonscher Eimerversuch") in der Wirkung der durch den Fixsternhimmel repräsentierten fernen Massen. Wir selbst sind schon oben bei der Definition eines Inertialsystems auf dieses umstrittene Machsche Prinzip gestoßen.

Bei der Argumentation für die Relativierung auch von Beschleunigung und Rotation wird unserer Meinung nach das Allgemeine Relativitätsprinzip oft in unzulässiger Weise strapaziert. Wie wir eingehend dargelegt haben, hat dieses Prinzip einen ganz anderen Inhalt und bedeutet insbesondere nicht die Antizipierung der Antwort auf die oben aufgeworfene Frage. Wenn man diese Problemkreise nicht klar auseinanderhält, kommt man leicht zu der Position von *Kretschmann*, *Fock* u. a. hinsichtlich des Allgemeinen Relativitätsprinzips, also zu seiner Ablehnung.

Wir haben oben den Wert des Allgemeinen Relativitätsprinzips als Meta-Grundgesetz für die Physik herausgearbeitet, lehnen aber dennoch die Relativierung von Beschleunigung und Rotation ab. Es ließ sich nämlich, anknüpfend an *J. Weyssenhoff* (1937), in Weiterführung der Untersuchungen von *Ch. Møller, A.L. Zelmanov, C. Cattaneo* u.a. mittels einer von uns als bezugsinvariante Untergruppe bezeichneten Untergruppe der allgemeinen Koordinatentransformations-Gruppe (Aussonderung physikalischer Bezugssysteme aus der Menge der Koordinatensysteme in invarianter Weise) zeigen, daß die 4-dimensionalen Begriffe in eindeutiger Weise in 3-dimensionale physikalische Begriffe zerlegbar sind, die dem physikalischen Meßprozeß korrespondieren. Dabei bildet unser geometrischer Aufspaltungsformalismus der Grundgesetze der Physik die theoretische Basis für eine eindeutige physikalische Interpretation (*E. Schmutzer, N. Salié* ab 1964). Einen anderen invarianten Zerlegungsapparat mit der Zielrichtung Kontinuumsmechanik, der gewisse Parallelen zu dem dargelegten aufweist, hat *J. Ehlers* (1961) entwickelt.

Mittels dieser Formalismen gelingt es, um ein durchsichtiges und verständliches Beispiel anzuführen, eindeutig für jedes ausgewählte Bezugssystem den Begriff der Winkelgeschwindigkeit eines Bezugssystems zu definieren. Das Besondere dabei ist, daß diese Definition allein unter Benutzung des metrischen Tensors möglich ist, also keine direkte Verknüpfung mit den fernen Massen des Fixsternhimmels nötig ist. Natürlich taucht sofort die Frage auf: Wogegen rotiert denn dann ein solches Bezugssystem, wenn nicht gegenüber dem Fixsternhimmel? Aus der Definition der Winkelgeschwindigkeit läßt sich nur der Schluß ziehen, daß es sich um die Rotation relativ zu dem lokalen geodätischen Lorentz-Inertialsystem handelt, das geometrisch durch ein lokal an die gekrümmte Raum-Zeit angeheftetes tangentiales ebenes Flächenelement repräsentiert wird. Diese ebenen Flächenelemente hüllen die gekrümmte Raum-Zeit gewissermaßen ein.

Da diese eben beschriebene Konstruktion in jedem Raum-Zeit-Punkt vorgenommen werden kann, bleibt also selbst in der Allgemeinen Relativitätstheorie der Minkowski-Raum lokal als ein absolutes, wenn auch nicht integrables Relikt übrig. Damit behalten auch Beschleunigung und Rotation ihren absoluten Inhalt im oben dargelegten Sinne bei.

Die eben eingenommene philosophisch-physikalische Position wurde erst durch die Untersuchungen zur bezugsinvarianten Transformationsgruppe möglich. Da man in der frühen Entwicklung der Allgemeinen Relativitätstheorie diesem Gebiet, also auch der Auseinanderhaltung von Koordinaten- und Bezugssystemen, kaum Beachtung geschenkt hatte, versperrte man sich selbst den Zugang zu dieser Erkenntnis. Man gab sich mit der richtigen Einsicht, daß Koordinaten nur noch Marken oder Namen sind, zufrieden und war zu wenig bemüht, eine eindeutige Brücke zur 3-dimensionalen Physik und damit zu den Meßgrößen eines Experiments zu bauen.

Die hier dargelegte Problematik ist sehr eng mit der Formulierung von Minkowskischen Grenzbedingungen im Unendlichen für ein inselartiges materielles System verbunden, wodurch auch in der Allgemeinen Relativitätstheorie für diesen speziellen Fall die Einführung eines globalen Inertialsystems möglich wird, welches dann unter gewissen Voraussetzungen mit einem modifizierten Copernicanischen System zu identifizieren wäre.

4.2.5 Machsches Prinzip

Das Machsche Prinzip, als Begriff von *Einstein* geprägt, ist kein eigentlicher Bestandteil der heutigen Allgemeinen Relativitätstheorie, obwohl der damit verbundene spekulative Ideenkreis für *Einsteins* Weg zur Relativitätstheorie eine beachtliche heuristische Bedeutung besaß. Es gibt viele Publikationen zu dieser durch *Ernst Machs* Werk „Die Mechanik in ihrer Entwicklung – historisch-kritisch dargestellt" (1883) aufgeworfenen Thematik, die aus einer Kritik an der Newtonschen Mechanik hervorgegangen ist – einer Kritik, die ihren ersten Vorboten in *G. Berkeley* hatte, der 20 Jahre nach Erscheinen von *Newtons* „Principia" *Newtons* Auffassung zurückwies, daß im Unterschied zu allen übrigen physikalischen Kräften der absolute leere Raum die Ursache für die Zentrifugalkraft sein sollte. Leider ist oft der im Machschen Prinzip gesehene Inhalt nicht klar genug erkannt und formuliert. Auf einige Aspekte sind wir gelegentlich schon gestoßen. Wie wir es verstehen, sind drei Fragenkomplexe mit dem Machschen Prinzip zu verbinden:

1. *Negierung der absoluten Existenz von Raum und Zeit*

Nach *Newton* sollte der Raum auch dann existieren, wenn man sich die physikalischen Körper wegdachte. Genau an dieser These setzte nun die tiefschürfende Kritik von *Ernst Mach* an, die *Einsteins* Weg zur Allgemeinen Relativitätstheorie maßgeblich bestimmt hat.

Gedanken von *G.W. Leibniz* folgend, sprach *Mach* die Vermutung aus, daß die Existenz des Raumes untrennbar mit der Existenz der Körper verbunden ist, so daß beim Wegdenken der Körper auch der Raum zu existieren aufhört. In unserer heutigen Terminologie würde das entsprechend erweitert heißen: Wenn Raum und Zeit von ebensolcher Natur wie das Substrat (Körper, Felder usw.) sind, also objektive Realität besitzen, d.h. außerhalb des menschlichen Bewußtseins existieren, so folgt zwangsläufig das Verschwinden von Raum und Zeit mit dem Verschwinden des Substrats.

So bestechend diese Idee auf den ersten Blick auch sein mag, ist sie aber bei einer näheren wissenschaftlichen Analyse außerordentlich problematisch: Ist das Wegdenken (also das Zum-Verschwinden-Bringen) des Substrats physikalisch überhaupt ein erlaubtes, d. h. realistisches Gedankenexperiment? Widersprechen diesem Gedankenexperiment nicht die Erhaltungssätze des Substrats, so daß es sich dabei um einen sinnlosen Abstraktionsprozeß handelt? Antwort: Man kann mit gewissen Vorbehalten diesen Abstraktionsprozeß als legitim gelten lassen, indem man die Gravitationskonstante als den Kopplungsfaktor des Substrats gegen Null streben läßt, wodurch eine Wirkungsminderung des Substrats induziert wird.

Aber was bedeutet Wegdenken von Raum und Zeit? Gibt es einen mathematischen Zugang zu einem solchen Abstraktionsprozeß? Antwort: Es ist bis heute nicht gelungen, diese Idee mathematisch überzeugend zu formulieren. Setzt man in den Einsteinschen Gravitations-Feldgleichungen den Energie-Impuls-Tensor Null (dasselbe würde durch das Nullsetzen der Gravitationskonstante erreicht), was dem Wegdenken des Substrats entspricht, so erhält man die Vakuum-Feldgleichungen, die als eine überall reguläre Lösung die Metrik des Minkowski-Raumes enthalten. Demnach führt das Verschwinden des Substrats nicht zum Verschwinden der Raum-Zeit, sondern auf den Trivialfall des Minkowski-Raumes, der als absolutes Relikt in der Theorie enthalten ist. Man erkennt daran, daß also die Einsteinsche Gravitationstheorie nicht so radikal ist, um diesen Aspekt des Machschen Prinzips zu befriedigen. Eine Gravitationstheorie mit einer solchen Totalität ist bis heute nicht bekannt.

Diese Thematik hatte *Einstein* sehr beschäftigt. Sein Zugang zu einer relativistischen Gravitationstheorie kreiste um Überlegungen folgender Art:

Man stelle sich alle physikalischen Körper der Welt in einem kugelartigen Gesamtkörper vereinigt vor. Mittels Licht läßt sich ausmessen, ob dieser die Form einer Kugel oder eines Rotationsellipsoids hat. Besitzt der Raum eine von diesem Körper losgelöste absolute Existenz, so ist im Falle der Ruhe des Gesamtkörpers relativ zu diesem Raum (ganz im Sinne der Schwarzschild-Lösung) für den Körper Kugelgestalt und im Falle seiner Rotation Rotationsellipsoidgestalt zu erwarten. Falls im Sinne *Machs* die Absolutheit des Raumes nicht existiert, wird die Aussage über Ruhe oder Rotation des Gesamtkörpers sinnlos, so daß die Messung stets auf die Kugelgestalt führen muß.

4.2 Das Wesen der Allgemeinen Relativitätstheorie

Diese Überlegung hat dann *Einstein* auf zwei weit voneinander entfernte, also gegenseitig kaum gravitierende kugelartige Körper verallgemeinert, die eine relative Rotation um eine durch die Körpermittelpunkte gehende Achse aufweisen. Bei Existenz eines absoluten Raumes läßt sich natürlich die absolute Rotation durch Überprüfung der Körperformen mittels Messungen feststellen. Stimmt dagegen die Machsche These, so ist eine Aussage darüber, welcher der beiden Körper rotiert, nicht möglich, denn beide Körper sind dann physikalisch völlig gleichberechtigt.

Die eben angestellten Überlegungen kann man nun so weiterführen, daß man immer mehr Körper zuläßt und damit kosmische Verhältnisse annähert. Das Machsche Prinzip bedeutet dann, daß die kosmischen Massen („ferne Massen") bei Mittelung über ihre relativen Bewegungen ein ausgezeichnetes Bezugssystem (Machsches kosmisches Bezugssystem) darstellen, das einen absolut existierenden Raum vortäuscht.

Zu diesem Gedankenkreis gehört auch der sogenannte Newtonsche Eimerversuch, der in den Diskussionen um das Machsche Prinzip eine große Rolle gespielt hat. Dabei geht es einfach um die oben bereits ausgiebig behandelte Frage nach der Ursache für die Wölbung der Oberfläche des in einem Eimer befindlichen und mit dem Eimer mitrotierenden Wassers. Nach *Mach* ist die Ursache in der Rotation des Wassers relativ zu den fernen Massen, also relativ zum Machschen kosmischen Bezugssystem zu suchen. Es muß deshalb entsprechend dieser These derselbe Effekt auf die Wasseroberfläche zu erwarten sein, wenn man sich das Wasser als ruhend vorstellt und die fernen Massen in einen Rotationszustand versetzt denkt.

Diese Problematik haben auf der Basis der Einsteinschen Gravitationstheorie im Jahre 1918 *H. Thirring* und *J. Lense* mathematisch behandelt, indem sie den Einfluß einer rotierenden massiven Hohlkugel auf ein Inertialsystem berechneten. Dabei ergab sich in der Tat ein Effekt im Sinne der Machschen Ideen, aber die Größenordnung lag weit unter der vom Machschen Prinzip zu erwartenden Größenordnung. Auch das ist ein Hinweis darauf, daß die Einsteinsche Gravitationstheorie der Totalität des Machschen Prinzips nicht genügt.

2. *Ursache für die Existenz von Inertialsystemen*

Auf diese Thematik stießen wir schon bei der Einführung der Inertialsysteme und eben im Zusammenhang mit dem Machschen kosmischen Bezugssystem. Wie oben dargelegt, vermutete *Ernst Mach* die Ursache für die Existenz von

Inertialsystemen im Vorhandensein der fernen kosmischen Massen. Auf diese Weise erhalten die Inertialsysteme eine ganz natürliche Erklärung. In diesem verstandenen Sinne sind dann Beschleunigung und Rotation ihres äußerlich als absolut erscheinenden Charakters entkleidet. Die völlige Relativierung von Beschleunigung und Rotation (neben der Geschwindigkeit) ist perfekt. So plausibel diese Erklärung für die Existenz von Inertialsystemen erscheinen mag, so haben wir doch ernsthafte Argumente für einen anderen Standpunkt erbringen können, der zu einer gewissen Absolutheit von Beschleunigung und Rotation im richtig verstandenen Sinne führt: Nicht die fernen kosmischen Massen, sondern die lokale Metrik, also letzten Endes die lokale physikalische Eigenschaft der Raum-Zeit entscheiden danach diese Grundsatzfrage. Die Einsteinsche Allgemeine Relativitätstheorie ist nach diesem Standpunkt hinsichtlich der Relativierung nicht so total, wie es ihrem Schöpfer ursprünglich vorgeschwebt haben mag.

3. *Ursache für die Trägheit der Massen*

In der Newtonschen Mechanik ist die Trägheit der Masse eines Körpers eine im Objekt selbst liegende Eigenschaft, für die es keine weitere Erklärung gibt. Trägheit und Masse sind inhaltliche Synonyme. In der Relativitätstheorie wird die Impulsmasse zwar relativiert, aber die Ruhmasse, die als ein Absolutum fungiert, bleibt unangetastet. Der in diesem Abschnitt zur Diskussion stehende Aspekt des Machschen Prinzips verläßt diese Basis, und vertritt die These von der völligen Relativierung der Trägheit der Masse, also auch der Ruhmasse. Danach hat auch die Trägheit eines Körpers ihre tiefere Ursache in der Existenz der fernen Massen. Die Trägheit wird also durch diese fernen Massen induziert. Sie ist damit von der kosmischen Konstellation der fernen Massen abhängig.

Das Machsche Prinzip spielt in der relativistischen, aber auch in der philosophischen Literatur eine beachtliche Rolle. Da seine Sinngebung stark emotional gefärbt ist und ihm deshalb oft eine vom jeweiligen Autor abhängige Interpretation zugeschrieben wird, schien es uns nützlich zu sein, seine wesentlichen Aspekte zusammenfassend herauszuarbeiten. Das Machsche Prinzip wurde in Anlehnung an *E. Whittaker* von *H.-J. Treder* sogar zur „Mach-Einstein-Doktrin" erhoben.

4.2.6 Die Relativitätstheorie in einem logischen Schema ihrer Bestandteile

Wir haben oben das Allgemeine Relativitätsprinzip als das Kernstück der Allgemeinen Relativitätstheorie bezeichnet. Aus dieser Zuordnung resultiert dann auch die Begriffsbestimmung für diese Theorie: Alle physikalischen Theorien gehören dem Bereich der Allgemeinen Relativitätstheorie an, wenn sie allgemein-kovariant auf der Basis der gekrümmten Raum-Zeit fundiert sind. Da die Gravitation nach unserer bisherigen Erkenntnis eine universelle Wechselwirkung der Natur darstellt, ist sie allen allgemein-relativistischen Theorien immanent. Zum Theoriengebäude der Allgemeinen Relativitätstheorie gehören also neben der unabdingbaren Gravitationstheorie auch alle übrigen physikalischen Theorien, sofern sie den oben genannten Postulaten genügen: Elektromagnetik, Thermodynamik, Quantentheorie (mit den schon erwähnten, bisher aber noch offenen Fragen) usw. Ganz in diesem Sinne ist auch die schon mehrfach zitierte berühmte Arbeit *Einsteins* von 1916 abgefaßt. Es ist deshalb unserer Auffassung nach nicht korrekt, die Allgemeine Relativitätstheorie mit der Einsteinschen Gravitationstheorie (als nur einem ihrer Bestandteile) zu identifizieren, wie das häufig geschieht. Eine Komponente der Polemik *Focks* zielte genau auch in diese Richtung.

Wenn man das Allgemeine Relativitätsprinzip mit der von uns oben dargelegten Sinngebung als Allgemeines Kovarianzprinzip versteht, dann erkennt man, daß der historisch entstandene Name stark täuscht. Woher die Spezielle Relativitätstheorie ihre Bezeichnung bekam, wissen wir: Relativierung von Länge, Zeit, Masse, Energie usw. Diese physikalische Erkenntnis beeindruckte um die Jahrhundertwende die Gemüter der Forscher so stark, daß die Theorie danach benannt wurde. Da die Allgemeine Relativitätstheorie im oben beschriebenen Sinne eine inhaltliche Fortführung der Speziellen Relativitätstheorie ist, wurde der Name Relativitätstheorie tradiert.

Das Wesentliche der Relativitätstheorie besteht aber gar nicht in der Relativierung einer Reihe von Begriffen, deren tiefgründige Verknüpfung der Wissenschaftsfortschritt aufgedeckt hat, sondern in der fundamentalen Erkenntnis über die Beschaffenheit der Struktur der physikalischen Naturgesetze: Ein Beobachter weiß, daß unabhängig von seinem Bewegungszustand – also unabhängig von der Art, wie er sich durch das Weltgeschehen bewegt – die physikalischen Grundgesetze für ihn dieselbe Form haben wie für jeden beliebigen anderen Beobachter. Man muß sich die Tiefgründigkeit dieser Erkenntnis erst einmal richtig klar gemacht haben, um ihre Aussagekraft voll zu erfassen. Es ist also nicht so, daß ein Beobachter erst durch

4 Allgemein-relativistische Physik

die Umrechnung der Meßdaten eines anderen Beobachters, der die betreffende Gesetzmäßigkeit schon kennt, auf die für ihn gültige Gesetzmäßigkeit schließen kann, sondern für jeden beliebigen Beobachter liegt von vornherein das Naturgesetz in der fixierten Fassung vor.

Diese Ausführungen bestätigen, daß es sich also beim Allgemeinen Relativitätsprinzip um eine Aussage über den objektiven und einheitlichen Charakter der Naturgesetze handelt, es demnach um eine im richtig verstandenen Sinne absolute Erkenntnis geht, so daß sich auch historisch der Name „Absolutitätstheorie" – so paradox das klingen mag – hätte einbürgern

Logisches Schema der Relativitätstheorie

Relativitätsprinzip	Geometrie der Raum-Zeit	Physikalisches Substrat
Allgemeines Relativitätsprinzip als Basis der Allgemeinen Relativitätstheorie (Benutzung beliebig bewegter Bezugssysteme mit beliebigen Koordinaten)	Riemann-Raum (Raum-Zeit mit Krümmung, d.h. Gravitation) auf der Basis Pseudo-Riemannscher Geometrie)	
		Maxwell-Feld, Dirac-Feld, Klein-Gordon-Feld, thermodynamisches System,....
Spezialfall:	Spezialfall:	
Spezielles Relativitätsprinzip als Basis der Speziellen Relativitätstheorie (Benutzung Lorentzscher Inertialsysteme mit Galilei-Koordinaten)	Minkowski-Raum (Raum-Zeit ohne Krümmung) auf der Basis Pseudo-Euklidischer Geometrie, also Homogenität und Isotropie der Raum-Zeit)	

können, wäre die damit zum Ausdruck kommende Tragweite von Anfang an richtig durchschaut worden.

Diese Darlegungen dürften als Beweis dafür genügen, daß die Relativitätstheorie, die philosophisch so oft mißverstanden worden war, nichts mit dem philosophischen Relativismus zu tun hat. Im Gegenteil, sie eröffnet einen vorher ungeahnten Einblick in völlig neue Sphären der Natur. Die von uns hier verbal herausgearbeitete und akzentuierte Interpretation der Relativitätstheorie kommt trotz aller Mängel einer schematischen Darstellung sicherlich noch deutlicher zum Ausdruck, wenn wir ihre Bestandteile in einem logischen Schema erfassen, da dann die Zuordnungen noch sichtbarer werden. Zur Erläuterung des obigen Schemas halten wir das Folgende noch einmal zusammenfassend fest:

Wir haben in der Relativitätstheorie drei verschiedene Begriffskategorien zu unterscheiden, die drei verschiedenen Aspekten entsprechen:

1. Relativitätsprinzip: Aspekt der Form der Naturgesetze für in beliebigen Bewegungszuständen befindliche Bezugssysteme (Beobachter),
2. Geometrie der Raum-Zeit: Aspekt der Krümmungseigenschaften von Raum und Zeit (Riemannsche Geometrie usw.),
3. Physikalisches Substrat: Aspekt der Existenz von Feldern und Teilchen, die das bisher bekannte Substrat der physikalisch erfahr- und erkennbaren Welt ausmachen (Maxwell-Feld, Dirac-Feld, Klein-Gordon-Feld, thermodynamisches System usw.).

4.3 Einige Folgerungen aus der Einsteinschen Gravitationstheorie

4.3.1 Problem der exakten Lösungen

Die Einsteinschen Feldgleichungen der Gravitation stellen ein System von zehn nichtlinearen partiellen Differentialgleichungen zweiter Ordnung für den metrischen Tensor g_{mn} dar. In der Newtonschen Gravitationstheorie handelt es sich dagegen um eine einzige lineare partielle Differentialgleichung zweiter Ordnung für das Newtonsche Gravitationspotential Φ. Um diesen Unterschied noch einmal deutlich genug hervortreten zu lassen, vergleiche man die Grundgesetze (4.7) und (4.8) der beiden Gravitationstheorien. Für schwache Gravitationsfelder haben wir die Korrespondenz (4.13) der Feldfunktionen beider Theorien angegeben.

Aus dieser Gegenüberstellung wird erkennbar, welche riesigen Schwierigkeiten der Theoretiker überwinden muß, wenn er exakte, also mathematisch strenge Lösungen der Einsteinschen Theorie finden will. Mit Näherungslösungen kann er sich nur bei geeigneten Anwendungsbeispielen zufrieden geben. Da für die Schlüssigkeit entscheidender Aussagen nur exakte Lösungen dienen können, konzentriert sich die internationale Forschung seit Jahrzehnten insbesondere auf die Gewinnung exakter Lösungen. Inzwischen wurden so viele Klassen exakter Lösungen gefunden, daß sogar eine Monographie mit Übersichtscharakter erarbeitet wurde (*D. Kramer, H. Stephani, M. MacCallum, E. Herlt*). Man könnte mit dieser Ergiebigkeit an exakten Lösungen sehr zufrieden sein. Leider ist diese Zufriedenstellung nur partiell: Man besitzt inzwischen eine unüberschaubare Fülle an exakten mathematischen Lösungen, kann diese aber nur zu einem geringen Teil physikalisch überzeugend interpretieren. Warum diese Situation vorliegt, haben wir früher im Zusammenhang mit der Nichtexistenz eines allgemeinen Inertialsystems klar gemacht.

Die Zahl der herausragenden und physikalisch wohl verstandenen exakten Lösungen ist außerordentlich klein. Dennoch ist das inhaltliche Konzentrat dieser wenigen Lösungen so mächtig, daß sie riesige Bereiche der Physik mit größter Präzision abbilden. Wir nennen die wichtigsten:

Schwarzschild-Lösung: Diese beschreibt das Gravitationsfeld einer statischen Kugel konstanter Massendichte (*K. Schwarzschild* 1916). Sie zerfällt in die innere Schwarzschild-Lösung für das Innere der Kugel und in die äußere Schwarzschild-Lösung für den Vakuum-Außenraum. Sie ist sowohl für die Planetenbewegung als auch für die inzwischen aktuell gewordenen Schwarzen Löcher (black holes) von grundsätzlicher Bedeutung. In ihr findet sich ein einziger physikalischer Parameter, nämlich die Kugelmasse M.

Kerr-Lösung: Diese beschreibt das Gravitationsfeld im Außenraum eines rotierenden Körpers (*R.P. Kerr* 1963). Eine befriedigende Lösung für den Innenraum eines physikalisch einfach strukturierten rotierenden Körpers, die für viele Schlußfolgerungen der relativistischen Astrophysik von riesigem Wert wäre, gibt es bisher noch nicht. Die Kerr-Lösung enthält zwei physikalische Parameter, nämlich die Masse M und den Drehimpuls D. Daß die Entdeckung der Lösung für den Außenraum erst so spät erfolgte, zeugt von den mathematischen Schwierigkeiten.

Kerr-Newman-Lösung: Diese Lösung ist insofern eine Verallgemeinerung der Kerr-Lösung, als das beschriebene Objekt noch eine elektrische Ladung besitzen kann, so daß dann in der Lösung die drei physikalischen Parameter

4.3 Einige Folgerungen aus der Einsteinschen Gravitationstheorie 133

Masse M, Drehimpuls D und elektrische Ladung Q auftreten (*E. T. Newman* et al. 1965).

Friedman-Lösung: Diese ist die Lösung für ein homogenes und isotropes Weltmodell mit Expansions- und Kontraktionsphasen (*A. Friedman* 1922). Sowohl die Schwarzschild-Lösung als auch die Friedman-Lösung werden uns noch eingehend beschäftigen.

4.3.2 Schwarzschild-Lösung

Im Rahmen der Newtonschen Gravitationstheorie hat das Gravitationspotential einer Kugel konstanter Massendichte sowohl für den statischen als auch für den rotierenden Fall im Vakuum-Außenraum die Gestalt (1.9)

$$\Phi = -\frac{\gamma_N M}{r} \tag{4.15}$$

(M Kugelmasse) und im Innenraum die Form

$$\Phi_i = -\frac{3\gamma_N M}{2R_0}\left(1 - \frac{r^2}{3R_0^2}\right) \tag{4.16}$$

(R_0 Kugelradius).

Die Angabe der Schwarzschild-Lösung erfolgt in der Regel nicht so, daß man alle Komponenten des metrischen Tensors g_{mn} einzeln aufschreibt, sondern man gibt gleich die quadratische Form (4.12) des Linienelements ds an. Für den Außenraum lautet dieser Ausdruck:

$$(\mathrm{d}s)^2 = \frac{(\mathrm{d}r)^2}{1 - \frac{r_g}{r}} + r^2[(\mathrm{d}\vartheta)^2 + \sin^2\vartheta(\mathrm{d}\varphi)^2] - \left(1 - \frac{r_g}{r}\right)c^2(\mathrm{d}t)^2 . \tag{4.17}$$

Dabei sind r, ϑ, φ räumliche Polarkoordinaten, und t ist die sogenannte Koordinatenzeit. Die Konstante

$$r_g = \frac{\kappa M c^2}{4\pi} \tag{4.18}$$

ist der Gravitationsradius (Schwarzschild-Radius). Verschwindet die Kugelmasse M, so wird auch der Gravitationsradius Null, und das Linienelement spezialisiert sich auf den Minkowski-Raum, beschrieben in Polarkoordinaten.

Für den Innenraum hat die Schwarzschild-Lösung die Gestalt

$$(ds)^2 = \frac{(dr)^2}{1 - \dfrac{r^2}{a^2}} + r^2[(d\vartheta)^2 + \sin^2\vartheta (d\varphi)^2]$$

$$- \frac{1}{4}\left[3\sqrt{1 - \frac{R_0^2}{a^2}} - \sqrt{1 - \frac{r^2}{a^2}}\right]^2 c^2(dt)^2 . \tag{4.19}$$

Dabei ist a ein durch den Kugelradius R_0 und den Gravitationsradius r_g bestimmter Parameter:

$$a^2 = \frac{R_0^3}{r_g} . \tag{4.20}$$

Für verschwindende Kugelmasse M wird a unendlich, so daß sich dann das Linienelement (4.19) ebenfalls auf den Minkowski-Raum spezialisiert.

Die Druckverteilung in der Kugel wird durch folgende Formel wiedergegeben:

$$p = \frac{1}{\kappa a^2}\left(\frac{2\sqrt{1 - \dfrac{r^2}{a^2}}}{3\sqrt{1 - \dfrac{R_0^2}{a^2}} - \sqrt{1 - \dfrac{r^2}{a^2}}} - 1\right) . \tag{4.21}$$

An der Kugeloberfläche ($r = R_0$) muß natürlich der Druck p verschwinden. Im Inneren der Kugel ist der Druckverlauf ziemlich kompliziert. Er kann sogar sein Vorzeichen wechseln, was für den Gravitationskollaps und die daran anschließende vermutete Bildung der Schwarzen Löcher von prinzipieller Bedeutung ist. Später werden wir dieses Phänomen noch eingehender kennenlernen. Um diese Diskussion nicht nur verbal führen zu müssen, haben wir für den an quantitativen Aussagen interessierten Leser die Schwarzschild-Lösung formelmäßig skizziert.

Wenn nun in der Einsteinschen Theorie die Raum-Zeit um den Zentralkörper Sonne gemäß der Schwarzschild-Lösung (4.17) gekrümmt ist, so sind relativistische Korrektureffekte zur Newtonschen Physik zu erwarten. Bereits 1915 hat *Einstein* die drei herausragendsten Effekte berechnet, die als Einsteinsche Effekte in die Literatur eingegangen sind: Periheldrehung der Planeten, Lichtablenkung an der Sonne, Verschiebung der Spektrallinien des Lichtes auf dem Weg von der Sonne zur Erde. Sowohl mit diesen Voraussagen als auch mit einigen erst später untersuchten Effekten wollen wir uns in den folgenden Abschnitten beschäftigen.

4.3.3 Periheldrehung der Planeten

Etwa drei Jahrhunderte lang befriedigten die drei Keplerschen Gesetze die hauptsächlichsten Bedürfnisse hinsichtlich der Planetenbewegung in unserem Sonnensystem. Sie wurden in den Jahren 1602 bis 1618 von *Johannes Kepler* durch Auswertung des umfangreichen Beobachtungsmaterials *Tycho Brahes* zunächst für den Mars und dann als allgemeine Gesetzmäßigkeit gefunden. Wir wollen sie kurz in Erinnerung rufen, dabei jedoch darauf hinweisen, daß sie nur dann für einen Planeten gelten, wenn dieser keinen weiteren Einflüssen außer dem zentralen Gravitationsfeld der Sonne, die als ruhend angenommen wird, unterliegen:

1. Kepler-Gesetz: Die Bahn eines Planeten im an die Sonne gebundenen Zustand ist eine Ellipse, in deren einem Brennpunkt die Sonne steht.
2. Kepler-Gesetz: Der Radiusvektor von der Sonne zum Planeten überstreicht in gleichen Zeiten gleiche Flächen (Flächensatz oder Drehimpuls-Erhaltungssatz).
3. Kepler-Gesetz: Die Quadrate der Umlaufzeiten zweier Planeten verhalten sich wie die Kuben der großen Halbachsen der Ellipsen.

Newton hat später aus diesen empirisch erschlossenen Gesetzen die richtige Form für das Gravitationspotential eines Zentralkörpers im Rahmen seiner Gravitationstheorie, nämlich die Formel (4.15), abgeleitet.

Von den drei Keplerschen Gesetzen bleibt in der Einsteinschen Theorie bei entsprechender relativistischer Begriffsbildung nur der Drehimpuls-Erhaltungssatz gültig. Die Auswirkung der Krümmung der Raum-Zeit auf das erste Keplersche Gesetz besteht darin, daß für einen Planeten eine Art Rosettenbewegung resultiert, wie wir das in Abb. 4.2 dargestellt haben. Bei

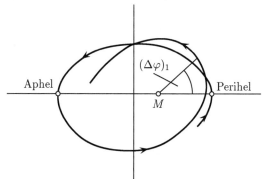

Abb. 4.2

einem Umlauf des Planeten um die Sonne mit der Masse M verschiebt sich der Scheitelpunkt (Perihel) der Quasiellipse um den Winkel

$$(\Delta\varphi)_1 = \frac{3\pi r_g}{a_0(1-\varepsilon^2)}. \tag{4.22}$$

Dabei ist a_0 die große Halbachse und ε die numerische Exzentrizität der Quasiellipse. Für die Sonne besitzt der Gravitationsradius den Wert

$$r_g = 2,9\,\text{km}. \tag{4.23}$$

Setzt man nun die entsprechenden Zahlenwerte ein, so erhält man pro Erdjahrhundert folgende Periheldrehungen $\Delta\varphi$:

Planet	Merkur	Venus	Erde	Mars
$\Delta\varphi$	$43,02''$	$8,6''$	$3,8''$	$1,3''$.

Für Erdsatelliten ist in sinngemäßer Abwandlung der Begriffsbildung – hier ist die Erde der Zentralkörper, so daß von Perigäumsdrehung zu sprechen ist – bei den üblichen Parametern der beachtliche Wert von etwa $\Delta\varphi \approx 1500''$ pro Erdjahrhundert zu erwarten. Dieser Zahlenwert hat zu den Hoffnungen Anlaß gegeben, die Erdsatelliten zur Überprüfung der Einsteinschen Theorie zu verwenden. Bis heute ist das aber noch nicht überzeugend gelungen, da die Trennung des relativistischen Effekts von den Nebeneffekten (Reibung in der Erdatmosphäre, Einfluß der Gebirgsstrukturen usw.) große Schwierigkeiten bereitet.

Ein Blick auf die obige Tabelle lehrt, daß die Periheldrehung für den der Sonne nächsten Planeten Merkur am größten ist. Dieser Effekt beim Merkur hat in der Tat den Astronomen schon seit Jahrhunderten Kopfzerbrechen bereitet. Insbesondere hat *U. Leverrier* 1859 altes astronomisches Material aufgearbeitet und bei Abzug aller bekannten Störfaktoren einen fraglichen Rest von $42,56''$ für die Periheldrehung des Merkur pro Jahrhundert gefunden. Um diesen Tatbestand zu verstehen, wurden verschiedene Varianten von Gravitationstheorien entwickelt, die aber alle unbefriedigend blieben. Erst die Einsteinsche Theorie hat diesen unerklärbaren Rest organisch und ohne neue Zusatzannahmen durch direkte Rechnung geliefert.

Die hier auf die Bewegung der Planeten um die Sonne bezogenen Überlegungen sind auch auf den Umlauf von Himmelskörpern um Sterne allgemein zu übertragen. Man spricht dann von Periastrondrehung. Die größte bis 1995 gefundene Periastrondrehung von $4,23°$/Jahr liegt beim Hulse-Taylor-Binärpulsar PSR 1913+16 (numerische Exzentrizität $\varepsilon = 0,617$) vor, auf

4.3 Einige Folgerungen aus der Einsteinschen Gravitationstheorie 137

den wir noch bei den Pulsaren und bei der Gravitationsstrahlung eingehen werden.

4.3.4 Ablenkung elektromagnetischer Wellen an der Sonne

Dieser Effekt hat uns schon im Zusammenhang mit *Einsteins* historischem Weg zur Allgemeinen Relativitätstheorie beschäftigt. Hier wollen wir nun skizzieren, was diese Theorie quantitativ zu diesem Effekt sagt.

Die Ausbreitung elektromagnetischer Wellen gehört in das Gebiet der Optik, wird also insbesondere hier durch die Maxwellschen Feldgleichungen der Elektromagnetik in der gekrümmten Raum-Zeit beschrieben. Streng genommen geht es dabei um ein sehr kompliziertes wellentheoretisches Beugungsproblem, das nur näherungsweise beherrschbar ist. Doch reicht für die oben gestellte Aufgabe die geometrisch-optische Behandlung aus, für die die dann einführbaren „Photonbahnen" durch die Gleichung der geodätischen Linie – ganz analog zur Bewegung eines mechanischen Probeteilchens – wiedergegeben werden.

Fällt nun, wie in Abb. 4.3 dargestellt, eine elektromagnetische Welle aus großer Entfernung auf einen Zentralkörper mit der Masse M, z. B. auf unsere Sonne, so ein, daß der der Welle zuzuordnende Strahl im Abstand R_0 an dem Zentralkörper (z. B. am Sonnenrand) vorbeigeht, so kommt es zu einer Ablenkung um den Winkel

$$\Delta\chi = \frac{2r_\mathrm{g}}{R_0} = \frac{4\gamma_\mathrm{N} M}{R_0 c^2} \,. \tag{4.24}$$

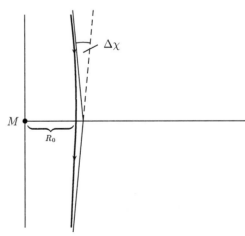

Abb. 4.3

4 Allgemein-relativistische Physik

Für verschwindende Masse des Zentralkörpers verschwindet auch der Ablenkeffekt.

Setzt man für r_g den Gravitationsradius der Sonne (4.23) und für R_0 den Sonnenradius

$$R_0 = 695\,300\,\text{km} \tag{4.25}$$

ein, so resultiert für die Ablenkung an der Sonne der Winkel

$$\Delta\chi = 1,75''. \tag{4.26}$$

Die Hälfte dieses richtigen Wertes erhielt *J. Soldner* bereits 1801 auf der Basis einer mechanischen Lichtkorpuskel-Theorie. Auch *Einsteins* Überlegungen von 1911 führten auf diesen Soldnerschen Wert. Erst die richtigen Feldgleichungen der Gravitation lieferten den richtigen Zahlenwert für den Ablenkungswinkel.

Die Wirkung der Einsteinschen Voraussage auf die an dieser Frage interessierten Physiker und Astronomen war so groß, daß trotz der durch den Ersten Weltkrieg bedingten Animositäten auf Initiative von *A.S. Eddington* schon die totale Sonnenfinsternis vom 29.5.1919 von zwei mit entsprechenden Teleskopen ausgerüsteten britischen Expeditionen dazu benutzt wurde, in Sobral und Principe in Südamerika die Einsteinsche Theorie zu testen. Dabei verglich man zwei Aufnahmen derselben Himmelsgegend, und zwar eine nächtliche bei von den Lichtstrahlen weit entfernter Sonne und eine andere bei vorgelagerter, verdeckter Sonne, um die Sterne sichtbar werden zu lassen. Nach der Voraussage sollte sich der Winkel zu zwei Sternen vergrößern, wenn die Sonne zwischen sie treten würde. Beide Experimente bestätigten beachtlich gut die Einsteinsche Theorie, deren Ruhm dadurch ein weiteres Mal bekräftigt wurde. Im folgenden stellen wir die wichtigsten Meßresultate bei Sonnenfinsternis zusammen:

Autoren	Jahr	Wert
Cromelain und *Davidson* (Sobral)	1919	$1,98'' \pm 0,18''$
Eddington und *Cottingham* (Principe)	1919	$1,61'' \pm 0,45''$
Campbell und *Trümpler* (Cordillo Downs)	1922	$1,78'' \pm 0,17''$
Freundlich, *Klüber* und *Brunn* (Takengon)	1929	$2,24'' \pm 0,10''$
Michailow (Kuybyshevka)	1936	$2,73'' \pm 0,31''$
van Biesbroeck (Bocayuva)	1947	$2,01'' \pm 0,27''$
Schmeidler (Timbuktu)	1959	$2,17'' \pm 0,34''$

4.3 Einige Folgerungen aus der Einsteinschen Gravitationstheorie 139

In dieser Tabelle haben wir nur einen Teil der tatsächlich beobachteten gravitativen Lichtablenkungen an der Sonne erfaßt. Wie man sieht, wird der theoretische Wert recht gut wiedergegeben. Die leichte Tendenz, daß die empirischen Werte den theoretischen Wert etwas übersteigen, dürfte durch Nebeneffekte in der Sonnenatmosphäre zu erklären sein.

Da die Beobachtung der Lichtablenkung einerseits an totale Sonnenfinsternisse gebunden ist, andererseits die Ablenkung theoretisch für das gesamte elektromagnetische Spektrum gilt, lag es nahe, auch nach der Ablenkung von Radiowellen zu suchen, die mittels Radioteleskopen ausgemessen werden sollte. Die Zeit für diese Idee war reif, als 1962/63 die ersten Quasare mit ihrer extremen Energieausstrahlung entdeckt wurden. Tatsächlich führte schon 1967 *I.I. Shapiro* die ersten radioteleskopischen Ablenkmessungen der Radiostrahlung der Quasare 3 C 273 und 3 C 279 durch (zur Terminologie: z. B. 3 C 273 bedeutet das Objekt 273 im 3. Cambridge-Katalog). Beide Objekte passieren nämlich jährlich am 8. Oktober (von der Erde aus gesehen) die Sonne, wobei der Quasar 3 C 279 sogar noch hinter die Sonne tritt. Die Meßgenauigkeit der Radioastronomie war bald so gut, daß bei langen Basislinien (einige Kilometer) Ablenkungen der Strahlung von $3 \cdot 10^{-4}$ Bogensekunden gemessen werden können. Die folgende Tabelle, bezogen auf den Quasar 3 C 279, vermittelt einen Eindruck von der Bestätigung der Einsteinschen Theorie:

Autoren	Frequenz (MHz)	Basislinie (km)	Meßwert / vorausgesagter Wert
Muhlemann, Ekers, Fomalout (1970)	2400	21	$1,04 \pm 0,15$
Seielstadt, Sramek, Weiler (1970)	9602	1	$0,99 \pm 0,12$
Hill (1971)	5000	0,7	$1,14 \pm 0,30$
	2700	1,4	$1,07 \pm 0,17$
Sramek (1972)	8085	0,7	$0,94 \pm 0,06$ (Mittel)
	2695	1 und 2,7	

4.3.5 Gravitative Frequenzverschiebung bei einer elektromagnetischen Welle

Im ungekrümmten Minkowski-Raum bleibt die Frequenz einer freien elektromagnetischen Welle konstant. Durch die Krümmung der Raum-Zeit tritt dagegen eine gravitative Frequenzverschiebung derart auf, daß die Frequenz während der Bewegung der Welle von gravitierenden Massen weg verringert wird (Rotverschiebung) und bei der Bewegung der Welle auf gravitierende Massen zu erhöht wird (Violettverschiebung). Bezeichnet man die Frequenz in weiter Entfernung von Massen mit ν_∞, so korrespondiert einer Differenz des Newtonschen Gravitationspotentials $\Delta\Phi$ die relative Frequenzverschiebung

$$\frac{\Delta\nu}{\nu_\infty} = -\frac{\Delta\Phi}{c^2}. \tag{4.27}$$

Auch dieser relativistische Effekt ist außerordentlich klein, aber von prinzipieller Bedeutung. Setzt man den Zahlenwert für die zwischen Sonne und Erde liegende gravitative Potentialdifferenz ein, so folgt für die relative Frequenzverschiebung

$$\left(\frac{\Delta\nu}{\nu_\infty}\right)_{\text{Sonne/Erde}} = 2,12 \cdot 10^{-6}. \tag{4.28}$$

Um die quantitative Bestätigung dieses Effekts beim Sonnenlicht hat sich die Physik seit Jahrzehnten bemüht. Die Schwierigkeit des Nachweises beruht darauf, daß dieser Effekt von einem Doppler-Effekt gleicher Größenordnung überdeckt ist, der durch die Radialbewegung der Atome der Photosphäre der Sonne zustande kommt. Da in erster Linie die von der Sonne ausgestoßene heiße Materie strahlt, ist wegen der auf die Erde gerichteten Geschwindigkeit eine Doppler-Violettverschiebung zu erwarten, die die gravitative Rotverschiebung vermindern müßte. In der Tat stimmten die Messungen von *E.F. Freundlich, A. v. Brunn* und *H. Brück* (1950, 1954) sowie *M.G. Adam* (1958, 1959) mit dieser Erwartung gut überein. Von allen konnte dabei der sogenannte Limb-Effekt (Rand-Effekt) nachgewiesen werden: Es zeigte sich, daß die Rotverschiebung im Sonnenzentrum infolge der Verminderung durch den beschriebenen Doppler-Effekt etwa ein Drittel des Gravitationseffekts beträgt. Gegen den Sonnenrand hin klingt der Doppler-Effekt ab, und der Meßwert strebt tatsächlich gegen den theoretischen Wert der Einsteinschen gravitativen Frequenzverschiebung. Da so der reine Doppler-Effekt empirisch festgestellt werden kann, ist man in der glücklichen Lage, auf diese Weise quantitative Aussagen über die Strömungsverhältnisse auf der Sonne machen zu können.

Eine Reihe weiterer astrophysikalischer Messungen beziehen sich auf die Weißen Zwerge, die einen wesentlich kleineren Radius als unsere Sonne besitzen. Für die gravitative Rotverschiebung fand man, insbesondere bei dem Siriusbegleiter B, dessen Masse etwa der Sonnenmasse entspricht, dessen Radius aber nur etwa $1/30$ des Sonnenradius ausmacht, tatsächlich etwa

4.3 Einige Folgerungen aus der Einsteinschen Gravitationstheorie 141

den 30fachen Wert gegenüber unserer Sonne. Da die Massen und Radien dieser Himmelsobjekte nicht genau bekannt sind, kann man deshalb bei ihnen nur von einer größenordnungsmäßigen Bestätigung des Effekts sprechen.

Durch die Entdeckung des Mößbauer-Effekts im Jahre 1958 kam es jedoch für die Frequenzverschiebungs-Experimente zu einer überraschenden Wende. Bei diesem von *R.L. Mößbauer* gefundenen Effekt handelt es sich, grob gesprochen, um folgendes: Während optisches Licht durch Strahlungsübergänge in der Atomhülle entsteht, wird bei analogen Übergängen im Atomkern die viel kurzwelligere Gammastrahlung erzeugt, deren Spektrallinien eine wesentlich kleinere Linienbreite aufweisen. Bei der gewöhnlichen Gammaemission sind infolge der thermischen Doppler-Verbreiterung die Linien dennoch relativ breit. Dazu kommt noch, daß durch die mit dem Rückstoß des emittierenden Kerns verbundene Energieübertragung die Frequenz des ausgesandten Gammaquants etwas vermindert wird. *Mößbauer* hat beide Effekte durch Einbettung der emittierenden Kerne in ein Kristallgitter bei entsprechend tiefen Temperaturen eliminiert. Dadurch gelang es ihm, die Linienbreite der Gammastrahlung nahe der natürlichen Linienbreite zu halten.

Da die Gammastrahlung von derselben elektromagnetischen Natur wie Licht ist, muß also auch bei ihr der Effekt der Frequenzverschiebung in Erscheinung treten. Diese Verschiebung besitzt auf der Erdoberfläche für einen Abstand von 22,5 m in vertikaler Richtung gemäß Formel (4.27) den extrem kleinen Wert

$$\frac{\Delta \nu}{\nu_\infty} = 2,47 \cdot 10^{-15}, \tag{4.29}$$

der aber dennoch mittels des Mößbauer-Effektes von *R.V. Pound* und *G.A. Rebka* im Jahre 1960 außerordentlich gut bestätigt werden konnte. Die terrestrische Meßgenauigkeit lag damals bei 1%.

Das Pound-Rebka-Experiment ging dabei von folgender Idee aus: Strahlungsquelle und Absorber, die vom selben Material sein müssen, werden in verschiedenen Höhen übereinander angebracht. Dann wird die gravitative Frequenzverschiebung durch eine infolge der Bewegung des Absorbers auftretende Doppler-Verschiebung kompensiert, so daß die Messung der gravitativen Frequenzverschiebung auf eine Geschwindigkeitsmessung hinausläuft.

Wir weisen in diesem Zusammenhang darauf hin, daß vor der Einsteinschen Gravitationstheorie versucht wurde, auf mechanischer Basis auf eine gravitative Frequenzverschiebung zu schließen. Man ließ sich dabei von dem Gedanken leiten, daß ähnlich einem in die Höhe geworfenen Stein, der dabei kinetische Energie verliert, auch auf ein Photon, das von einem gravitierenden Zentrum ausgeht, eine anziehende Gravitationskraft wirkt, die seine Energie vermindert. Gemäß der Planckschen Formel (3.2) müßte sich dann aus der Energieverminderung eine Frequenzverminderung ergeben. Da ein Photon nicht mechanischen Bewegungsgesetzen unterliegt, hält dieser aus Anschaulichkeitsgründen aufgebrachte Erklärungsversuch einer strengen Kritik nicht stand.

Abschließend sei vorbereitend vermerkt, daß die gravitative Frequenzverschiebung mit der später noch zu behandelnden kosmologischen Frequenzverschiebung nicht verwechselt werden darf.

4.3.6 Hafele-Keating-Experiment

In der Speziellen Relativitätstheorie haben wir die speziell-relativistische Zeitdilatation kennengelernt. Auch in der Allgemeinen Relativitätstheorie gibt es als Folge der Raum-Zeit-Krümmung einen Zeiteffekt, den man sich ziemlich schnell anhand der Schwarzschild-Lösung (4.17) verdeutlichen kann: Verbleiben wir in diesem Gravitationsfeld an einem festen Raumpunkt ($r =$ const, $\vartheta =$ const, $\varphi =$ const) und beachten wir die früher schon angegebene Beziehung $(\mathrm{d}s)^2 = -c^2 (\mathrm{d}\tau)^2$ zwischen Linienelement und Eigenzeit, so resultiert

$$\text{a)} \quad (\mathrm{d}\tau)^2 = \left(1 - \frac{r_g}{r}\right)(\mathrm{d}t)^2 \quad \text{bzw.} \quad \text{b)} \quad \frac{\mathrm{d}t}{\mathrm{d}\tau} \approx 1 + \frac{r_g}{2r} \quad (4.30)$$

zwischen der invarianten Eigenzeit τ und der Koordinatenzeit t. Da der Koordinatenzeit der Zeitablauf in großer Entfernung von gravitierenden Massen entspricht, wird also der Zeitablauf einer Uhr im Gravitationsfeld, gegeben durch den Eigenzeitablauf, entsprechend der Zeitparametrisierung der Uhr modifiziert, was durch die Formeln (4.30) quantitativ zum Ausdruck gebracht wird.

Dieser Tatbestand ist schon seit dem Jahre 1908 gut bekannt. An ein Experiment zum Nachweis sowohl der speziell-relativistischen Zeitdilatation als auch der gravitativen Zeitdilatation war wegen der Kleinheit beider Effekte lange Zeit gar nicht zu denken.

4.3 Einige Folgerungen aus der Einsteinschen Gravitationstheorie 143

Um die gravitative Zeitdilatation in Erdnähe abzuschätzen, setzen wir in Formel (4.30b) die für die Erde zuständigen Zahlenwerte ein:

$$r_g = 0,9 \,\text{cm} \quad \text{(Gravitationsradius der Erde)}, \qquad (4.31)$$
$$r = 6,37 \cdot 10^8 \,\text{cm} \text{ (Erdradius)}.$$

Wir finden dann für die gravitative Zeitdilatation in Erdnähe den Zahlenwert

$$\frac{dt}{d\tau} \approx 1 + 7,1 \cdot 10^{-10}. \qquad (4.32)$$

Die speziell-relativistische Zeitdilatation errechnet sich aus der Formel (3.12) näherungsweise zu

$$\frac{T}{T_0} = 1 + \frac{u^2}{2c^2}. \qquad (4.33)$$

Für Erdsatelliten mit der sogenannten 1. kosmischen Geschwindigkeit $u = 7,92 \,\text{km}\,\text{s}^{-1}$ resultiert daraus die Zahl

$$\left(\frac{T}{T_0}\right)_{\text{Satell.}} = 1 + 3,5 \cdot 10^{-10}, \qquad (4.34)$$

während sich für Flugzeuge mit einer Geschwindigkeit $u = 300 \,\text{m}\,\text{s}^{-1}$ der Wert

$$\left(\frac{T}{T_0}\right)_{\text{Flugz.}} = 1 + \frac{1}{2} \cdot 10^{-12} \qquad (4.35)$$

ergibt. Wir haben diese Zahlenwerte hier ausgerechnet, um dem Leser einen Einblick in die Größenordnung der betrachteten Effekte zu verschaffen. Als die Erdsatelliten-Technik über ihre Anfangsschwierigkeiten hinaus war, lag es nahe, darüber nachzudenken, inwieweit dieser große Fortschritt für derartige Experimente ausnutzbar ist. Wo gab es aber Uhren mit der dafür erforderlichen Ganggenauigkeit?

Es traf sich nun glücklicherweise, daß von seiten der Nichtlinearen Optik die Maser- und Laserforschung inzwischen so weit fortgeschritten war, daß mit Hilfe der Cäsium-Atomuhren eine relative Ganggenauigkeit von 10^{-11} und besser erreicht wurde. Damit stand ein Meßinstrument für die relativistischen Zeitdilatationseffekte in Aussicht. Allerdings türmte sich ein Hindernis insofern noch auf, als die nötige Vergleichsuhr nicht im Unendlichen (extrem weit weg von gravitierenden Massen), sondern auf der (rotierenden) Erde angebracht werden mußte. Da das Satelliten-Projekt nur schleppend voranging und da bereits Flugzeuge für das Experiment ausreichten, entschlossen sich *J. Hafele* und *R. Keating*, mit den inzwischen so weit verbesserten Cäsium-Atomuhren die erforderlichen Messungen auf diese Weise durchzuführen. Mit vier solchen Uhren an Bord wurde im Oktober 1971 die Erde in westlicher und in östlicher Richtung umflogen. Die Flugparameter waren so, daß gegenüber der in Washington stationierten Normaluhr die in der nachfolgenden Tabelle enthaltenen Gangunterschiede zu erwarten waren:

Effekte in Nanosekunden	Gravitation einzeln (theoretisch)	Geschwindigkeit einzeln (theoretisch)	Gesamteffekt (theoretisch)	Gesamteffekt (experimentell)
Westflug	179 ± 18	96 ± 10	275 ± 21	273 ± 7
Ostflug	144 ± 14	-184 ± 18	-40 ± 23	-59 ± 10

Die Ost-West-Unsymmetrie rührt dabei von der Rotation der Erde her. Die letzte Spalte gibt die Meßresultate des Gesamteffekts wieder. Es ist beeindruckend, daß die Theorie durch ein so relativ grobes Experiment (mit vielen Störfaktoren) dennoch so gut bestätigt werden konnte.

Wir merken an, daß Experten inzwischen (1995) bei Cäsium-Atomuhren relative Ganggenauigkeiten von 10^{-14} erreicht haben.

4.3.7 Shapiro-Experiment

Der Fortschritt der Radartechnik ermöglicht es bekanntlich heute, elektromagnetische Radarsignale gezielt auf Himmelskörper unseres Sonnensystems zu senden und die Echos mittels Radioteleskopen zu empfangen. Aus den Laufzeiten kann man außerordentlich exakt die Entfernung der angestrahlten Himmelsobjekte errechnen, da die Vakuum-Lichtgeschwindigkeit sehr genau bekannt ist. Die dabei zugrunde gelegten Rechnungen basieren in der Regel auf der Euklidischen Geometrie, lassen also die Krümmung der Raum-Zeit in unserem Sonnensystem außer acht.

Daß unsere Sonne wegen ihrer großen Masse die Raum-Zeit-Geometrie in ihrer Umgebung so modifiziert, daß meßbare relativistische Effekte auftreten, haben wir an der Periheldrehung der Planeten sowie der Lichtablenkung und Frequenzverschiebung durch die Sonne im einzelnen gesehen. Wie gemäß der Schwarzschild-Lösung der Zeitablauf in der Umgebung eines Zentralkörpers verändert wird, haben uns die obigen Betrachtungen gelehrt. Deshalb ist es sofort einleuchtend, daß die Laufzeit elektromagnetischer Wellen zwischen

4.3 Einige Folgerungen aus der Einsteinschen Gravitationstheorie

zwei Raumpunkten verschieden sein wird, wenn im einen Fall keine gravitierende Masse in der Nähe ist (Euklidische Geometrie) und im anderen Fall der Einfluß der Gravitation einer Masse merkbar wird (Riemannsche Geometrie).

Es ist *I.I. Shapiro* zu verdanken, im Jahre 1964 darauf aufmerksam gemacht zu haben, daß die Präzision von Radarecho-Experimenten so weit gediehen ist, daß ein Experiment der angedeuteten Art zur Überprüfung der Einsteinschen Gravitationstheorie gemacht werden könnte. Unter *Shapiros* Leitung wurden dann mehrere solcher Laufzeit-Experimente durchgeführt, wobei das von der Erde ausgesandte Radarsignal von dem angestrahlten Himmelskörper reflektiert wird. Bei kontinuierlicher Registrierung der Laufzeit muß sich eine Abhängigkeit der Laufzeit von der Stellung der Sonne zur Erde und zum angestrahlten Planeten ergeben. Quantitativ ist die Laufzeitdifferenz Δt zwischen den beiden oben beschriebenen geometrischen Situationen folgendermaßen bestimmt:

$$\Delta t = \frac{2r_\mathrm{g}}{c} \ln \frac{r_\mathrm{e} + r_\mathrm{p} + R}{r_\mathrm{e} + r_\mathrm{p} - R}. \tag{4.36}$$

Dabei ist:

r_g Gravitationsradius der Sonne,
r_e Entfernung zwischen Sonne und Erde,
r_p Entfernung zwischen Sonne und Planet,
R Entfernung zwischen Erde und Planet.

Die ersten Radarecho-Experimente mit Venus und später auch mit Merkur wurden 1967 mit einer Radarfrequenz von 7840 MHz durchgeführt. Im Jahre 1970 dienten dann Mariner 6 und 7 als Reflektoren. Die folgenden Zahlenwerte vermitteln einen Eindruck von der Bestätigung der Einsteinschen Gravitationstheorie:

$$\left(\frac{\Delta t_\mathrm{exp}}{\Delta t_\mathrm{theor}}\right)_\mathrm{Planet} = 1,02 \pm 0,05, \quad \left(\frac{\Delta t_\mathrm{exp}}{\Delta t_\mathrm{theor}}\right)_\mathrm{Satellit} = 1,00 \pm 0,04. \tag{4.37}$$

Aus verständlichen Gründen eignen sich Satelliten, von der Präparierung ihrer Reflektoren her gesehen, für derartige Experimente besonders gut. Leider tritt eine Vielzahl von Nebeneffekten auf, die als Störfaktoren Schwierigkeiten bereiten. Herausragend sind dabei vor allem der Lichtdruck der Sonnenstrahlung und der Sonnenwind. Beide Einflüsse wirken sich besonders dann aus, wenn der Satellit in große Sonnennähe kommt. An dieser Annäherung ist man aber andererseits gerade sehr interessiert, um die relativistischen Effekte zu vergrößern.

Die Radarecho-Methode spielt auch bei der Untersuchung der Periheldrehung von Sonnensatelliten eine große Rolle. Insbesondere denkt man dabei an Satelliten mit großer Exzentrizität, da dann entsprechend der Formel (4.22) für die Periheldrehung dieser Effekt entsprechend stark in Erscheinung tritt. Das Radarecho braucht man, um durch Entfernungsmessungen die Bahnelemente der Satelliten genau bestimmen zu können. Mit der Erforschung von Sonnensatelliten befaßte sich vor allem das Helios-Programm.

4.3.8 Quasare

Durch die Entdeckung völlig neuartiger Himmelskörper mit ganz exotischen, vorher nicht geahnten Eigenschaften erlebte die Astrophysik einen mächtigen Auftrieb. Diese Entwicklung nahm ihren Anfang mit der Entdeckung der Radio-Galaxien: Im Jahre 1932 berichtete *K.G. Jansky*, daß die Milchstraße Radiowellen aussendet. Diese wenig beachtete Nachricht wurde erst 1942 ernster genommen, als man auch auf die von der Sonne ausgehenden Radiowellen aufmerksam wurde. Abgesehen von der Sonne wurde als die erste Radioquelle im Jahre 1946 das Objekt Cygnus A im Sternbild des Schwan entdeckt. Danach nahm die Radioastronomie einen rapiden Aufschwung, wobei vor allem die 21-cm-Linie des Wasserstoffs, auf deren astrophysikalische Bedeutung 1944 hingewiesen und die dann 1951 auch beobachtet wurde, eine herausragende Rolle spielte. Der Zweite Cambridge-Katalog von 1955 wies bereits 1936 Radioquellen aus. Damit war neben dem lichtoptischen Fenster ein neuer Kanal in die Fernen des Weltalls aufgetan.

Die erste Identifizierung einer Quelle mit einer Ausstrahlung im Licht- und Radiowellenbereich gelang 1949 an dem Objekt Taurus A im Krebsnebel. Dabei handelt es sich um die Quelle, welche von der Supernova-Explosion herrührt, die nach alten chinesischen und japanischen Literaturquellen im Jahre 1054 beobachtet wurde.

Der Aufschwung der Radioastronomie vollzog sich außerordentlich rapid. Der nächste Höhepunkt bahnte sich ab 1960 an, als *Th.A. Matthews* und *A.R. Sandage* fanden, daß das optische Bild einer gewissen Radioquelle einen extremen Anteil an blauem Licht besitzt, dessen Spektrum aus einem Kontinuum sowie breiten Emissions- und Absorptionslinien besteht und außerdem noch Lichtschwankungen aufweist. Weitere ähnliche Entdeckungen folgten.

4.3 Einige Folgerungen aus der Einsteinschen Gravitationstheorie   147

Im Jahre 1963 gelang es dann *Maarten Schmidt*, am Objekt 3 C 273 die fraglichen Emissionslinien als extrem stark rotverschobene, aber schon bekannte Spektrallinien zu identifizieren. Damit war die Entdeckung des ersten neuartigen Himmelsobjekts dieser Art perfekt. Man nannte solche quasistellaren Objekte fortan „Quasare". Es kursieren die folgenden Abkürzungen dafür: QSS (quasistellar source), QSRS (quasi-stellar radio source) und QSO (quasistellar object). Gelegentlich teilt man sie in zwei Gruppen ein, nämlich in die quasi-stellaren Galaxien (QSG) und in die blauen stellaren Objekte (BSO).

Die Quasare zeichnen sich durch einige hervorstechende Eigenschaften aus:

1. Ihre elektromagnetische Strahlung, die durch ihre Polarisation die Charakteristika der Synchrotronstrahlung aufweist (Verteilung vom Ultravioletten bis in den Radiobereich), also nicht thermonuklearen Prozessen entspringt, ist extrem groß. Sie liegt zwischen 10^{44} und 10^{47} erg s^{-1}. Man vergleiche damit die Strahlungsintensität unserer Milchstraße von etwa 10^{44} erg s^{-1} und unserer Sonne von $3,86 \cdot 10^{33}$ erg s^{-1}. Es wird vermutet, daß diese riesige Ausstrahlung durch einen gewaltigen Massenkollaps von etwa 10^6 bis 10^{10} Sonnenmassen zustande kommt.

2. Das Spektrum der emittierten Strahlung zeigt eine extreme Rotverschiebung, die durch den Parameter

$$Z = \frac{\Delta \lambda}{\lambda} \qquad (4.38)$$

charakterisiert wird (λ Wellenlänge des betrachteten Lichts, $\Delta\lambda$ Rotverschiebung dieser Wellenlänge). Diese Rotverschiebung ist so groß, daß z. B. die unter normalen Bedingungen im Ultraviolett liegende Lyman-α-Linie des Wasserstoffs in den sichtbaren Bereich des Spektrums versetzt ist. Um eine Vorstellung von der Größe dieses Effekts zu vermitteln, geben wir den Parameter Z für fünf Quasare an:

$Z = 0,158$ beim Quasar 3 C 273,

$Z = 1,005$ beim Quasar 3 C 287,

$Z = 2,012$ beim Quasar 3 C 9,

$Z = 2,88$ beim Quasar 4 C 05. 34,

$Z = 4,43$ beim Quasar 0051 – 279.

Der letzte Wert war bis vor kurzem die größte gefundene Rotverschiebung.

4 Allgemein-relativistische Physik

Zunächst wurde die beobachtete Rotverschiebung als Doppler-Effekt zu interpretieren versucht. Danach sollten sich also die Quasare mit extremen Geschwindigkeiten von uns fortbewegen. Deshalb findet man in der Literatur den Parameter Z mit der relativistischen Doppler-Verschiebung identifiziert:

$$Z = \sqrt{\frac{1 + \frac{u}{c}}{1 - \frac{u}{c}}} - 1, \qquad (4.39)$$

die anstelle der nichtrelativistischen Doppler-Verschiebung $Z = \frac{u}{c}$ genommen werden muß, wenn die Relativgeschwindigkeit u nahe der Vakuum-Lichtgeschwindigkeit c kommt. Bei dieser Deutung hätten dann die letztgenannten Quasare fast Vakuum-Lichtgeschwindigkeit. Diese Interpretation stimmt aber etwas skeptisch. Außerdem wirft die ins Gespräch gebrachte Vorstellung, die Quasare seien aus Galaxienkernen der Lokalen Galaxiengruppe mit Fast-Lichtgeschwindigkeit ausgestoßene Objekte von einer Entfernung kleiner als 10 Millionen parsec (1 parsec = 3,26 Lichtjahre = $3,1 \cdot 10^{18}$ cm), viele andere Rätsel auf.

Die heute ziemlich allgemein anerkannte Auffassung ist, daß nicht der Doppler-Effekt, sondern die kosmologische Rotverschiebung, die uns später beschäftigen wird, die Ursache für das rotverschobene Quasarspektrum ist. Danach muß ein Quasar um so weiter von uns entfernt sein, je größer seine Rotverschiebung ist – ganz im Sinne des Hubble-Effekts der Kosmologie.

Die statistische Auswertung der Quasar-Rotverschiebungen zeigt nun, daß die Z-Werte gehäuft unterhalb $Z_{\max} \approx 3$ liegen und daß bei $Z = 0,5$ ein Maximum der Zahl der gefundenen Quasare ist. Dafür bot sich zunächst die Erklärung an, daß man wegen der Absorption des Lichtes im interstellaren Gas mit den heutigen Teleskopen an einer Entdeckungsschranke für weiter entfernte Objekte angelangt sein müsse. Viel natürlicher und ganz im Einklang mit den Vorstellungen der Kosmologie ist aber die folgende Erklärung: Selbst bei noch besseren Teleskopen, die ja einen noch weiteren Blick in die Vergangenheit des Kosmos erlauben, also eine weitere Zurückschiebung unseres Zeithorizonts in die Vergangenheit bedeuten würden, wird man keine entfernteren Quasare entdecken, da vor einem gewissen Zeitpunkt einfach noch keine Quasare existierten. In dieser jenseits des jetzigen zeitlichen Beobachtungshorizonts liegenden Vergangenheit waren die meisten der Quasare noch nicht geboren. Beachten wir, daß die heutzutage empfangene Quasarstrahlung entsprechend dieser kosmologischen Deutung bis zu

4.3 Einige Folgerungen aus der Einsteinschen Gravitationstheorie 149

10 Milliarden Jahre unterwegs ist, so sehen wir durch die Entdeckung der Quasare bis zu 10 Milliarden Jahre weit in die Vergangenheit zurück. Damals befand sich aber der Kosmos noch in einem frühen Entwicklungsstadium mit großen energetischen Umsetzungen. Auf diese Weise finden dann auch die riesigen Strahlungsleistungen der Quasare eine natürliche Erklärung. Experten schätzen auf empirischer Grundlage das Alter der Quasare auf mindestens 2 Milliarden Jahre.

4.3.9 Pulsare, Neutronensterne

Der nächste Höhepunkt der Astronomie lag im Halbjahr 1967/68, als in Cambridge (England) ein neu installiertes Radioteleskop, bei dem auf einer Fläche von 470 m × 45 m 2048 Dipole montiert worden waren, erprobt wurde. Dieses Gerät, das auf einer Frequenz von 81,5 Megahertz, also einer Wellenlänge von 3,7 m arbeitete, stellte in Richtung einer bestimmten Himmelsgegend merkwürdige Signale fest, deren Ursprung außerhalb des Sonnensystems im Verlaufe des folgenden halben Jahres erhärtet werden konnte. Am 24. 2. 1968 informierte ein Artikel von *A. Hewish, S.I. Bell* und anderen in „Nature" die Weltöffentlichkeit:

Aus dem Sternbild Vulpecula (Füchslein) kamen von einer im Mittel relativ schwachen Radioquelle periodische Signale in einem Intervall von $1,337\,279\,5 \pm 0,000\,002\,0$ Sekunden. Das Überraschendste dabei war, daß die Periode dieses „kosmischen Scheinwerfers" mit einer Genauigkeit eingehalten wurde, die mit Atomuhren vergleichbar war. Die Blinkdauer eines solchen Blitzes betrug 0,3 Sekunden. Man gab dem exotischen Himmelskörper den Namen „Pulsar".

Inzwischen ist eine große Anzahl von Pulsaren mit vielen individuellen Charakteristika (Periode, säkulare Periodenabnahme, Pulsform, Pulsintensität, Strahlungspolarisation usw.) bekannt. Im Jahre 1976 waren es schon etwa 200 Objekte, im Jahre 1993 gaben die Experten schon 600 Objekte an. Dabei schreibt jeder Pulsar gewissermaßen seine eigene Handschrift in die Registriergeräte.

Wir erwähnen hier drei ganz besonders interessante Pulsare:

1. Der Krebs-Nebel-Pulsar, vermutlich das Ergebnis der schon früher erwähnten Supernova-Explosion von 1054, strahlt im optischen und Röntgenbereich des Spektrums. Seine Periode beträgt 0,033 Sekunden, die Pulsdauer hält 0,010 Sekunden an.

2. Im Sternbild des Herkules existiert ein Doppelstern-System, das aus dem optischen Riesenstern HZ Herc mit fast 5facher Sonnenmasse und dem Röntgenpulsar Herc X 1 mit 1,5facher Sonnenmasse besteht. Die Röntgenpulse haben eine Periode von 1,24 Sekunden und eine Strahlungsleistung, die um den Faktor 10^4 diejenige der Sonne übertrifft. Daß es sich dabei um einen Doppelstern handelt, erschloß man aus der Tatsache, daß die Pulse mit einer Periode von 1,7 Tagen unterbrochen werden, was durch die Umlaufsverdeckung durch den anderen Stern erklärt wird. Die Entfernung dieses Doppelstern-Systems von uns wurde auf 20 000 Lichtjahre geschätzt.

3. Im Zusammenhang mit der Periheldrehung und Periastrondrehung haben wir auf den 1974 entdeckten Hulse-Taylor-Binärpulsar PSR 1913+16 mit der größten bisher gefundenen Periastrondrehung von 4,23°/Jahr hingewiesen. Er besitzt die weiteren Eigenschaften: Pulsperiode: 0,059 s, Umlaufperiode um die andere Komponente: $P = 27\,900$ s $= 7{,}75$ h, numerische Exzentrizität: $\varepsilon = 0{,}617$. Auf die zeitliche Änderung seiner Umlaufperiode gehen wir bei den Gravitationswellen noch ein.

Im Zusammenhang mit dem Studium der Pulsare hat sich die Röntgen-Astronomie beachtlich schnell entwickelt. Damit wurde neben dem optischen und Radiobereich ein weiterer wichtiger Informationskanal zum kosmischen Geschehen freigelegt. Die letztgenannte Entdeckung gelang mit dem Uhuru-Röntgen-Satelliten. Im Jahre 1976 kannte man schon etwa 130 Röntgen-Quellen.

Bei der Deutung der Natur der Pulsare waren sich die relativistischen Astrophysiker ziemlich schnell einig. Lag es nicht auf der Hand anzunehmen, daß die Pulse nach dem Leuchtturm-Mechanismus von einem rotierenden Stern kommen? Wenn aber ein Stern in einer Sekunde bis zu 30mal um seine eigene Achse rotiert, darf sein Radius nicht allzu groß sein, da die Geschwindigkeit von Teilen seiner Oberfläche höchstens in die Nähe der Vakuum-Lichtgeschwindigkeit kommen darf. Verfolgt man diese Gedanken quantitativ, so kommt man zu folgenden charakteristischen Parametern für Pulsare:

Radius etwa 20 km, Masse etwa eine Sonnenmasse. Diesen Größen entspricht dann die unvorstellbar große Massendichte von etwa 10^{15} g cm^{-3}. Das ist die Größenordnung der Atomkern-Massendichte. Hätte unsere Erde diese Massendichte, so betrüge ihr Radius nur etwa 150 m. Gibt es für solche gewagte Aussagen überhaupt eine sinnvolle wissenschaftliche Basis?

4.3 Einige Folgerungen aus der Einsteinschen Gravitationstheorie 151

Die theoretische Extrapolation war in dieser Richtung der Empirie mehr als 30 Jahre voraus: Im Jahre 1934 sprachen schon *W. Baade* und *F. Zwicky* als Astrophysiker die Vermutung aus, daß einer Supernova-Explosion ein Kollaps der herausgeschleuderten stellaren Materie nachfolgen müsse, als dessen Ergebnis sich Neutronensterne bilden könnten. Da bei der oben genannten Dichte die Newtonsche Gravitationstheorie nicht mehr anwendbar ist, lag es nahe, ein entsprechendes Modell im Rahmen der Einsteinschen Gravitationstheorie durchzurechnen. Das geschah 1939 durch *J.R. Oppenheimer* und *G.M. Volkoff*, so daß schon seit dieser Zeit recht gute theoretische Vorstellungen über Neutronensterne bestanden. Damit erweisen sich die Pulsare als Neutronensterne mit ganz spezifischen Merkmalen.

Die Pulsare besitzen noch eine weitere extreme Eigenschaft, nämlich ein unvorstellbar großes Magnetfeld: Von unserer Erde ist seit langem bekannt, daß sie, abgesehen von kleineren Nebeneffekten, ein magnetisches Dipolfeld mit einer Feldstärke von etwa 0,5 Gauß auf der Erdoberfläche besitzt. Aus paläomagnetischen Forschungen konnten mehr als 100 Umpolungen in der Vergangenheit ermittelt werden, wobei die Periode bei etwa 100 000 bis 1 Million Jahre liegt. Unsere Sonne weist auch ein, wenn auch stark verzerrtes magnetisches Dipolfeld auf, dessen Stärke auf ihrer Oberfläche etwa 10 bis 100 Gauß beträgt. Dieses Feld polt wohl mit einer Periode von 22 Jahren um, d. h., alle 11 Jahre erfolgt ein Richtungswechsel. Seit längerer Zeit sind nun schon mehr als 100 sogenannte magnetische Sterne bekannt, die periodisch umpolen und magnetische Feldstärken bis zu 10^5 Gauß aufweisen.

Aus plasmaphysikalischen Abschätzungen kam man auf der Basis dieser eben genannten Kenntnisse zu der Meinung, die Pulsare könnten enorme Magnetfelder von etwa 10^{12} Gauß besitzen. Wie sollten aber solche riesigen Felder festgestellt werden? Die Messung der Feldstärke von stellaren Magnetfeldern basiert auf dem Zeeman-Effekt, der die Aufspaltung der Energieniveaus von in Magnetfeldern befindlichen Atomen zum Inhalt hat. Dadurch wird dann eine charakteristische Aufspaltung der Spektrallinien des von den Atomen ausgesandten Lichtes hervorgerufen. Während auf der Sonne die Zeeman-Aufspaltung im sichtbaren Spektrum der elektromagnetischen Strahlung ausgenutzt wird, verlagern die vermuteten Feldstärken auf Pulsaren den Zeeman-Effekt in den Röntgenbereich, so daß ganz besonders raffinierte Hilfsmittel der Röntgen-Astronomie zur Erforschung der auftretenden Zyklotronlinien erforderlich werden.

Der Mai 1976 brachte den sensationellen Erfolg: Unter Leitung von *J. Trümper*, Max-Planck-Institut für extraterrestrische Physik in Garching bei

München, montierte eine Forschergruppe eine 380 kg schwere Röntgenapparatur in die Gondel eines Ballons und ließ diesen in Palestine (Texas) in 42 km Höhe über der Erde 14 Stunden lang Röntgenstrahlung vom oben bereits erwähnten Röntgen-Pulsar Herc X 1 registrieren. Die Auswertung der Meßdaten ergab eine magnetische Feldstärke von etwa 10^{12} Gauß, in glänzender Übereinstimmung mit der theoretischen Vorhersage. Das war das stärkste Magnetfeld, das bis dahin je gemessen worden war.

Als Modell für einen Pulsar fungiert heute vielfach der sogenannte schiefe Rotator, der einen Himmelskörper charakterisieren soll, bei dem Rotationsachse und Magnetfeldachse verschiedene Richtungen haben. Da wegen des Drehimpuls-Erhaltungssatzes die Rotationsachse im Raum fest bleibt, präzediert die Magnetfeldachse um die Rotationsachse. Das vom Normalstern ausgeschleuderte Plasma muß vorzugsweise in Richtung der Magnetfeldachse auf den Pulsar einstürzen. Dabei kommt es zu einer riesigen Erhitzung des Plasmas und damit verbunden zur kegelförmigen Röntgenstrahlung aus den Polargegenden des Pulsars. Ein rotierender Magnetpol entspricht also nach diesem Modell dem Scheinwerfer eines Leuchtturms.

4.3.10 Schwarze Löcher

Daß schon *Laplace* 1795 die Idee der Schwarzen Löcher im Zusammenhang mit seinem Studium des Einflusses des Newtonschen Gravitationsfeldes auf Lichtkorpuskeln antizipiert hat, haben wir oben erwähnt. Die exakte Behandlung dieser Problematik auf der Basis der Einsteinschen Theorie wurde durch die Schwarzschild-Lösung für einen Zentralkörper (1916) möglich. Für einen angenommenen punktförmigen Zentralkörper, dessen Gravitationsfeld durch die äußere Schwarzschild-Lösung (4.17) beschrieben wird, zeigt die Rechnung, daß das Gravitationsfeld in der Nähe des Schwarzschild-Horizonts, der durch die singuläre Kugel $r = r_g$ (r_g Gravitationsradius) definiert ist, so stark werden kann, daß ein Photon auf einer Kreisbahn mit dem Radius

$$r = \frac{3}{2} r_g \tag{4.40}$$

festgehalten wird. Es wird die Meinung vertreten, daß Licht – vereinfacht dargestellt – nicht aus dem Schwarzloch-Bereich (Gebiet innerhalb des Schwarzschild-Horizonts) entweichen kann. Aus dieser Sachlage erklärt sich der Begriff „Schwarzschild-Horizont", denn ein Horizont charakterisiert eine optisch nicht überschreitbare Begrenzung.

4.3 Einige Folgerungen aus der Einsteinschen Gravitationstheorie 153

Da die Gravitationsradien aller bis dahin bekannten Himmelsobjekte unverhältnismäßig viel kleiner als deren körperliche Radien waren, sah man diesen Fragenkreis als rein akademisch an. Erst im Jahre 1939 wurde die Thematik des Gravitationskollapses und der damit vermuteten optischen Abschnürung eines superdichten Sterns von der Außenwelt auf der Basis der Einsteinschen Gravitationstheorie von *J.R. Oppenheimer* und *H. Snyder* ernsthaft relativistisch behandelt. Aber es sollte weitere 30 Jahre dauern, bis plötzlich die Schwarzen Löcher zum aktuellen Diskussionsstoff auf internationalen Konferenzen wurden. Ausgelöst wurden diese Diskussionen durch das sensationelle astrophysikalische Material über die neuartigen exotischen superdichten Himmelskörper, für deren Beschreibung die Einsteinsche Gravitationstheorie zuständig ist.

Wie kann man sich nun die Physik um und in einem Schwarzen Loch verständlich machen?

Zur Verdeutlichung der Situation knüpfen wir an die in Abschnitt 4.3.2 behandelte Schwarzschild-Lösung einer homogenen Kugel vom Radius R_0 und der Masse M an. Wir denken uns den Kugelradius R_0 festgehalten und durch einfallenden Stoff die Kugelmasse M kontinuierlich erhöht. Gemäß Formel (4.18) bedeutet das dann eine Vergrößerung des Gravitationsradius r_g und gemäß Formel (4.20) eine Verkleinerung des eingeführten Parameters a. Für kleine Massen M, d. h. kleine Gravitationsradien, d. h. große Werte von a, ist laut Formel (4.21) der Druck p im gesamten Innenraum positiv. Dieser positive Druck kompensiert die Gravitationsanziehung und hält die Kugel im Gleichgewicht. Die Erhöhung der Masse M und damit die Verringerung des Parameters a geht bis zum Wert $a = \sqrt{9/8}\,R_0$ gut. Bei diesem Zahlenwert wird der Druck im Mittelpunkt der Kugel unendlich groß. Die gravitative Bindungsenergie der Kugel wird etwa halb so groß wie deren Ruhenergie Mc^2.

Bei einer gedachten weiteren Massenzufuhr schlägt der Druck – mathematisch gesehen – ins Negative um. Das bedeutet aber die Zerstörung des Gleichgewichts, so daß sich gemäß der heutigen Lehrmeinung folgendes Szenario abpielen soll: Es kommt zum Gravitationskollaps der gesamten Masse. Die Oberfläche der Kugel implodiert und fällt durch den Schwarzschild-Horizont nach innen. Bei dieser riesigen kosmischen Katastrophe kann ein beachtlicher Anteil der Ruhenergie in Form von elektromagnetischer und gravitativer Strahlung an die Außenwelt abgegeben werden. Nach entsprechender Laufzeit registrieren dann unsere Teleskope diese besonderen kosmischen Ereignisse als Supernova-Explosionen und ähnliches. Der Himmelskörper selbst hat sich durch ein solches Vorkommnis von der Außenwelt abgeschnürt. Seine Kommunikation nach außen ist unterbrochen, denn er kann Licht nur noch absorbieren, aber nicht mehr emittieren. Er ist zu einem Schwarzen Loch, einem „Objekt ohne Haare" geworden. Nur durch sein Gravitationsfeld ist er von außen bemerkbar. Der einzige ihn charakterisierende physikalische Parameter ist seine Masse M. Der Name „Schwarzes Loch" (black hole) findet dadurch seine Erklärung.

Falls sich dieser theoretisch denkbare Vorgang in der Natur wirklich realisiert, haben wir es also mit einem kugelförmigen Objekt zu tun, dessen körperlicher Radius kleiner als sein Gravitationsradius (Schwarzschild-Radius) ist. Ein Blick auf die auf den Außenraum um den kugelförmigen Körper bezogene äußere Schwarzschild-Lösung (4.17) lehrt dann, daß im Bereich $r < r_g$ die seltsame Situation auftritt, daß in der quadratischen Form für das Linienelement das radiale Glied und das zeitliche Glied ihre Vorzeichen ändern, so daß das spezifisch Räumliche zum Zeitlichen und das spezifisch Zeitliche zum Räumlichen wird. Man spricht deshalb vom Umschlag der Signatur von Raum und Zeit.

Durch Benutzung anderer Koordinaten (z. B. Kruskal-Koordinaten) im Bereich $r < r_g$ versucht man, die Physik in diesem Bereich besser zu verstehen.

Die bisherige Darlegung basierte auf der Schwarzschild-Lösung der Einsteinschen Feldgleichungen, die ein statisches Himmelsobjekt der Masse M beschreibt. Für ein rotierendes Objekt mit dem Drehimpuls D ist die Kerr-Lösung zuständig. Trägt das Objekt zusätzlich noch eine elektrische Ladung Q, so haben wir es mit der Kerr-Newman-Lösung zu tun, wie wir von unseren früheren Ausführungen wissen. In diesem letzteren Fall zeigt ein Schwarzes Loch nach außen auch die von der elektrischen Ladung hervorgerufenen stationären elektromagnetischen Eigenschaften.

Falls es in der Natur zur Bildung Schwarzer Löcher vom Kerr-Newman-Typ kommt, hat man sich diesen Prozeß etwa folgendermaßen vorzustellen: Das Objekt absorbiert Plasmamasse aus seiner Umgebung, so daß seine Masse anwächst. Bei diesem sogenannten Akkretionsprozeß kann es durch Abbremsung der Rotation zum Entzug von Energie und damit Masse kommen. Dabei ist der sogenannte irreduzible Massenwert

$$M_{\text{irr}} = M\sqrt{1 - \left(\frac{cD}{\gamma_N M^2}\right)^2 - \frac{Q^2}{4\pi\gamma_N M^2}} \tag{4.41}$$

nicht unterschreitbar.

4.3 Einige Folgerungen aus der Einsteinschen Gravitationstheorie

Die mathematische Analyse zeigt, daß ein solches Schwarzes Loch in seinem Endzustand – von der Relativbewegung abgesehen – durch die drei Parameter: Masse M, Drehimpuls D und Ladung Q eindeutig beschrieben wird.

Aus der Gleichung (4.41) folgt, da die irreduzible Masse nicht imaginär werden darf, die Ungleichung

$$\frac{c^2 D^2}{\gamma_N M^2} + \frac{Q^2}{4\pi} \leq \gamma_N M^2, \tag{4.42}$$

die die Schwarzloch-Eigenschaft der Kerr-Newman-Lösung eingrenzt. Daran erkennt man, daß Rotation und elektrische Aufladung dem Schwarzloch-Charakter eines Objektes entgegenwirken, so daß die oben beschriebene Sachlage durch diese zusätzlichen physikalischen Aspekte modifiziert wird.

Bei einem rotierenden Schwarzen Loch tritt gemäß der heutigen Lehrmeinung außerhalb des Horizonts ein ganz besonders interessanter Bereich, nämlich die sogenannte Ergosphäre auf, in der Impuls- und Energieaustauschprozesse stattfinden können, die eine Abbremsung der Rotation des Loches zur Folge haben, wodurch dieses im Endzustand in ein statisches kugelsymmetrisches Schwarzschild-Loch übergeht – ein für einen fernen Beobachter sichtbarer Prozeß.

Obwohl manches von dem hier über die Schwarzen Löcher Gesagten vermutlich noch hypothetisch ist, ist es dennoch interessant zu sehen, wie weit die Theorie, an deren Entwicklung vor allem *St. W. Hawking, R. Penrose, J. Zeldovich, I. Novikov, W. Israel, B. Carter* usw. einen großen Anteil haben, gediehen ist.

Im Jahre 1974 erfuhr die Theorie einen weiteren Impuls durch *Hawking*, der zeigen konnte, daß die bisher erläuterten, aus der Einsteinschen Gravitationstheorie resultierenden Eigenschaften Schwarzer Löcher durch Quantenstatistik und Thermodynamik deutlich verändert werden können. *Hawking* argumentierte etwa folgendermaßen:

Da ein ideales Schwarzes Loch auch keine Wärmestrahlung aussenden kann, hat es von außen gesehen die Temperatur null, also auch fast verschwindende Entropie. Wo bleibt nun die beim Kollaps eingebrachte Entropie? Der Widerspruch zum 2. Hauptsatz der Thermodynamik, nach dem die Entropie eines abgeschlossenen Systems einem Maximalwert zustrebt, kann nach

4 Allgemein-relativistische Physik

Hawking nur durch die Annahme beseitigt werden, daß infolge der Quanteneffekte ein reales Schwarzes Loch doch strahlen muß (Hawking-Strahlung), und zwar entsprechend der ihm zugeschriebenen Temperatur

$$T = \frac{hc^3}{16\pi^2 \gamma_N M k_B} \tag{4.43}$$

(k_B Boltzmann-Konstante, M Masse des Schwarzen Loches). Dabei hängt das Auftreten von Strahlung damit zusammen, daß – mit einer gewissen wissenschaftlichen Vorsicht – in einer stark gekrümmten, zeitlich veränderlichen Raum-Zeit spontan Teilchen (Photonen, Neutrinos, Gravitonen, Elektronen, Positronen usw.) erzeugt werden sollen, sofern die thermische Energie $k_B T$ in die Größenordnung der Teilchenenergie kommt.

Um dem Leser einen Eindruck von einem Schwarzen Loch in seiner Auswirkung auf einen Außenstehenden zu vermitteln, versetzen wir uns in die Situation eines aus großer Entfernung auf das Schwarze Loch zu fallenden Beobachters mit einer entsprechenden Meßapparatur. Was erlebt er bei seinem schicksalhaften Fall? Wie beschreiben heute Experten diese Situation in der Literatur?

Da das starke Gravitationsfeld des Schwarzen Loches auf das Licht als Gravitationslinse wirkt, wird der Sternenhimmel um das Schwarze Loch immer stärker verzerrt. Dann merkt der Beobachter, daß die sogenannten metrischen Gezeitenkräfte die Gestalt aller Gegenstände in radialer Richtung auf das Loch zu strecken, bis diese Gegenstände zerreißen, erst die großen, dann die kleinen, schließlich sogar Moleküle, Atome und Atomkerne. Bald sieht er – wir nehmen an, der Beobachter bliebe von allem weiteren verschont – immer heißer und dichter werdenden „Brei" aus dem vom Loch aus seiner Umgebung akkretierten Plasma entstehen. Unaufhaltsam fällt alles in das Zentrum. Druck und Massendichte wachsen ins Grenzenlose. Und was geschieht mit dem fallenden Beobachter? Angeblich soll er im Prinzip den Schwarzschild-Horizont normal durchkreuzen und auf das Zentrum hin weiter fallen können.

Wir wollen diese uns physikalisch doch sehr problematisch erscheinenden Voraussagen nicht weiter extrapolieren, denn diese eben beschriebene Kontinuität des Geschehens am Schwarzschild-Horizont dürfte durchaus bedenklich sein. Außerdem befinden sich die vorausgesetzten Zustandsgleichungen außerhalb ihres Gültigkeitsbereiches. Selbst die Anwendbarkeit der Einsteinschen Gravitationstheorie wird fraglich werden. Insbesondere werden Quan-

4.3 Einige Folgerungen aus der Einsteinschen Gravitationstheorie 157

teneffekte die gesamte Situation grundlegend modifizieren. Wir sind an der Grenze unserer jetzigen Erkenntnis.

Wie wird nun heute die Bildungs- und Beobachtungsmöglichkeit von Schwarzen Löchern beurteilt?

Die folgende Tabelle gibt eine größenordnungsmäßige Übersicht über die Gravitationsradien einiger charakteristischer Objekte.

Objekt	Galaxie	Sonne	Erde	Berg	Sandkorn
Masse in g	10^{44}	$2 \cdot 10^{33}$	$6 \cdot 10^{27}$	10^{15}	10^{-5}
Gravitationsradius in cm	$1{,}45 \cdot 10^{16}$	$2{,}9 \cdot 10^{5}$	0,9	10^{-13}	10^{-33}

Wenn heute von Schwarzen Löchern die Rede ist, denkt man in erster Linie an die nahezu stabilen Maxi-Löcher mit Gravitationsradien, die Massen von Galaxien und Sonnen zuzuordnen sind. Dennoch sind auch die sogenannten Mini-Löcher, die den beiden zuletzt aufgeführten Massen korrespondieren, im Gespräch. Von diesen Mini-Löchern nimmt man an, daß sie sich in einem sehr frühen Entwicklungsstadium des Kosmos gebildet haben könnten und relativ instabil sind. Für Mini-Löcher von etwa 10^{14} g Masse liefert die Rechnung die enorme Strahlungstemperatur von etwa 10^{12} K und eine Lebensdauer von etwa 10 Milliarden Jahren. Das ist eine Zeitspanne, die in die Größenordnung des heutigen „Weltalters" kommt. Mini-Löcher, die sich also gleich nach dem Beginn der Expansion unseres Weltalls gebildet hätten, wären in unserer kosmischen Epoche dabei zu zerstrahlen. Da sich ein solches Loch dabei stark erhitzen würde, müßte es seine Existenz durch eine Explosion beschließen. Dabei sollten die letzten 10^{9} g Masse gemäß der Masse-Energie-Relation in einem Gammastrahlenimpuls von fast 10^{23} J verpuffen.

Was den experimentellen Nachweis Schwarzer Löcher betrifft, so müssen wir trotz laufender Erfolgsmeldungen feststellen, daß bis heute die eindeutige und unter den Experten weltweit anerkannte Identifizierung eines Schwarzen Loches noch nicht gelungen ist. Drei verschiedene Beobachtungsmethoden bieten sich an:

1. Am einfachsten wäre es vermutlich, wenn man ein Doppelstern-System so gut auflösen könnte, daß man einen näherungsweise auf einer Ellipsenbahn um ein dunkles Zentrum umlaufenden, elektromagnetisch wahrnehmbaren Stern sehen würde. Der Schluß auf ein gravitierendes Schwarzes Loch im Zentrum wäre dann wohl gerechtfertigt.

158 4 Allgemein-relativistische Physik

2. Schwieriger wäre es sicherlich schon, aus dem spezifischen Gravitationslinseneffekt eines Schwarzen Loches, der sich in einer charakteristischen Modifizierung des Bildes der optischen (nicht notwendig lokalen) Umgebung des Schwarzen Loches auswirken würde, einen schlüssigen Nachweis zu erbringen.
3. Die heutzutage als am erfolgreichsten angesehene Nachweismethode besteht in folgendem: Ist ein Schwarzes Loch von einem aus heißem Plasma bestehenden Normalstern umgeben, so saugt das Schwarze Loch, falls seine Gravitationswirkung entsprechend stark ist, dieses Plasma an. Durch diese Akkretion und nachfolgende immense Beschleunigung wird das Plasma bis zu 10^{10} K erhitzt, so daß es im Röntgen-Gebiet in vorausberechenbarer Weise zu strahlen beginnt. Die Röntgen-Astronomie hat also zur Identifizierung eines Schwarzen Loches ein ganz charakteristisches Röntgen-Spektrum zu suchen.

Nach der eben beschriebenen Methode wurde insbesondere die in unserer Milchstraße befindliche Röntgen-Quelle im Doppelsternsystem Cygnus X-1 eingehend erforscht, bei der es sich um ein Objekt von etwa 14 Sonnenmassen handelt. Obwohl etliche Gesichtspunkte auf ein Schwarzes Loch hindeuten, kann bisher nur von einer wahrscheinlichen Identifizierung als Schwarzes Loch gesprochen werden. Ein weiterer Kandidat für ein Schwarzes Loch ist ein 1983 außerhalb unserer Milchstraße in der Großen Magellanschen Wolke entdecktes Objekt. Inzwischen gibt es zahlreiche Publikationen über weitere vermutete Schwarze Löcher.

In der Literatur wird immer wieder die Frage gestellt, ob nicht die sibirische Tunguska-Katastrophe von 1908 anstelle des oft als Ursache angenommenen eishaltigen Kometen durch ein Schwarzes Midi-Loch von etwa 10^{21} g Masse ausgelöst worden ist. Bekanntlich wurden dabei Hunderte von Quadratkilometern Landes in Sekundenschnelle verwüstet, ohne daß ein Krater gefunden werden konnte. Wohl aber wurden die Wälder sternförmig umgelegt, was auf einen konzentrierten Einschlag schließen läßt. Das stärkste Gegenargument gegen eine derartige Hypothese besteht wohl darin, daß beim Durchschlag eines solchen Schwarzen Loches durch die Erde auch auf der Austrittsseite eine Verwüstung unvermeidbar gewesen wäre.

4.3.11 Gravitationswellen

Existieren in der Natur Gravitationswellen? Gibt es die Gravitonen als die Quanten des Gravitationsfeldes? Was sagt die Einsteinsche Gravitationstheorie zur Existenz der Gravitationswellen? Mit welchen Apparaturen kann

4.3 Einige Folgerungen aus der Einsteinschen Gravitationstheorie

man eigentlich Gravitationswellen nachweisen? Können Gravitationswellen eine ähnlich große technische Bedeutung wie die elektromagnetischen Wellen erlangen?

Das sind wohl die wichtigsten Fragen, die dem Relativitätstheoretiker zu den Gravitationswellen immer wieder gestellt werden. Im folgenden wollen wir versuchen, eine dem gegenwärtigen Stand der Erkenntnis entsprechende Antwort zu geben.

Durch die Aufstellung der Maxwell-Gleichungen des Elektromagnetismus im Jahre 1864 war auch die Existenz der elektromagnetischen Wellen theoretisch vorausgesagt. Der experimentelle Nachweis der elektromagnetischen Wellen gelang *Heinrich Hertz* 1888. Wie tief diese Entdeckung unser tägliches Leben umgestaltet hat, wird oft vergessen (Rundfunk, Fernsehen, Kurzwellen-Therapie, Wärmestrahlung, optische Geräte, Röntgenstrahlen, Gammastrahlen und ähnliches).

Die Newtonsche-Gravitationstheorie ist nur auf statische oder stationäre Probleme anwendbar. Sie enthält damit keine Aussagen über Gravitationswellen. Die Situation in der Einsteinschen Gravitationstheorie ist davon grundverschieden, denn diese Theorie ist auch für schnell veränderliche Massenbewegungen gültig, die die Voraussetzung zur Entstehung freier Gravitationswellen bilden.

Der beachtliche Forschungsaufwand, der heutzutage auf theoretischem und experimentellem Gebiet bei dem Gravitationswellen-Projekt betrieben wird, wäre stark zu reduzieren, wenn es gelänge, eine strenge mathematische Wellenlösung der Einstein-Gleichungen für eine räumlich nur endlich weit ausgedehnte (inselförmige), zeitlich aber schnell veränderliche Massenverteilung zu finden. Welche mathematischen Schwierigkeiten sich einem solchen Unternehmen bisher in den Weg stellten, haben wir oben verständlich gemacht. Zwar gibt es einige strenge Wellenlösungen der Einstein-Gleichungen, z. B.

ebene Wellen von *H.W. Brinkman* (1925),
zylindrische Wellen von *A. Einstein* und *N. Rosen* (1937),

aber einer realen physikalischen Situation entsprechen im Unterschied zu diesen beiden Wellenarten, deren Quellen unendlich ausgedehnt und deshalb wegen der kosmologischen Konsequenzen unbrauchbar sind, nur sphärische Wellentypen (Kugelwellen). Derartige strenge Lösungen konnten aber noch nicht gefunden werden.

Eine große theoretische Bedeutung besitzt in diesem Zusammenhang das Birkhoff-Theorem (*G.D. Birkhoff* 1923), das folgendes konstatiert: Das Gravitationsfeld einer kugelsymmetrischen, zeitabhängigen (z. B. bei Pulsationen) Quellverteilung ist außerhalb der Quelle statisch, und zwar genau identisch mit dem Gravitationsfeld der äußeren Schwarzschild-Lösung. Demnach kann nur dann in großer Entfernung von der Quelle eine Kugelwelle vorliegen, wenn die Symmetrie der Quelle gestört ist. Eine solche Störung ruft aber dann gerade diese immensen mathematischen Schwierigkeiten hervor.

Der Besitz strenger sphärischer Gravitationswellen-Lösungen mit den zu fordernden physikalischen Eigenschaften würde sofort ganz entscheidende theoretische Schlußfolgerungen bei bisher offenen Grundsatzproblemen induzieren. Wir nennen zwei herausfordernde Aufgabenstellungen:

1. Strahlt eine frei rotierende Flüssigkeit, die in großer Entfernung von gravitierenden Massen näherungsweise die Form eines Rotationsellipsoids besitzt (von den komplizierteren Jacobi-Ellipsoiden sehen wir ab), so lange Gravitationswellen, bis sie Kugelgestalt annimmt (Schwarzschild-Lösung) und damit ein statischer Körper wird? Oder ist die stabile stationäre Rotation einer solchen Flüssigkeit eine strenge Lösung der Einstein-Gleichungen? Fachleute sprechen sich für die Richtigkeit der zweiten Alternative aus.

2. Bekanntlich ist das Zweikörper-Problem der Newtonschen Gravitationstheorie auf das Einkörper-Problem (Kepler-Problem) zurückführbar und damit streng lösbar. Das Dreikörper-Problem der Newtonschen Gravitationstheorie ist nicht geschlossen beherrschbar. Leider konnte bis heute im Rahmen der Einsteinschen Gravitationstheorie selbst das Zweikörper-Problem nicht streng gelöst werden. Deshalb läßt sich bisher nicht schlüssig sagen, ob zwei umeinander rotierende Massen (z. B. isoliert gedachtes Erde-Mond-Problem) ein stabiles stationäres Problem repräsentieren oder Gravitationswellen aussenden und dabei aufeinander stürzen oder voneinander entweichen. Hier scheint, wie Näherungsrechnungen ergeben, die Aussendung von Gravitationswellen vorzuliegen, worauf wir noch zurückkommen werden.

Die eben charakterisierte mathematische Situation zwang nun die Theoretiker sehr frühzeitig, die Einsteinschen nichtlinearen Gravitations-Feldgleichungen zu linearisieren, also in ein mathematisch leichter zugängliches lineares partielles Differentialgleichungs-System zu überführen. Voraussetzung für diesen Schritt ist, daß das Gravitationsfeld relativ schwach ist. Dabei muß aber die Zeitabhängigkeit des Feldes so gut erfaßt werden, daß

4.3 Einige Folgerungen aus der Einsteinschen Gravitationstheorie

kein Rückfall auf die Newtonsche Gravitationstheorie erfolgt. Die Linearisierung der Theorie ist insbesondere *Einstein* (1918) und *Eddington* (1923) zu verdanken.

Die entscheidenden physikalischen Ergebnisse dieser Arbeiten sind folgende:
1. Es existieren drei verschiedene Arten von Gravitationswellen:
   - Transversal-Transversal-Wellen, die sich mit Vakuum-Lichtgeschwindigkeit ausbreiten und Energie transportieren können,
   - Transversal-Longitudinal-Wellen,
   - Longitudinal-Longitudinal-Wellen.

   Die beiden zuletzt genannten Arten haben keine physikalische Bedeutung, da sie sich bei geeigneter Koordinatenwahl zum Verschwinden bringen lassen. Sie heißen deshalb Pseudowellen.
2. Es existiert im Unterschied zu den elektromagnetischen Wellen keine gravitative Dipolstrahlung. Die Multipolstrahlungstypen beginnen mit der gravitativen Quadrupolstrahlung,
3. *Einstein* und *Eddington* fanden für die gravitative Quadrupol-Strahlungsleistung die Formel

$$P = \frac{\kappa}{8\pi \cdot 45c} \sum_{a,b=1}^{3} \frac{d^3 D_{ab}}{dt^3} \frac{d^3 D_{ab}}{dt^3} \tag{4.44}$$

$\left(\kappa = \frac{8\pi\gamma_N}{c^4} = 2{,}08 \cdot 10^{-48} \, \text{g}^{-1} \, \text{cm}^{-1} \, \text{s}^2 \right.$ Einsteinsche Gravitationskonstante, D_{ab} Massen-Quadrupolmoment der Quelle $\left.\right)$. Die Richtigkeit dieser Gleichung war vor einiger Zeit von *J. Ehlers, A. Rosenblum, J.N. Goldberg* und *P. Havas* (1976) angezweifelt worden.

Diese Strahlungsformel (4.44) ist auf Massensysteme verschiedener Gestalt angewandt worden. Wir geben zwei Beispiele ohne Berücksichtigung des genauen zahlenmäßigen Vorfaktors an, da es uns nur auf die Größenordnung ankommt:

Ein homogener Stab der Masse m, dessen Länge L viel größer als sein Durchmesser ist und der mit der Kreisfrequenz Ω um eine durch seine Mitte senkrecht zum Stab gelegte Achse rotiert, besitzt die gravitative Quadrupol-Strahlungsleistung

$$P_{\text{Stab}} \approx \frac{\kappa m^2 L^4 \Omega^6}{8\pi \cdot 45c}. \tag{4.45}$$

Ein gravitatives Zweikörper-System (Kepler-System), bestehend aus einer Zentralmasse M und einer im Abstand a mit der Kreisfrequenz Ω umlaufenden Masse m ($m \ll M$), strahlt gravitative Quadrupol-Strahlung der Leistung

$$P_{\text{Kepler}} \approx \frac{\kappa m^2 a^4 \Omega^6}{8\pi \cdot 45 c} \qquad (4.46)$$

ab. Dabei trägt die Zentralmasse praktisch nicht zum Massen-Quadrupolmoment bei, während für den umlaufenden Körper $D_{ab} \approx ma^2$ gesetzt werden kann.

Diese beiden Resultate (4.45) und (4.46) sind das Ergebnis der formalen Anwendung der allgemeinen Formel (4.44). Wir möchten aber bei dieser Gelegenheit darauf hinweisen, daß etliche Theoretiker ernste Zweifel hatten, ob – im Unterschied zu einem System mit einer von außen erzwungenen Bewegung – ein nur der gravitativen Wechselwirkung unterworfenes System überhaupt Gravitationsstrahlung aussendet (z. B. Kepler-System).

Der experimentelle Nachweis der Gravitationswellen hängt natürlich in erster Linie von deren Strahlungsintensität ab. Gehen wir davon aus, daß die Formel (4.44) für die Intensität der gravitativen Quadrupolstrahlung mindestens der Größenordnung nach stimmt, so ersieht man aus dem außerordentlich kleinen Vorfaktor der rechten Seite (Einsteinsche Gravitationskonstante im Zähler, Vakuum-Lichtgeschwindigkeit im Nenner), daß die Strahlungsleistung unter Laborbedingungen außerordentlich klein ist. Lediglich durch die Erhöhung der Schnelligkeit der zeitlichen Veränderungen und die Vergrößerung der in das Quadrupolmoment eingehenden Massen ist der zu erwartende Effekt zu verstärken.

Da bei terrestrischen Experimenten diesen beiden Einflußnahmen objektive Grenzen gesetzt sind, ist der Nachweis der Gravitationsstrahlung mittels irdischer Strahlungsquellen vorläufig in weiter Ferne. Wegen der Notwendigkeit der experimentellen Reproduzierbarkeit eines Versuches, insbesondere in Anbetracht der Möglichkeit der Variation der charakteristischen Versuchsparameter, ist man aber gerade an einer labormäßigen Durchführung von Experimenten dieser Art interessiert. Deshalb zielen theoretische Überlegungen insbesondere auch auf die Ausnutzung der Supraleiterphysik und Laserphysik ab.

Wesentlich günstiger ist die Situation bei den kosmischen Gravitationsstrahlungs-Quellen. Vor allem die Entdeckung der neuartigen kosmischen Objekte mit ihren exotischen Eigenschaften hat die Entwicklung enorm stimuliert. Dabei sind die sich in Sekundenschnelle vollziehenden Gravitationskollapse von Sternsystemen mit den nachfolgenden Explosionsphänomenen – seit

4.3 Einige Folgerungen aus der Einsteinschen Gravitationstheorie 163

Jahrzehnten als Supernovae bekannt – gemäß Formel (4.44) die idealen gravitativen Strahlungsquellen, denn erstens laufen diese Prozesse unvorstellbar schnell ab, und zweitens sind daran unvorstellbar große Massen beteiligt. Schließlich ist noch bemerkenswert, daß die Theorie eine überraschend große Entstehungsrate an Gravitationsstrahlung bei diesen Vorgängen voraussagt. Während beispielsweise bei den Kernprozessen in energetischer Hinsicht der elektromagnetische Strahlungsanteil an dem Gesamtvorgang in der Größenordnung von nur 1 bis 2% liegt, kommt der gravitative Strahlungsanteil bei den Kollapsprozessen in die Größenordnung des Zehnfachen. Bei der Fusion von zwei Schwarzen Löchern rechnet man sogar mit einem gravitativen Strahlungswirkungsgrad von bis zu 50%.

Trotz dieser günstigen Prognose ist die Entdeckungschance für Gravitationswellen heute noch recht klein, denn diese kosmischen Phänomene finden einerseits in riesigen Entfernungen statt, die Intensität der Gravitationsstrahlung klingt aber ähnlich wie die der elektromagnetischen Strahlung mit dem Quadrat der Entfernung ab. Andererseits finden etwa 10 Kollapsgeschehen pro Jahr in dem uns bisher bekannten Teil des Kosmos statt. Zu dieser Abschätzung kamen verschiedene Physiker durch folgende größenordnungsmäßige Überlegungen:

Wir kennen heute etwa 10^{11} Galaxien. Aufgrund der Dichte der für einen Kollaps in Frage kommenden Sternsysteme finden wir für die Stoßwahrscheinlichkeit pro Jahr und Galaxie die Zahl 10^{-9}. Daraus resultieren dann 10 eventuell beobachtbare Ereignisse pro Jahr.

Die Freisetzung von gravitativer Strahlungsenergie pro Kollaps dieses ins Auge gefaßten Ausmaßes wird von den Experten mit 10^{52} bis 10^{54} erg beziffert. Für die eigentlich interessante Phase des Kollapses wird eine Zeitdauer von 10^{-3} bis 10^{-4} Sekunden errechnet. Mit diesen Zahlenwerten läßt sich die auf einen Quadratzentimeter der Erdoberfläche pro Puls einfallende gravitative Strahlungsenergie folgendermaßen eingrenzen:

1. optimistische Variante: Intensität $10^3 \, \mathrm{erg\,cm^{-2}}$. Diese Größe wäre meßbar wenn die Vibrations-Meßbarkeitsgrenze für die später noch zu besprechenden Gravitationswellen-Detektoren bis zu 10^{-17} cm heruntergedrückt werden könnte.
2. pessimistische Variante: Intensität $10^{-3} \, \mathrm{erg\,cm^{-2}}$. Die Meßbarkeit wäre möglich, wenn noch Vibrationen der Detektoren von 10^{-20} cm festgestellt werden könnten.

Wie sehen nun Gravitationswellen-Detektoren eigentlich aus, und was leisten sie heute?

Pionier mit dem Ziel des Nachweises der Gravitationswellen war unbestritten *J. Weber*, der im Jahre 1956 den gewagten Schritt in dieses experimentelle Neuland tat. Sein Detektortyp war ein Aluminium-Zylinder (Weber-Zylinder), den er an einem in der Mitte befestigten Seil in Ost-West-Richtung aufgehängt hat. Charakteristische Zylinderparameter waren: Länge: 1,6 m, Durchmesser: 0,9 m, Masse: 5 Tonnen, mechanische Grundfrequenz: 1661 Hz.

Kommt nun aus dem Kosmos aus einer festen Richtung eine über einen längeren Zeitraum anhaltende Gravitationswelle, so ist zu erwarten, daß im Zylinder entsprechend seiner optimalen Anregungsstellung zweimal pro Tag Eigenschwingungen hervorgerufen werden, denn die Gravitationswellen üben auf die Zylindermasse Deformationen aus. Über einen piezoelektrischen Vibrationsdetektor, der an einer Deckfläche zwischen Zylinder und fester Verankerung angebracht war, wurden die mechanischen Schwingungen ausgekoppelt und elektronisch ausgewertet. Die untere Meßgrenze für die gravitative Strahlungsintensität I_g einer solchen Apparatur ist durch folgende Formel gegeben:

$$I_\mathrm{g} = A \frac{k_\mathrm{B} T}{mQ} \quad (\text{in erg cm}^{-2}\,\text{s}^{-1}) \tag{4.47}$$

(A Apparate-Konstante, k_B Boltzmann-Konstante, m Zylindermasse, Q Gütefaktor der Apparatur). Um diese Meßgrenze möglichst niedrig, also die Empfindlichkeit möglichst hoch zu halten, hat man somit bei möglichst tiefen Temperaturen zu arbeiten, eine große Zylindermasse zu verwenden und den Gütefaktor der Apparatur, der vor allem von den Dämpfungsverlusten des Materials abhängt, zu steigern.

Weber arbeitete bei 300 K (Zimmertemperatur). Der Gütefaktor betrug anfangs $Q = 10^5$. Damit konnte er Zylindervibrationen von $\delta x = 10^{-9}$ cm messen. Im Jahre 1973 hatte er durch Verbesserungen an seiner Apparatur die Vibrationsmeßgrenze auf $\delta x = 10^{-14}$ cm herunterdrücken können.

Man beachte dabei, daß die Größenordnung der Linearausdehnung von Atomen bei 10^{-8} cm und von Elementarteilchen bei 10^{-13} cm liegt. Deshalb erscheinen diese obigen Zahlenwerte dem Leser vielleicht unverständlich. Sie lassen sich aber durch die statistische, über entsprechend lange Beobachtungszeiten gehende Auswertung bei Beachtung der enorm großen Anzahl der beteiligten Atome des Zylinders rechtfertigen.

4.3 Einige Folgerungen aus der Einsteinschen Gravitationstheorie 165

Webers Meßergebnisse schienen sensationell zu sein. Er glaubte, pro Tag zwei Pulse vom Zentrum unserer Milchstraße registriert zu haben. Die Zurückrechnung von der vermeintlich empfangenen Energie auf die Kollapsenergie lieferte Zahlenwerte, nach denen auf der Basis der bisherigen Theorien unsere Milchstraße hätte schon längst zerstrahlt sein müssen: Der erschlossene Massenverlust der Milchstraße von 200 Sonnenmassen pro Jahr würde die Zerstrahlung der Milchstraße in 1000 Jahren bedeuten. Es ist aber die Existenz der Milchstraße seit mindestens 10^{10} Jahren gesichert.

Die Lösung dieses Rätsels forcierte die Gravitationswellen-Forschung der ganzen Welt in unglaublicher Weise. Die an anderen Orten bereits betriebenen Apparaturen wurden verbessert, neue wurden aufgebaut. Bald arbeiteten an folgenden weiteren Stellen beachtliche Forschungsgruppen: Stanford, Moskau, Rochester, Glasgow, Paris-Meudon, Garching bei München, Rom-Frascati. Dabei zeichneten sich bald drei neue Entwicklungslinien ab:

1. In Stanford ging *W.M. Fairbank* daran, die Erkenntnisse der Tieftemperatur-Physik für die Verbesserung der Gravitationsdetektoren auszunutzen, denn je tiefer die Arbeitstemperatur des Detektors ist, um so günstiger wird das Signal-Rausch-Verhältnis und um so empfindlicher wird die Apparatur. Im wesentlichen übernahm *W.M. Fairbank* die Weber-Zylinder, verbesserte aber die Auskopplung durch die Benutzung von Supraleiter-Mikrophonen. Der entscheidende Fortschritt bestand darin, daß er seine Apparatur, in flüssiges Helium eingebettet, bei einigen Kelvin über dem absoluten Nullpunkt arbeiten lassen konnte. Die Vibrationsmeßgrenze konnte auf diese Weise auf $\delta x = 10^{-16}$ cm gesenkt werden. Später brachte diese Forschergruppe die Temperatur für die wesentlichen Teile des Detektors auf etwa 10^{-3} K, wodurch die Vibrationsmeßgrenze um noch einige weitere Größenordnungen unterboten werden sollte. Man muß sich dabei aber klar werden, daß der Senkung dieser Meßgrenze durch das Auftreten von Quantenphänomenen bei extrem tiefen Temperaturen objektive Grenzen gesetzt sind.
2. Einen vielversprechenden anderen Weg hatte *V.B. Braginsky* in Moskau eingeschlagen. Er ging von den voluminösen Weber-Zylindern ab und ersetzte diese durch Monokristall-Zylinder aus Saphir und später aus Granat. Charakteristische Zylinderparameter waren bei ihm: Länge: 30 cm, Masse: 1 kg, mechanische Grundfrequenz: 10^4 Hz. Entsprechend der Formel (4.47) wird wegen der viel kleineren Masse des Zylinders die Empfindlichkeit seiner Apparatur bedeutend ungünstiger. Diesen Verlust konnte er aber durch den enorm höheren Gütefaktor von Monokri-

stallen kompensieren, so daß er bei einem Gütefaktor von $Q = 7 \cdot 10^8$ und einer Arbeitstemperatur von 7 K dann ebenfalls die Vibrationsmeßgrenze $\delta x = 10^{-16}$ cm erreichen konnte. Durch Senkung der Temperatur hoffte diese Forschergruppe, bald die Vibrationsmeßgrenze $\delta x = 10^{-18}$ cm zu erreichen, was einer Meßempfindlichkeit an gravitativer spektraler Strahlungsdichte von $I = 0,1$ erg/cm^2 Hz entsprechen würde.

3. Am Max-Planck-Institut für Physik und Astrophysik, Garching bei München, wurden in Zusammenarbeit mit dem ESRIN-Institut in Rom-Frascati zunächst die Weber-Experimente wiederholt. Dann hat die dortige Forschungsgruppe (*H. Billing, W. Winkler* u.a.) einen grundsätzlich anderen Weg eingeschlagen, wobei die durch die Laser-Physik für die Längenmeßtechnik offensichtlich gewordenen Vorteile ausgenutzt werden. Ein modifiziertes Michelson-Interferometer bildet die Basis der Apparatur. Die durch Gravitationswellen bewirkte Änderung der Armlängen des Interferometers soll optisch ermittelt werden. Gegenwärtig befindet sich ein Großversuch in der Aufbauphase.

Alle bisherigen Experimente zum Nachweis der Gravitationswellen konnten die Weberschen Messungen nicht bestätigen. Es wurden zwar von den Detektoren gelegentlich Pulse registriert, aber deren Ursprung war anderer Natur.

Eine Wende beim Nachweis von Gravitationswellen scheint 1978 eingetreten zu sein, als *R. Hulse* und *J. Taylor* an dem von ihnen 1974 entdeckten Hulse-Taylor-Binärpulsar herausfanden, daß dessen Umlaufperiode P_u gemäß der Formel (1993)

$$\frac{dP_u}{dt} = -2{,}427 \cdot 10^{-12}$$

zeitich abnimmt. Da bisher äußere Störungen ausgeschlossen werden konnten, glaubt man, daß dieses Abklingen mit der Aussendung von durch Gravitationswellen fortgetragener Energie zu tun hat, zumal die Strahlungsformel (4.44) gut damit übereinstimmt.

4.4 Kosmologie

4.4.1 Zur Vorgeschichte der Kosmologie

Schon lange vor den ersten Ansätzen zur Aristotelischen Physik hat der denkende Mensch über die Rätsel des nächtlichen Sternenhimmels nachgegrübelt.

4.4 Kosmologie

Die Astronomie als die älteste Wissenschaft war bereits bei den Babyloniern, Ägyptern, Chinesen, Indern, Mayas und Griechen beachtlich hoch entwickelt. Während ursprünglich mehr der Lauf der Gestirne und die diesem zugrunde liegenden Bewegungsgesetze interessierten, begann mit der Nutzbarmachung des Fernrohrs die Frage nach der äußeren und inneren Struktur und schließlich nach der Entstehung und Entwicklung der Himmelskörper zu dominieren: Die Kosmogonie blühte auf. Bald wurden aber auch ernsthafte Probleme über den Kosmos als Ganzes aufgeworfen. Damit trat die Kosmologie in die Reihe der Wissenschaften.

Sieht man von den aus der Antike tradierten, oft mystisch motivierten Weltmodellen ab, so muß man den ersten wissenschaftlichen Zugang zur Kosmologie mit der Newtonschen Physik verbinden. Bald fielen aber den Astrophysikern auch da unüberwindbare Schwierigkeiten auf:

Berühmt geworden ist insbesondere das sogenannte Olberssche Paradoxon, das *H. Olbers* 1826 formuliert hat. Es fußt auf der Behauptung, daß nach der Newtonschen Konzeption eines euklidischen, ausgedehnten Raumes der Nachthimmel grell leuchten müßte. Nimmt man nämlich an, daß der Kosmos etwa gleichmäßig mit Sternen bevölkert ist, so wächst einerseits die Zahl der Sterne, die sich in einer um uns gedachten Kugelschale mit einer gewissen Dicke befinden, mit der Kugelfläche, also mit dem Quadrat des Kugelradius an; andererseits nimmt die eingestrahlte Intensität bekanntlich mit dem Quadrat der Entfernung ab. Damit trägt jede Kugelschale mit derselben konstanten Gesamtintensität zur Einstrahlung bei uns bei. Offensichtlich führt die Integration über den unendlichen Raum zu einer ansteigenden Lichterregung, die so lange wächst, bis sich die Sterne überdecken. Insgesamt hätte man deshalb ein Millionenfaches der Sonnenintensität an Lichteinstrahlung zu erwarten. Das steht aber im Widerspruch zur Erfahrung.

Das eben skizzierte Kosmosmodell eines euklidischen, unendlich ausgedehnten Raumes mit gleichmäßiger Sternverteilung geriet auch mit der Newtonschen Gravitationstheorie in ernsten Konflikt. Diese Theorie liefert nämlich für eine homogene Massenkugel konstanter Dichte bei wachsendem Kugelradius ein unendlich großes Gravitationspotential. Auch dieses Ergebnis steht im Widerspruch zur Erfahrung. *H. v. Seeliger* machte 1894 den Versuch, dieser Schwierigkeit durch Ersetzung der Newtonschen Gravitations-Feldgleichung (1.10) durch die Feldgleichung

$$\frac{\partial^2 \Phi}{\partial x^2} + \frac{\partial^2 \Phi}{\partial y^2} + \frac{\partial^2 \Phi}{\partial z^2} - k^2 \Phi = 4\pi \gamma_N \mu \tag{4.48}$$

zu entgehen, wobei k eine sehr kleine Konstante sein sollte. Gegen diese abgeänderte Gleichung konnten aber andere Einwände geltend gemacht werden.

Der Seeligerschen Korrektur der Newtonschen Feldgleichung entspricht die Korrektur der Einsteinschen Feldgleichungen durch das sogenannte kosmologische Glied mit der kosmologischen Konstanten λ_K, die *Einstein* 1917 versuchsweise einführte, um zu erreichen, daß die neuen Feldgleichungen einen statischen Kugelraum als Lösung besitzen – eine Thematik, auf die wir wieder bei der Behandlung des Friedmanschen Weltmodells stoßen werden. In den letzten Jahrzehnten wurde das kosmologische Glied von einer Reihe von Forschern als durch die quantenfeldtheoretischen Vakuumschwankungen verursacht interpretiert.

Die Einsteinsche Lehre mit ihrer Preisgabe der Euklidizität der Geometrie des Raumes hat eine Lösung dieser beiden historisch recht bemerkenswerten Widersprüche zur Erfahrung von selbst mit sich gebracht.

Die eigentliche wissenschaftliche Basis für die Kosmologie wurde erst durch die Allgemeine Relativitätstheorie gelegt. *Einstein* selbst war es, der seine Gravitations-Feldgleichungen von 1915 auf einen statischen 3-dimensionalen Kugelraum, also auf ein homogenes und isotropes Weltmodell anwandte. Homogenität resp. Isotropie bedeuten, daß im Raum kein Punkt resp. keine Richtung ausgezeichnet sind. Bei *Einsteins* Rechnungen zeigte sich allerdings, daß ein solcher statischer Kugelraum (zeitlich konstanter Radius) keine Lösung der Feldgleichungen ist. Wegen dieser Sachlage vollzog dann *Einstein* die oben bereits erwähnte Abänderung der Feldgleichungen durch das kosmologische Glied. Auf dieser neuen Basis entstand dann 1917 das Einstein-Modell eines 3-dimensionalen statischen Kugelraumes, dessen Krümmungsradius K_0 mit der kosmologischen Konstanten λ_K durch die Beziehung $K_0 = 1/\sqrt{\lambda_K}$ verknüpft ist.

Das kosmologische Glied, das *Einstein* aufgrund der befriedigenden Friedmanschen Resultate später wieder fallen ließ, hat die Forscher bis heute immer wieder gereizt. Es konnte bis heute empirisch auch nicht ausgeschlossen werden. Allerdings kann jetzt eine obere Grenze für den Zahlenwert der kosmologischen Konstanten angegeben werden. Dabei zeigt sich, daß dieser Zahlenwert, falls dem Glied wirklich Wahrheitsgehalt zukommt, außerordentlich klein sein muß.

Ein anderes Weltmodell aus der allerersten Zeit nach Aufstellung der Einsteinschen Theorie ist das von *W. de Sitter* in den Jahren 1916/1917 vorge-

4.4 Kosmologie   169

schlagene De-Sitter-Modell, gegen das ebenfalls schwerwiegende physikalische Einwände (z. B. negativer Druck) geltend gemacht werden können. Das Einstein-Modell und das De-Sitter-Modell besitzen deshalb heute nur noch historisches und mathematisches Interesse.

Der entscheidende theoretische Schritt nach vorn gelang im Jahre 1922 *A. Friedman* im damals durch die Interventionskämpfe stark bedrängten und ausgehungerten Petrograd. Zum Erstaunen von *Einstein* fand er, daß die Einsteinschen Feldgleichungen ohne das kosmologische Glied doch den 3-dimensionalen homogenen und isotropen Raum (von Vorzeichenfragen abgesehen also gerade den Einsteinschen Kugelraum) als Lösung besitzen, aber mit einem zeitlich variablen Radius. Damit war das Friedman-Modell als dynamisches Weltmodell geschaffen. Die kosmologische Erfahrung bis heute spricht für einen hohen Wahrheitsgehalt dieses sicherlich sehr groben Modells, das sich trotz Anfeindung und Mißdeutung durchgesetzt und als Annäherung an den wirklichen Kosmos gut bewährt hat. Wir werden uns später noch ausführlicher mit ihm beschäftigen.

4.4.2 Hubbles Entdeckungen: Approximative Homogenität und Isotropie, kosmologische Rotverschiebung und Weltexpansion

Daß das Zweigestirn Friedman/Hubble für Jahrhunderte den Weg zur Wissenschaft Kosmologie erhellen wird, war *E. Hubble* im Jahre 1929 sicherlich nicht voll bewußt. Er wird damals auch kaum in der Lage gewesen sein, den von *Friedman* 1922 geschaffenen theoretischen Vorlauf voll zu übersehen. Was geschah in jenem Jahr 1929?

Hubble machte 1929 auf dem Mount Wilson in Kalifornien mit dem damals herausragenden Spiegelteleskop durch ein systematisches Studium der extragalaktischen Nebel zwei epochale Entdeckungen, die später von ihm und *M.L. Humason* noch weiter verfeinert wurden. Man kann die wichtigsten Ergebnisse in heutiger Sicht folgendermaßen zusammenfassen:

1. Mittelt man über den astronomisch bekannten Erfahrungsraum, der damals bis zu Entfernungen von 500 Millionen Lichtjahren reichte und heute Entfernungen bis zu 10 Milliarden Lichtjahre umfaßt, so kann man eine homogene (kein bevorzugter Punkt) und – soweit der Himmelsraum richtungsmäßig zugänglich ist – isotrope (keine bevorzugte Richtung) Massenverteilung mit einer mittleren Massendichte von etwa $10^{-30}\,\text{g}\,\text{cm}^{-3}$

feststellen. Die Unsicherheit in der Massendichte resultiert aus mehreren Faktoren (z. B. Massen der Objekte, Entfernungsproblematik). Es ist klar, daß die Entdeckung neuer kosmischer Objekte (z. B. dunkle Materie) zu einer Verschiebung der Massendichte zu größeren Werten führt. Die Extrapolation dieser Hubbleschen Entdeckung auf den gesamten Kosmos führt zu dem sogenannten kosmologischen Homogenitäts-Isotropie-Postulat, das natürlich eine Hypothese ist.

2. Die fernen Galaxien weisen unabhängig von ihrer Richtung eine alle Spektrallinien in gleicher Weise erfassende Rotverschiebung $\Delta\lambda$ auf, die näherungsweise dem Abstand Δl der Galaxien von uns proportional ist:

$$Z = \frac{\Delta\lambda}{\lambda} = \frac{H}{c}\Delta l \qquad (4.49)$$

(λ Wellenlänge des Lichtes). Der Proportionalitätsfaktor H in dieser für relativ kleine Wellenlängen-Verschiebungen gültigen linearen Hubbleschen Formel heißt Hubble-Faktor. Der Zahlenwert für diese Größe unterlag infolge der laufenden Verbesserungen der Entfernungsskala einer ständigen Korrektur. Der heute weitgehend akzeptierte Wert beträgt etwa

$$H = 77\frac{\text{km}}{\text{s\,Mpc}} = 2,48 \cdot 10^{-18}\frac{1}{\text{s}} = \frac{1}{12,6 \cdot 10^9 \text{Jahre}} \qquad (4.50)$$

(Mpc Megaparsec). *Hubbles* erste grobe Abschätzung belief sich auf etwa

$$H = 600\,\frac{\text{km}}{\text{sMpc}}$$

(1 Jahr hat $3,15 \cdot 10^7$ Sekunden, 1 parsec ist gleich $3,084 \cdot 10^{18}$ cm).

Die Hubblesche Rotverschiebung der Spektrallinien wurde anfangs als einfacher Doppler-Effekt gedeutet. Nach diesem Effekt ist die Ursache für die Rotverschiebung die Fortbewegung der Lichtquellen, also der fernen Galaxien, von uns. Da das kosmologische Homogenitäts-Isotropie-Postulat die Gleichberechtigung aller Beobachter im Kosmos nach sich zieht, muß nach dieser Deutung jeder dieser Beobachter die fernen Galaxien von sich fortbewegen sehen. Aus dieser Überlegung resultierte dann die These von der Nebelflucht oder Weltexpansion.

An dieser Stelle sei an das früher dargelegte neue Beobachtungsmaterial, das die immense Rotverschiebung der Spektrallinien der Quasare betrifft, erinnert. Auch diese Fakten fügen sich gut in das hier entworfene Bild vom Kosmos ein.

Die These von der Weltexpansion stieß aus verschiedenartigen Gründen auf beachtliche Ablehnung. Dieser Tatbestand wäre einer umfassenden Analyse wert. Selbst so weither geholte Ideen, wie die „Alterung" der Photonen auf ihrem langen Weg zu uns, wurden gegen die Weltexpansion ins Feld geführt.

4.4.3 Thermische Hintergrundstrahlung

Neben den Hubbleschen Entdeckungen ist wohl die Entdeckung der thermischen Hintergrundstrahlung des Kosmos durch *A.A. Penzias* und *R.W. Wilson* im Jahre 1965 die nächste epochale kosmologische Entdeckung unseres Jahrhunderts. Beide bei den Bell-Telephone-Laboratorien beschäftigten Forscher wollten das Rauschen in ihrer Antenne vermindern, das die Verbindung zu Satelliten störte. Dabei stellten sie einen Rauschexzeß fest, der in den Grenzen ihrer Beobachtungsgenauigkeit einer isotropen, unpolarisierten elektromagnetischen Hintergrundstrahlung im Mikrowellengebiet entsprach, die frei von jahreszeitlichen Schwankungen war. Die genauere Analyse des Strahlungsspektrums ergab, daß es sich um die Plancksche Strahlung eines schwarzen Körpers (Hohlraumstrahlung) mit einer Strahlungstemperatur von 3 K handeln könnte. Allerdings waren die auf der Erde erhältlicher Meßdaten nur für einen Teilbereich des Spektrums schlüssig: Für Wellenlängen $\lambda > 30\,\text{cm}$ dominiert die Einstrahlung von der Galaxis und den Radioquellen; für Wellenlängen $\lambda < 1\,\text{mm}$ verhindert die Absorption der Atmosphäre den Empfang. Hier mußten indirekte Methoden herangezogen werden. Es ist interessant, daß bereits 1941 *A. McKellar* der die CN-Banden kosmischer Moleküle anregenden Strahlung eine Temperatur von 2,3 K zuordnete. Seine Feststellung wurde vergessen.

In den letzten Jahren wurde die Anpassung des Spektrums der Hintergrundstrahlung an die Plancksche Strahlungsformel weiter verfeinert, so daß man dieser Strahlung 2,735 K (1993) zuschreibt. Ihre Energiedichte liegt bei etwa $10^{-12}\,\text{erg}\,\text{cm}^{-3}$. Die zuzuordnende Massendichte beträgt etwa $10^{-33}\,\text{g}\,\text{cm}^{-3}$. Auch der Isotropienachweis für die Strahlung konnte beachtlich weit vorangetrieben werden.

Zur Erklärung der Hintergrundstrahlung wurden die verschiedensten Ideen entwickelt:

1. Strahlung eines heißen interstellaren Gases in frühen Entwicklungsstadien. Eine solche Strahlung besitzt aber ein anderes Spektrum. Außerdem fällt die integrale Intensität zu klein aus.
2. Strahlung von Galaxien-Staubkörnern, die durch das Sternenlicht induziert sei. Diese Erklärung scheidet ebenfalls aus, da die Energiedichte der integralen optischen Strahlung der Galaxien ungefähr $2,4 \cdot 10^{-15}\,\text{erg}\,\text{cm}^{-3}$

beträgt, also etwa 3 Größenordnungen unter der Energiedichte der Hintergrundstrahlung liegt.
3. Überlagerungs-Strahlung geeigneter kosmischer Strahlungsquellen. Es läßt sich keine Kombination finden, die das beobachtete Spektrum und die Energiedichte erklären könnte.

Wir verzichten auf die Darlegung weiterer hypothetischer Erzeugungsmechanismen, sondern stellen fest, daß die natürlichste Erklärung darin besteht, daß sie ein Relikt aus der Frühphase des Kosmos ist. Diese Idee trifft sich mit der von *G. Gamov* in den Jahren 1946 bis 1949 entwickelten und von seinen Mitarbeitern später weitergeführten Theorie eines heißen Weltalls in seiner Frühphase, wobei eine Reliktstrahlung mit einer Temperatur von 5 K vorausgesagt wurde. Leider wurde diese Theorie kaum beachtet. Dasselbe trifft auch auf einen Vorschlag von *A.G. Doroshkevich* und *I.D. Novikov* aus dem Jahre 1964 zu, die Strahlungsmessungen im cm-Gebiet als Experimentum crucis zwischen dem heißen und kalten Weltmodell anregten. Die Entdeckung der thermischen Hintergrundstrahlung hat offensichtlich für das heiße Weltmodell entschieden, das von *J. Zeldovich* und seinen Schülern sehr verfeinert wurde.

4.4.4 Friedman-Modell des Kosmos

Daß sich heute kaum noch ernste Stimmen gegen die Weltexpansion erheben, ist der umfassenden theoretischen Fundierung der Kosmologie zu verdanken. *Einstein* lieferte dafür die allgemeine theoretische Basis. *Friedman* schuf durch deren Anwendung auf ein geeignetes Weltmodell die theoretischen Anfangsgründe. Was sagt nun die moderne Theorie eigentlich aus?

Ohne zunächst einen Bezug zu unserer realen Welt herzustellen, legen wir erst einmal die mit dem Friedman-Modell geschöpften theoretischen kosmologischen Erkenntnisse dar:

Bekanntlich ist nach den heutigen Einsichten die Gravitation eine weitreichende universelle Wechselwirkung der Massen. Aus diesem Grund ist es sinnvoll anzunehmen, daß das Wechselwirkungsverhalten der Himmelsobjekte aller Art auf große Distanzen wesentlich durch die Gravitation bestimmt wird. Also ist zur Erforschung dieses Verhaltens auf die modernste Gravitationstheorie zurückzugreifen. Das ist aber nach all dem früher Gesagten die Einsteinsche Theorie mit ihren Feldgleichungen (4.5). Will man diese Feldgleichungen lösen, so muß man einen geeigneten Energie-Impuls-Tensor als Quellterm vorgeben. Welche kosmischen Symmetrien soll nun der Energie-Impuls-Tensor aufweisen? Welcher Energie-Impuls-Tensor korrespondiert den kosmischen Massen?

Belehrt durch den historischen Irrtum des kosmischen Geozentrismus einerseits und bemüht um die strenge mathematische Beherrschung der Theorie andererseits, gingen *A. Einstein*, *W. de Sitter*, *A. Friedman*, *G. Lemaitre*, *H.P. Robinson* und die meisten nachfolgenden Theoretiker von der Auffassung aus, daß es sinnvoll ist anzunehmen, daß in der Welt – im großen gesehen – kein vor den anderen ausgezeichneter Standort (Homogenität) und keine vor den anderen ausgezeichnete Richtung (Isotropie) existieren möge. Dieser Standpunkt wurde dann später, soweit der astronomische Erfahrungsraum reichte, von *Hubble* und anderen bis in unsere jüngste Gegenwart empirisch erhärtet. Also lag es nahe, dem Energie-Impuls-Tensor die Symmetrien Homogenität und Isotropie aufzuprägen.

Den physikalischen Inhalt des Energie-Impuls-Tensors betreffend, mußte man in erster Linie die Haupteffekte erfassen. Das war einerseits die zwischen den kosmischen Massen wirkende Gravitation und andererseits der sich eventuell in Stoßprozessen dieser Massen manifestierende Druck in einem verallgemeinerten Sinne. Auf diese Weise wurde man zu dem Modell eines „kosmischen Staubes" geführt, dessen Bestandteile die Himmelskörper sein sollten. Bei dieser Vorstellung ist natürlich stets an die riesigen räumlichen Distanzen kosmischen Geschehens zu denken, über die die Einzelereignisse zu mitteln sind.

Die oben dargelegten Symmetrieaspekte induzieren für den Energie-Impuls-Tensor die Gestalt

$$(T_m{}^n) = \begin{pmatrix} -P & 0 & 0 & 0 \\ 0 & -P & 0 & 0 \\ 0 & 0 & -P & 0 \\ 0 & 0 & 0 & w \end{pmatrix}. \qquad (4.51)$$

Dabei ist P ein den Druck charakterisierender Parameter, w bedeutet die Energiedichte nichtgravitativen Ursprungs.

Man unterscheidet nun zwei verschiedene Grundtypen kosmologischer Modelle:

1. *Lichtkosmos-Modell*

Bei diesem Modell, das man mit dem Zustand des Kosmos vor der Bildung von Himmelskörpern in Zusammenhang bringt, existiert im Kosmos nur inkohärente elektromagnetische Strahlung. Daraus erklärt sich der Name Lichtkosmos. Der Parameter P erhält hier die Bedeutung des Strahlungsdruckes, der mit der Strahlungs-Energiedichte w gemäß

$$P = \frac{1}{3}w \tag{4.52}$$

verknüpft ist. Die Integration der Einsteinschen Feldgleichungen ergibt folgende Formel für die Energiedichte in Abhängigkeit vom Krümmungsradius (Weltradius beim geschlossenen Modell) K des Weltmodells:

$$w = \frac{A}{K^4} \quad (A \text{ Integrationskonstante}). \tag{4.53}$$

Bei einer kosmologischen Expansion (Anwachsen des Krümmungsradius) nimmt also die Energiedichte mit der 4. Potenz des Krümmungsradius ab. Dieses Modell wollen wir nicht weiter verfolgen.

2. *Staubkosmos-Modell*

Bei diesem Modell, das man dem jetzigen Zustand des Kosmos zuordnet, ist der Parameter P mit dem mechanischen Druck p zu identifizieren, während die Energiedichte w mit der mechanischen Massendichte μ durch die Formel $w = \mu c^2$ verknüpft ist. Um dieses Modell durchrechnen zu können, braucht man eine weitere Voraussetzung über die Zustandsgleichung des kosmologischen Staubes, also eine Annahme über die funktionale Verknüpfung von p und $w : p = p(w)$. Da das auf ein recht kompliziertes mathematisches Problem hinausläuft, schränken wir die weitere Diskussion auf den Spezialfall $p = 0$ ein, der bereits typische Züge dieses Modells wiedergibt.

In die einheitlich dargestellte Theorie geht ein Vorzeichenparameter ε ein, der die drei Zahlenwerte $\{+1, 0, -1\}$ annehmen kann. Demgemäß existieren drei verschiedene Lösungsklassen, die drei topologisch unterschiedlichen Modellklassen entsprechen:

$\varepsilon = 1$: geschlossenes Modell (Kugelraum mit endlichem Volumen),

$\varepsilon = -1$: offenes Modell (Pseudosphären-Raum mit unendlichem Volumen),

$\varepsilon = 0$: dazwischen liegender Grenzfall.

Ziel der Integration der Einsteinschen Gravitations-Feldgleichungen ist es, neben einer Reihe anderer Dinge insbesondere das zeitliche Verhalten des Krümmungsradius des Modells $K = K(t)$ zu ermitteln. Diese Integration ist

Friedman gelungen. Für alle drei Modellklassen ergibt sich dabei folgende Formel für die Energiedichte w in Abhängigkeit vom Krümmungsradius K:

$$w = \frac{B}{K^3} \quad (B \text{ Integrationskonstante}). \tag{4.54}$$

Im Unterschied zum Lichtkosmos erfolgt also hier bei einer kosmologischen Expansion die Abnahme der Energiedichte mit der 3. Potenz des Krümmungsradius.

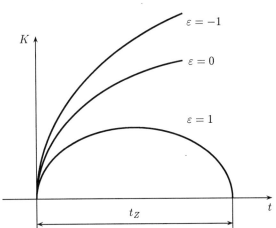

Abb. 4.4

Die Abb. 4.4 gibt das zeitliche Verhalten des Krümmungsradius wieder, wobei wir nur die der wachsenden Zeit t zugeordneten Lösungszweige eingezeichnet haben und ohne Beschränkung der Allgemeinheit die Kurven beim Zeitpunkt $t = 0$ einsetzen ließen:

Beim offenen Weltmodell kommt die Expansion zu keinem Stillstand. Der Krümmungsradius wächst mit der Zeit über alle Grenzen.

Beim geschlossenen Weltmodell wird das zeitliche Verhalten des Krümmungsradius durch eine Zykloide beschrieben. Nach einer Expansionsphase nimmt der Krümmungsradius den eingezeichneten Maximalwert an. Daran schließt sich eine Kontraktionsphase an. Die Zeitdauer vom Anfang der Expansion bis zum Ende der Kontraktion beträgt

$$t_Z = \frac{\kappa \pi w K^3}{3c} = \frac{\kappa \pi B}{3c}. \tag{4.55}$$

Da dem geschlossenen Modell das endliche 3-dimensionale Volumen $V = 2\pi^2 K^3$ zukommt, resultiert für die rein mechanische Masse der zeitlich konstante Wert

$$M = 2\pi^2 K^3 \mu = \frac{2\pi^2 B}{c^2}. \tag{4.56}$$

Die mechanische Masse bleibt also während des Expansions- und Kontraktionsprozesses erhalten.

In der Friedmanschen Theorie treten zwei für den Vergleich mit der Erfahrung wichtige Größen auf, nähmlich der Hubble-Faktor, für den

$$H = \frac{1}{K}\frac{\mathrm{d}K}{\mathrm{d}t} \tag{4.57}$$

gilt, und der sogenannte Beschleunigungsparameter

$$q = -K\frac{\mathrm{d}^2 K}{\mathrm{d}t^2} \bigg/ \left(\frac{\mathrm{d}K}{\mathrm{d}t}\right)^2. \tag{4.58}$$

Dieser hat seinen Namen daher, weil er im wesentlichen durch die zweite zeitliche Ableitung des Krümmungsradius bestimmt wird. Bei gleichförmiger Expansion oder Kontraktion verschwindet er. Er stellt also ein Maß für die Abweichung von der gleichförmigen Expansion oder Kontraktion dar. Wir kommen auf ihn gleich wieder zurück.

Vorher befassen wir uns jedoch mit der Ausbreitung einer elektromagnetischen Welle im Friedman-Modell. Die Rechnung zeigt im einzelnen, daß die Expansion zu der kosmologischen Rotverschiebung (λ_Q Wellenlänge am Ort der emittierenden Lichtquelle, $\Delta\lambda = \lambda - \lambda_Q$)

$$Z = \frac{\Delta\lambda}{\lambda_Q} = \frac{H}{c}\Delta l + \frac{1}{2c^2}H^2(1+q)(\Delta l)^2 + \cdots \tag{4.59}$$

führt. Diese theoretische Formel enthält als lineares Glied das Hubblesche empirische Resultat (4.49). Für den Hubble-Faktor bekommt man die theoretische Formel

$$H = c\sqrt{\frac{\kappa w}{3} - \frac{\varepsilon}{K^2}}. \tag{4.60}$$

Wir merken mit Nachdruck an, daß die hier erhaltene kosmologische Rotverschiebung ein unmittelbares Ergebnis der Zeitabhängigkeit des metrischen Feldes ist, so daß die Deutung über den Doppler-Effekt keine primäre Grundlage hat.

4.4 Kosmologie

Ehe wir zum Vergleich mit dem empirischen Material übergehen, halten wir noch die aus den Rechnungen resultierende interessante Formel

$$K^2 H^2 (2q - 1) = \varepsilon c^2 \tag{4.61}$$

fest, die die obigen Parameter verknüpft und die für die Interpretation der Theorie eine grundsätzliche Bedeutung besitzt.

Die bisherigen Darlegungen zum Friedman-Modell waren rein theoretischer Art und nahmen absichtlich keinen Bezug zu unserer realen Welt. Abgesehen vom physikalisch realistischen Ansatz für den Energie-Impuls-Tensor genügt das Friedman-Modell von seiner Konstruktion her dem Postulat der Homogenität und Isotropie – allerdings für den gesamten Raum. Es basiert also auf der Extrapolation der Hubbleschen Entdeckung von der Homogenität und Isotropie. Ist diese Extrapolation gerechtfertigt? Die Antwort auf diese Frage kann nur die experimentelle Erfahrung geben. Schon an anderer Stelle waren wir zu der Erkenntnis gelangt, daß die Gültigkeitsgrenzen einer Theorie aus der Theorie selbst heraus nicht festlegbar sind, sondern durch den Vergleich mit der Wirklichkeit zu bestimmen sind. Deshalb stellen wir im folgenden das Friedman-Modell der astrophysikalischen Erfahrung gegenüber:

1. Die erste große Stütze für das Friedman-Modell ist die von Hubble entdeckte kosmologische Rotverschiebung. Die empirische Formel (4.49) ist in der theoretischen Formel (4.59) enthalten. An der Realität der Weltexpansion besteht deshalb kein Zweifel.

2. Die Entdeckung der thermischen Hintergrundstrahlung bestätigt die Vorstellung vom heißen Weltall in seiner Frühphase. Das entspricht ganz dem Friedman-Modell, nach dem sich gemäß Abb. 4.4 die kosmische Materie zu Beginn unseres heutigen Weltzyklus, der durch die dort eingezeichneten Kurven beschrieben wird, in einem extrem komprimierten Zustand auf kleinstem Raum bei offensichtlich enorm hohen Temperaturen befunden haben muß. Aus diesem superdichten Zustand, für den wir bisher keine passenden Zustandsgleichungen besitzen, ist der heutige Zustand nach dem sogenannten „Urknall" (big bang) durch die kosmologische Expansion entstanden. Dabei ist das populär gewordene, bildhaft anschauliche Wort Urknall natürlich nicht buchstäblich zu nehmen. Vielmehr ist es ein Schlagwort, um den eben beschriebenen Zustand und Prozeß der Materie in der Nähe der mathematischen Punktsingularität zu charakterisieren. Beim geschlossenen Weltmodell müßte unser heutiger Weltzyklus mit einem „Schlußknall" enden, der in zeitlicher Umkehrung dem Urknall sehr ähnlich wäre.

4 Allgemein-relativistische Physik

Die hier dargelegte, durch die Einbeziehung thermodynamischer Gesichtspunkte weiterentwickelte Theorie des heißen Weltalls (sogenanntes Standardmodell als erweitertes Friedman-Modell) ist außerordentlich gut erforscht. Dabei wurde die Extrapolation zurück in die unmittelbare Urknallphase bis zu Bruchteilen von Sekunden vollzogen. Wir müssen auf die Wiedergabe der erhaltenen Ergebnisse verzichten, möchten aber dem Leser durch die Mitteilung der nachfolgenden Entwicklungstafel zum heißen Weltmodell (grobe Zahlenwerte) einen Eindruck vom Stand der heutigen Forschung verschaffen:

Zeit nach dem sog. Urknall	Temperatur in K	Massendichte in g/cm^3	Zustand der kosmischen Materie
10^{-2} Sekunden	10^{11}	$4 \cdot 10^9$	Zahl der Photonen $\approx$ Zahl der Positronen (ein Proton/Neutron pro 10^9 Photonen)
einige Sekunden	10^{10}	10^5	Photonen, Neutrinos, Elektronen, Positronen, Protonen, Neutronen
3 Minuten	10^9	10^{-1}	primordiale Elementenbildung: D,T,He
10^5 Jahre	10^3	10^{-20}	Beginn der Stoffdominanz
10^9 Jahre	10	10^{-28}	Entstehung der Sterne, Galaxien, Cluster
10^{10} Jahre	3	$\approx 10^{-30}$	heutiger Zustand

Zur unmittelbar an den Expansionsbeginn anschließenden Phase des Kosmos läßt sich sagen, daß die Massendichte, Expansionsgeschwindigkeit und Temperatur unvorstellbar groß waren. Diese Größen fielen aber extrem schnell ab. Zum Beispiel betrugen nach der ersten Sekunde nach Expansionsbeginn die Massendichte eine halbe Tonne pro Kubikzentimeter und die Temperatur 10 Milliarden Kelvin. Die Kernreaktionen in diesem Stadium führten zur Bildung von Helium, aber der größte Teil des Stoffes blieb im Zustand von Wasserstoff. Dabei traten schwerere Elemente wie Kohlenstoff noch nicht auf. Viel später, nachdem die Temperatur auf weniger als 400 K gefallen war, entstanden Atome, und es begann die Bildung von Galaxien, ein Prozeß mit einer Reihe noch offener Fragen.

Die experimentellen Beobachtungen fügen sich gut in dieses grobe Bild ein, so daß man diese Etappe der Evolution des Kosmos als im Prinzip verstanden betrachten kann, wenn auch viele durch die neuesten Erkenntnisse der Elementarteilchenphysik aufgeworfene Detailfragen zum Zustand des „frühen Universums" mit seinen Phasenübergängen (inflationäres Weltmo-

4.4 Kosmologie   179

dell mit zeitlich exponentieller Expansion in unmittelbarer Nähe des Urknalls) noch zu klären bleiben.

3. Die seit dem Urknall verflossene Zeit bezeichnet man als „Weltalter" – ein ebenfalls nicht buchstäblich zu nehmender Begriff. Für dieses Weltalter folgen aus der Friedmanschen Theorie verschiedene komplizierte Formeln, abhängig davon, ob das geschlossene oder offene Modell betrachtet wird. Dabei gehen in diese Formeln der Weltradius K und die Massendichte μ ein – zwei empirisch nicht besonders gut feststellbare Größen. Doch läßt sich sagen, daß das modellmäßige Weltalter fast von der Größenordnung des reziproken Wertes des Hubble-Faktors ist. Blicken wir auf den empirischen Wert des Hubble-Faktors, der in der Gleichung (4.50) festgehalten wurde, so können wir für das Weltalter etwa 12 Milliarden Jahre ablesen. Für Kugelsternhaufen wird ein Mindestalter von 14 Milliarden Jahren angegeben. Die Bestimmung des Alters der ältesten bekannten Mineralien, die aus dem Kosmos je auf die Erde gelangt sind, führt auf 14 Milliarden Jahre. Dieser Wert fügt sich bei angelegten strengen Maßstäben nicht besonders gut in die Friedmansche Theorie mit den obigen Zahlenwerten ein. Die Ursache ist noch nicht völlig aufgeklärt: Fehler in der Entfernungsmessung und damit in der Bestimmung des Hubble-Faktors? Existenz von „dunkler Materie", z. B. infolge von Ruhmasse der Neutrinos? Versagen der Einsteinschen Gravitationstheorie in zeitlicher Nähe des Urknalls?

Zu diesen drei Argumentationen für das Friedman-Modell ließen sich noch weitere indirekte Schlüsse auflisten. Wir wollen jedoch darauf verzichten und uns dafür noch einigen anderen brennenden Problemen zuwenden, z. B.: Ist unsere Welt geschlossen oder offen? Wie groß ist der Weltradius? Die Beurteilung dieser Fragen soll auf der Basis des Friedman-Modells erfolgen, das uns trotz allem doch sehr vertrauenswürdig erscheint:

Den Zugang zu dieser Thematik kann man so finden, daß man aus der kosmologischen Rotverschiebung gemäß Gleichung (4.59) zunächst den Hubble-Faktor H ermittelt. Leider reichen die heutigen Meßdaten nicht aus, um aus dieser Formel auch noch den Beschleunigungsparameter q genauer bestimmen zu können. Aus der Formel (4.61) erkennt man nun, daß das Vorzeichen von ε davon abhängt, je nachdem ob $q > \dfrac{1}{2}$ (geschlossenes Modell) oder $q < \dfrac{1}{2}$ (offenes Modell) ist, so daß wir leider feststellen müssen: Die Geschlossenheit oder Offenheit unseres Kosmos ist bis heute empirisch noch nicht entscheidbar. Allerdings wird gelegentlich die Häufigkeit des Deuteriums im Kosmos als Argument zugunsten eines offenen Weltmodells benutzt. Es gibt aber auch gute Argumente für ein geschlossenes Weltall.

Die Unsicherheit des Beschleunigungsparameters q macht gemäß Gleichung (4.61) dann auch die genaue Bestimmung des Weltradius K unsicher. Dennoch läßt sich daraus in guter Näherung für den Weltradius K der Wert

$$K \approx \frac{c}{H} = 1,19 \cdot 10^{28}\,\text{cm} = 1,26 \cdot 10^{10}\,\text{Lichtjahre} \qquad (4.62)$$

errechnen (1 Lichtjahr $= 9,46 \cdot 10^{17}$ cm). Dieser Zahlenwert ist nicht so klein, als daß er mit der astronomischen Erfahrung im Widerspruch stehen würde. Wären Weltradius und Hubble-Faktor exakt genug bekannt, so könnte man die Formel (4.60) benutzen, um einen besseren Aufschluß über die Energiedichte bzw. Massendichte zu erhalten. Unsere obigen Zahlenwerte liefern überschlagsmäßig für die Massendichte

$$\mu \approx 10^{-30}\,\text{g\,cm}^{-3}\,. \qquad (4.63)$$

Dieser Wert liegt im Intervall heutiger Abschätzungen. Die kritische Massendichte, die dem Grenzfall zwischen offenem und geschlossenem Weltmodell zukommt, wird gelegentlich mit $\mu_{\text{krit}} \approx 5 \cdot 10^{-30}\,\text{g\,cm}^{-3}$ angegeben.

Weitere Fragen aktueller kosmologischer Forschung sind heute: Warum ist die uns umgebende Welt als Ganzes weitgehend geglättet und relativ unchaotisch? Welche physikalischen Prozesse führen zu einer derartig glatten und geordneten Welt?

Der Suche nach solchen Prozessen werden überall in der Welt tiefgründige Forschungen gewidmet. Diese Untersuchungen sind noch nicht abgeschlossen, aber viele schon erhaltene Einzelresultate sind hochinteressant.

Relativ leicht ist die Unabhängigkeit der Expansionsgeschwindigkeit von der Richtung zu erklären. Es zeigt sich nämlich, daß die Viskosität des Plasmas der nicht gleichmäßigen Expansion entgegenwirkt. Das Interessante ist nun, daß die gewöhnliche Viskosität vermutlich nicht zur Erklärung ausreicht. Eine Theorie kommt zu der Auffassung, daß eine Art „Viskosität" durch die Erzeugung von Teilchen (Photonen, Elektronen, Positronen u.a.) infolge der ungleichmäßigen Weltexpansion entsteht. Die Teilchen sollen dabei ihre Energie aus dem zeitlich veränderlichen Gravitationsfeld entnehmen. Die Expansionsgeschwindigkeit in den verschiedenen Richtungen gleicht sich bei diesem Erzeugungsprozeß angeblich aus. Die Homogenisierung der Dichte soll mit der Bildung von Schwarzen Löchern zusammenhängen.

Angesichts des umfangreichen theoretischen und empirischen Materials, das nicht zufällig nebeneinander steht, sondern infolge der Mächtigkeit der Einsteinschen Gravitationstheorie durch eine in die Tiefe gehende innere Verflechtung miteinander verbunden ist, liegt die Frage auf der Hand: Ist das Friedman-Modell in den wesentlichsten Zügen das Abbild unseres realen Kosmos – etwa so, wie man im Mittelalter die Kugel als Abbild für unsere Erde begreifen lernte?

Wenn man tief genug in die Einsteinsche Theorie eingedrungen ist und ihr inneres Wesen wirklich erfaßt hat – also auch weiß, daß man nicht einfach ein Moment herauslösen kann, ohne das Gesamtgebäude zum Zusammensturz zu bringen –, dann ist man nicht verwundert oder überrascht, wenn man sieht, daß eine empirische Entdeckung nach der anderen das begonnene Mosaik Steinchen für Steinchen vollendet. Mit innerer Freude erlebt man vielmehr diesen Prozeß als den Vollzug der theoretischen Zwangsläufigkeit. Im letzten Jahrzehnt entwickelte sich eine beachtliche theoretische Forschung, die die Homogenität und Isotropie des Friedman-Modells aufgab und inhomogene und anisotrope Modelle studierte. Dabei kam zur allgemeinen Überraschung heraus, daß solche Modelle ziemlich schnell auf das Friedman-Modell zusteuern. Homogenisierung und Isotropisierung sind also aus der inneren Dynamik der Einsteinschen Theorie heraus induzierte zwangsläufge kosmologische Effekte. Das Friedman-Modell nimmt deshalb in der Kosmologie einen zentralen Platz ein. Nimmt man nun das Friedman-Modell so ernst, wie es unserer Auffassung und Darlegung entspricht, so sollte man auch versuchen, eine der immer wieder gestellten philosophischen Fragen zu behandeln, nämlich: Wie verträgt sich das Friedman-Modell endlichen Volumens mit der These von der Unendlichkeit der Welt?

Diese Frage ist sehr vielschichtig. Wir wollen auf ihre wichtigsten Aspekte kurz eingehen:

1. Wir halten es für falsch, diese These von der Unendlichkeit der Welt zur philosophischen Vorentscheidung der Frage nach der Endlichkeit oder Unendlichkeit unseres Kosmos im Sinne von endlichem Volumen (geschlossener Kosmos) oder unendlichem Volumen (offener Kosmos) heranzuziehen. Beide Typen von Friedman-Modellen implizieren weder eine geometrische Grenze des Kosmos noch eine inhaltliche Grenze der menschlichen Erkenntnis.

   Wir haben oben quantitativ herausgearbeitet, bei welchen Parametern der Umschlagspunkt zwischen endlichem (geschlossenem) und unendlichem (offenem) Kosmos liegt. Da die Parameter selbst prozeßabhängig

sind, haben wir in der realen Welt sogar zeitweise Realisierungen beider in der Theorie enthaltenen Fälle zuzulassen, solange nicht der eine oder andere Fall durch Prinzipien höherer Stufe ausgeschlossen werden kann.
2. Das geschlossene Friedman-Modell greift einen Teilabschnitt kosmischer Entwicklung heraus, der durch die superdichten Phasen begrenzt ist, für die wir bis heute noch keine sinnvollen Zustandsgleichungen besitzen. Wir können diesen Teilabschnitt „Weltzyklus" nennen. Die bisherige wissenschaftliche Erfahrung im allgemeinen und die physikalische Erkenntnis hinsichtlich der Gültigkeit gewisser die Unzerstörbarkeit der Materie belegender Erhaltungssätze im besonderen läßt uns vermuten, daß die Welt in ihrer Entwicklung Friedman-artige Zyklen mit extremen Zwischenphasen durchläuft. Die mathematische Singularität als Schöpfungsakt der Welt aus dem Nichts zu bewerten, sehen wir als die Sachlage zu sehr vereinfachend an.
3. Gelegentlich wird vor einer Überbewertung des Friedman-Modells gewarnt, aber möglicherweise in einer verkehrten Richtung. Wir haben oben die Bedeutung und Leistungsfähigkeit des Friedman-Modells hinreichend expliziert, um zu überzeugen, daß unser Weltall in der Tat in überraschend guter Näherung durch das Friedman-Modell beschrieben wird. Aber was ist „unser Weltall", für das wir terminologisch den Begriff Kosmos herangezogen haben? Sicherlich ist unsere Welt mehr als nur das bis heute bekannte Ensemble von Galaxien, für das der Name Metagalaxis benutzt wird. Wir glauben deshalb nicht, daß es richtig ist, mit dem Friedman-Modell, das wesentlich eine Ganzheitsstruktur besitzt, eine inselförmige Metagalaxis als Bestandteil einer in extensive Richtung gehenden kosmischen Ebenen-Hierarchie zu verbinden.

Es ist aber nicht nur denkbar, sondern durch philosophische Weisheit nahegelegt, die Vorstellung – selbst wenn es dafür bis heute keinerlei empirischen Hinweis gibt – zuzulassen, daß die Welt in ihrer universalen Gesamtheit (Universum) mehr ist als nur unser Weltall (Kosmos), daß also das Universum aus einer nicht einmal notwendigerweise endlichen Gesamtheit von Kosmen bestehen könnte, von denen gerade unser Kosmos Friedman-artig ist. Der Weg von der „Erd-Scheibe" weg zum Himmelsraum wurde dem Menschen durch ein besseres Verständnis der dritten räumlichen Dimension erschlossen. Wir können heute noch nicht einmal ahnen, welche Art von „Dimension" die Erkenntnis der kommenden Jahrtausende freilegen mag, wodurch viele heute noch unvorstellbare Zusammenhänge des Universums aufgedeckt werden können. Wer vermag es auszuschließen, daß sich Kosmen in ihrem Entwicklungsprozeß vereinigen oder teilen, kollabieren oder explodieren? Wer die materielle Welt in ihrer Unerschöpflichkeit begreifen will, muß mit wissenschaftlicher Phantasie Geist und Herz für die Zukunft geöffnet halten.

5 Symmetrie und Erhaltung in der Relativitätstheorie

5.1 Das Wesen physikalischer Erhaltungssätze

Die Erhaltungssätze der Physik sind für das tiefere Verständnis der physikalischen Prozesse von fundamentaler Bedeutung. Sie drücken das bei diesen Prozessen Unvergängliche, Invariante aus.

Die Erhaltungssätze eines physikalischen Gebiets sind nicht neue, neben den Grundgesetzen dieses Gebiets bestehende Postulate, sondern deduktiv aus den Grundgesetzen ableitbar. Ihre mathematische Formulierung für eine herausgegriffene Erhaltungsgröße F lautet:

$$\frac{\mathrm{d}F}{\mathrm{d}t} = 0. \tag{5.1}$$

Diese Gleichung besagt, daß sich die Größe F während des Ablaufes der Zeit t nicht ändert. In integrierter Form kann man deshalb äquivalent zu (5.1) auch

$$F = \mathrm{const} \tag{5.2}$$

schreiben.

Physikalische Prozesse sind oft sehr schwer im Detail zu durchschauen, insbesondere dann, wenn keine abgeschlossene Theorie zu den Prozessen existiert. Eine solche Situation liegt gegenwärtig auf dem Gebiet der Elementarteilchen vor. Gerade in so einem Fall ist es ganz besonders dringend erforderlich, empirisch Erhaltungsgrößen zu finden, um die ablaufenden Prozesse verstehen zu lernen und eine empirische Basis für den Aufbau einer Theorie zu schaffen. Den langwierigen Weg zu den Erhaltungssätzen von Energie und Masse haben wir schon an früherer Stelle kennengelernt. Insbesondere haben wir beleuchtet, daß auf der Basis der Speziellen Relativitätstheorie wegen der Masse-Energie-Relation beide Erhaltungssätze in einem aufgehen.

5.1 Das Wesen physikalischer Erhaltungssätze

Die Newtonsche Mechanik kennt 10 Erhaltungssätze, wobei die Erhaltungssätze für die Komponenten von vektoriellen Erhaltungsgrößen getrennt zu zählen sind. Im einzelnen handelt es sich dabei um

Energie-Erhaltung (1 Erhaltungssatz),
Impuls-Erhaltung (3 Erhaltungssätze),
Drehimpuls-Erhaltung (3 Erhaltungssätze),
Schwerpunkt-Erhaltung (3 Erhaltungssätze).

Die Maxwellsche Elektromagnetik umfaßt auf feldtheoretischer Basis ebenfalls diese 10 Erhaltungssätze. Darüber hinaus kennt diese Theorie noch den Erhaltungssatz der elektrischen Ladung.

Diese Bestandsaufnahme kennzeichnet die Physik bis zur Entstehung der Quantenmechanik (1925).

Eine prinzipiell neue Einsicht in das Wesen der Erhaltungssätze gelang *Emmy Nöther* im Jahre 1918 (infolge der englischsprachlichen Literatur heute übliche Schreibweise des Namens: *Noether*). Bis dahin verfuhr man so, daß die Erhaltungssätze durch mehr oder weniger zufällige Rechentricks aus den Grundgesetzen abgeleitet wurden. Wer konnte bei dieser Prozedur garantieren, daß wirklich alle Erhaltungssätze erfaßt wurden? *Emmy Nöther* entdeckte, daß jedem Erhaltungssatz eine Symmetrie (sehr vielschichtiger Art) zugrunde liegt. Deshalb bedeutete von nun an die Suche nach Erhaltungssätzen einer Theorie die Erforschung der Symmetrien dieser Theorie.

Das Wort Symmetrie kommt aus dem Griechischen und bedeutet Gleichmaß, Ebenmaß. Entsprechend dem historisch entstandenen Abstraktionsgrad des menschlichen Denkens kann man drei Grundformen von Symmetrien unterscheiden: Symmetrien von Körpern, von Eigenschaften und von Relationen. Gerade die letztere Art trifft auf Naturgesetze, also den hier zu behandelnden Gegenstand zu. Dabei geht es darum, daß eine Symmetrie-Operation, auf ein physikalisches Grundgesetz angewandt, die Forminvarianz (Kovarianz) dieses Grundgesetzes garantieren muß.

In der auf das Studium der Erhaltungssätze bezogenen Physik treten zwei grundsätzlich verschiedene Typen von Symmetrien auf:

1. *Kontinuierliche Symmetrien:* In diesem Fall gehen die Symmetrie-Operationen kontinuierlich aus der identischen Operation hervor. Eine Anzahl von stetig wählbaren Parametern bestimmt die konkrete Operation. In gruppentheoretischer Sicht hat man es mit Lie-Gruppen zu tun, die die den

Symmetrie-Operationen zugrunde liegenden mathematischen Strukturen repräsentieren. Die Noethersche Theorie hat diesen Symmetrietyp zum Inhalt. Die kontinuierlichen Symmetrie-Operationen teilt man in zwei Arten ein: Koordinatentransformationen (kontinuierliche Abänderung der räumlichen und zeitlichen Koordinaten), z. B. Translationen, Drehungen; Funktionstransformationen (kontinuierliche Abänderung der Funktionsstruktur der Feldgrößen), z. B. Eichänderungen, Phasenänderungen.

2. *Diskrete Symmetrien:* Bei diesen Symmetrie-Operationen gibt es keine stetig wählbaren Parameter. Vielmehr beinhaltet jede Operation einen diskreten Schritt. Die mathematische Beschreibung der diskreten Symmetrien ist mit der in der Klassischen Physik benutzten kommutativen Algebra nicht mehr möglich. Das adäquate mathematische Hilfsmittel ist die nichtkommutative Operator-Algebra der Quantentheorie. Die aus den diskreten Symmetrien fließenden Erhaltungssätze sind deshalb typisch quantenphysikalischer Natur.

Auch die diskreten Symmetrien teilt man in die zwei oben bereits erwähnten unterschiedlichen Arten ein:

Koordinatentransformationen (diskrete Abänderung der räumlichen und zeitlichen Koordinaten), z. B. Raumspiegelung, Zeitumkehr;

Funktionstransformationen (diskrete Abänderung der Funktionsstruktur der Feldgrößen), z. B. Ladungskonjugation, d. h. Übergang zur Ladung entgegengesetzten Vorzeichens.

Der abstrakt formulierte integrale Erhaltungssatz (5.1) erstreckt sich bei Bezugnahme auf die kontinuierlichen Symmetrien – die diskreten Symmetrien sollen im weiteren nicht mehr verfolgt werden – auf eine integrale, d. h. über den gesamten 3-dimensionalen Ortsraum verteilte physikalische Eigenschaft. Der Weg zu einem solchen integralen (globalen) Erhaltungssatz führt über den zugeordneten differentiellen (lokalen) Erhaltungssatz, der die Gestalt einer sogenannten Kontinuitätsgleichung besitzt:

$$\frac{\partial f}{\partial t} + \sum_{a=1}^{3} \frac{\partial f^a}{\partial x^a} = 0. \tag{5.3}$$

Dabei sind f eine lokale Größe von der Art einer Dichte und $\{f^1, f^2, f^3\}$ die Komponenten einer lokalen Größe von der Art einer Strömungsdichte. Auf eine Gleichung dieser Art sind wir schon beim Problem der Energie-Impuls-Erhaltung (4.4) in der Allgemeinen Relativitätstheorie gestoßen. Die Deduktion der Erhaltungssätze der Physik zerfällt nun in zwei Schritte:

Erstens muß durch Symmetriestudien (Noethersche Theorie) oder durch mathematische Manipulationen aus den Grundgesetzen eine Kontinuitätsgleichung der Art (5.3) gewonnen werden.
Zweitens muß durch die Integration über den 3-dimensionalen Ortsraum, nämlich

$$\frac{\mathrm{d}}{\mathrm{d}t}\int f \mathrm{d}^3 x + \sum_{a=1}^{3}\int \frac{\partial f^a}{\partial x^a}\mathrm{d}^3 x = 0, \tag{5.4}$$

der Übergang zu dem integralen Erhaltungssatz (5.1) vollzogen werden, so daß die integrale Erhaltungsgröße

$$F = \int f \mathrm{d}^3 x \tag{5.5}$$

wird.

Wann gelingt gerade dieser Schritt? Offensichtlich dann, wenn das Summenglied in Formel (5.4) zum Verschwinden gebracht werden kann. Das ist aber nur dann möglich, wenn die Volumenintegration auf eine Oberflächenintegration zurückgeführt werden kann und der Integrand auf der Oberfläche geeignete Eigenschaften besitzt. Mit dieser Aussage haben wir nun gerade den neuralgischen Punkt der gesamten physikalischen und letzten Endes philosophischen Problematik um die Gültigkeit der Erhaltungssätze aufgedeckt.

5.2 Erhaltungssätze in der Speziellen Relativitätstheorie

In der Speziellen Relativitätstheorie bereitet der Übergang von der Gleichung (5.4) zur Gleichung (5.5) wegen der Benutzung der geradlinigen Galilei-Koordinaten (x, y, z, ct) zur Beschreibung der Minkowskischen Raum-Zeit keine besonderen Schwierigkeiten. Mittels des Gaußschen Integralsatzes kann das Volumenintegral in einer gegen Lorentz-Transformationen invarianten Weise in ein Oberflächenintegral umgewandelt werden. Wenn dieses Oberflächenintegral verschwindet:

1. Einströmung und Ausströmung durch die Oberfläche eines endlichen Volumens kompensieren sich,

2. die Strömungsdichte klingt bei über alle Grenzen wachsendem Volumen schneller ab, als die Oberfläche wächst,

dann ist der integrale Erhaltungssatz der betrachteten physikalischen Eigenschaft gesichert.

Für die Physik entsteht in der Speziellen Relativitätstheorie gegenüber der Newtonschen Physik keine prinzipiell neue Situation. Äußerlich läßt die Vierdimensionalität des Minkowski-Raumes die den Erhaltungssätzen zugrunde liegenden Symmetrien ganz besonders augenscheinlich hervortreten:

Energie-Erhaltung ⟶ Symmetrie der Theorie gegenüber zeitlichen Translationen. Die Metrik weist zeitliche Homogenität auf. Es gibt keinen ausgezeichneten Zeitpunkt auf der Zeitskala.

Impuls-Erhaltung ⟶ Symmetrie der Theorie gegenüber räumlichen Translationen. Die Metrik besitzt räumliche Homogenität. Es existiert kein ausgezeichneter Punkt im Ortsraum.

Drehimpuls-Erhaltung ⟶ Symmetrie der Theorie gegenüber räumlichen Drehungen. Die Metrik weist räumliche Isotropie auf. Es gibt keine ausgezeichnete Richtung im Ortsraum.

Schwerpunkt-Erhaltung ⟶ Symmetrie der Theorie gegenüber raumzeitlichen „Lorentz-Drehungen"(Boost). Das bedeutet „raumzeitliche Isotropie".

Die Erhaltung der elektrischen Ladung ist eine Folge der Eich-Phasen-Symmetrie der kombinierten Theorie von elektromagnetischem und Teilchenfeld.

Es geht dabei darum, daß in der Elektromagnetik nur die Feldstärken meßbar sind, die die Feldstärken aufbauenden elektromagnetischen Potentiale dagegen Umeichungen zulassen. Der Umeichungseffekt kann durch geeignete Phasenwahl der Quantenteilchen gerade kompensiert werden, so daß die Forminvarianz der kombinierten Theorie gewährleistet ist.

5.3 Erhaltungssätze in der Allgemeinen Relativitätstheorie

Die prinzipielle Gebundenheit der Allgemeinen Relativitätstheorie an krummlinige Koordinaten infolge der die Gravitation ausdrückenden Krümmung der Raum-Zeit führt zu einer grundsätzlich neuen Situation bezüglich der Erhaltungssätze:

5.3 Erhaltungssätze in der Allgemeinen Relativitätstheorie

1. Leiten sich die in der Kontinuitätsgleichung (5.3) auftretende Strömungsdichte f^a und Dichte f aus einer Viererstromdichte, also einem Tensor 1. Stufe ab, so bekommt der zugeordnete Gaußsche Satz einen allgemeinkovarianten, d. h. von den benutzten Koordinaten unabhängigen Inhalt. Dann lassen sich die oben skizzierten Schlüsse wiederholen, so daß die integrale Erhaltung uneingeschränkt gilt.

Diese Situation trifft auf die elektrische Ladung sowie auf die in der Elementarteilchen-Physik in neuerer Zeit entdeckten Ladungen zu.

2. Ganz anders sind die Verhältnisse bei den übrigen oben aufgelisteten Erhaltungsgrößen: Energie und Impuls leiten sich aus einem Tensor 2. Stufe, Drehimpuls und Schwerpunkt aus einem Tensor 3. Stufe her. Bei den letzten beiden Größen ist selbst die Gewinnung einer Kontinuitätsgleichung nicht mehr allgemein möglich. Wir wollen sie deshalb außerhalb unserer Betrachtungen lassen. Für Energie und Impuls läßt sich zwar die Struktur einer Kontinuitätsgleichung erzielen, wie wir im Zusammenhang mit der Gleichung (4.4) angemerkt haben, aber der Übergang zu einem integralen Erhaltungssatz ist nicht allgemein-kovariant möglich, so daß für den Allgemeinfall die erhaltenen Aussagen von den benutzten Koordinaten abhängig und damit erkenntnismäßig unbrauchbar werden. Anhand des Begriffes der Energie wollen wir diese Problematik etwas beleuchten.

Wann läßt sich noch ein integraler Energiesatz aufrechterhalten? Eine Möglichkeit ist die, aus dem Energie-Impuls-Tensor mittels eines Hilfsvektors (Killing-Vektor) eine Viererstromdichte zu konstruieren und dann den oben erläuterten schlüssigen Weg zu gehen. Ein solcher Killing-Vektor existiert aber nur in Ausnahmefällen bei besonderen Symmetrieverhältnissen von Raum und Zeit. Es handelt sich hier um ein von Fall zu Fall anwendbares konstruktives Verfahren.

Der andere auf rein metrischer Basis arbeitende Zugang (was eigentlich dem feldtheoretischen Geist entspricht) geht den Weg über die Noethersche Theorie und gelangt zu einer Kontinuitätsgleichung der Art (4.4) mit den damit verbundenen Komplikationen. Der Übergang zu einem integralen Erhaltungssatz ist dann nur unter folgenden Voraussetzungen möglich:

– Das betrachtete physikalische Substrat (Teilchen, Felder) muß eine inselartige Verteilung besitzen oder stark genug räumlich abklingen, d. h., das Substrat darf sich nicht ins Unendliche erstrecken (diese Voraussetzung ist bei realistischen Weltmodellen im allgemeinen nicht erfüllt).

– Es dürfen nur räumliche Koordinaten verwendet werden, deren Koordinatenlinien durch die inselförmige Substratverteilung – aus dem Unendlichen kommend und ins Unendliche gehend – monoton hindurchlaufen, also ein deformiertes geradliniges Koordinatennetz darstellen. Wir nennen sie Längenkoordinaten (polarartige Koordinaten erfüllen diese Bedingung nicht).

Diese beiden Forderungen gestatten dann eine eindeutige Energiedefinition, sind aber einschneidende Voraussetzungen, die natürlich strenggenommen auch die vorrelativistische Energieerhaltung abstecken. Selbst wenn die durch die Krümmung der Raum-Zeit bedingten Effekte in unserem täglichen Leben praktisch keine Rolle spielen, muß man sich aber dennoch von der prinzipiellen Erkenntnis her im klaren sein, daß es um eine Grundsatzfrage geht, die nicht negiert werden darf. Für die Behandlung der neu entdeckten exotischen Himmelskörper und der Kosmologie insgesamt setzt diese Einsicht deutliche Akzente.

Eine unmittelbare Folge der Bindung der Energiedefinition an die Benutzung von Längenkoordinaten ist die prinzipielle Nichtexistenz eines sinnvollen, d. h. von der zufälligen Koordinatenwahl unabhängigen Begriffes für die Energiedichte – auch für den Fall, daß ein integraler Energiebegriff eindeutig definierbar ist. Dieser Tatbestand zieht die beachtliche philosophische Konsequenz nach sich, daß die Energie nicht lokalisierbar ist. Es hat also keinen Sinn mehr zu sagen, in einem bestimmten Volumen sei eine bestimmte Menge Energie vorhanden. Damit verliert die Energie den vom vorigen Jahrhundert tradierten Charakter einer über den Raum verschmierten Substanz, mit deren Hilfe man Energieumsetzungen oft sehr anschaulich beschrieben hat. Die Substanzialisierung der Energie fällt mit deren Nichtlokalisierbarkeit. Natürlich werden durch diese Erkenntnis auch die Ostwaldsche Energetik mit ihrer ungerechtfertigten Verabsolutierung der Energie als Substanz, die Deutung der Energie als Ursubstanz oder die Identifizierung der Energie mit der Materie hinfällig.

Vielleicht mag der Leser durch diese Aussagen leicht schockiert sein und fragen: Seit wann weiß man das alles, und handelt es sich dabei um endgültige Erkenntnisse?

Im Grunde genommen findet sich diese Erkenntnis bereits in *Einsteins* Arbeit zur Allgemeinen Relativitätstheorie von 1916 im Zusammenhang mit dem eingeführten „Pseudotensor der Energie". Obwohl in den ersten Jahren diskutiert und umstritten, war es dann um diese Problematik relativ ruhig geworden, bis in der Zeit um 1955 *Ch. Møller* glaubte, einen lokalisierbaren Energiebegriff gefunden zu haben. Es setzte dann eine Periode umfangreicher, intensiver Forschungsarbeit ein, die zu etlichen neuen Vorschlägen führte. Das überschaubare Ergebnis bringt uns zu der Feststellung: Es ist kaum wahrscheinlich, daß sich an der an die Einsteinsche Gravitationstheorie gebundenen Degradierung des Energiebegriffes noch etwas ändern dürfte. Damit wird die Energie zu einer sehr abstrakten Größe zur bedingten Beschreibung gewisser Eigenschaften der Materie. Ihre Definition ist nur noch unter besonderen topologischen Gegebenheiten der verwendeten Koordinaten oder unter Beachtung besonderer geometrischer Konfigurationen (Existenz von sogenannten Killing-Vektoren) sinnvoll möglich.

Wie man in Diskussionen immer wieder erfahren muß, hat sich die Mehrzahl der Physiker mit dieser von uns seit langem in Vorträgen und Publikationen vertretenen Einschätzung nicht abgefunden. Der traditionelle Energiebegriff im Sinne der Substanzkonzeption ist – nicht zuletzt durch die schulische Ausbildung – emotional so tief verwurzelt, daß die vor bald einem Jahrhundert von *Einstein* initiierten Einsichten bisher keinen allgemeinen Einzug in die Anschauungen vieler Physiker finden konnten. Deshalb hat es bis heute nicht an Revisionsversuchen gefehlt, die aber alle bisher unfruchtbar geblieben sind.

Weil nach allen bisherigen wissenschaftlichen Erfahrungen unser Kosmos kaum von einer inselartigen Struktur sein dürfte, wird in Weiterführung des Einsteinschen Ausgangspunktes die Anwendung eines allgemeinen Energiebegriffes (als Erhaltungsgröße) auf das gesamte Universum unzulässig, so daß Aussagen der Art: „Die Gesamtenergie der Welt bleibt bei allen Umwandlungsprozessen erhalten" ihren wissenschaftlichen Wert verlieren müßten.

Gelegentlich werden auch philosophische Motive gegen die dargelegte Degradierung des Energiebegriffes geltend gemacht. Die durch die Allgemeine Relativitätstheorie wahrscheinlich gewordene Degradierung des Energiebegriffes und Relativierung des Energieprinzips bedeutet keinen Agnostizismus. Wir wollen darin vielmehr eine Bereicherung unserer Einsichten in die tiefgründigen Zusammenhänge unserer materiellen Welt sehen. Die Erkenntnis von der Nichterhaltung von Größen, die früher als gesicherte Erhaltungsgrößen galten, lehrt uns einfach, daß die Wirklichkeit bis dahin unzureichend erfaßt war: Für früher überschätzte Erhaltungssätze erkennen wir die Gültigkeitsgrenzen. Neuartige Erhaltungssätze treten uns in neu entdeckten Bereichen der Natur entgegen.

6 Zur Einheit der Physik

6.1 Allgemeine Gesichtspunkte

Überblickt der Leser die in diesem Buch behandelte Thematik retrospektiv, so sieht er, daß die Relativitätstheorie in der Tat als ein integratives Fundament der Physik mit einer beachtlichen Breitenwirkung auf die verschiedensten Wissenschaftsdisziplinen anzusehen ist. Das Allgemeine Relativitätsprinzip steckt einen Rahmen ab, in dem selbst die Quantentheorie und Elementarteilchentheorie sowie die Thermodynamik und Statistik von der Konzeption her erfaßt sein sollen. Aufgrund ihres Querschnittscharakters ist die Relativitätstheorie dafür prädestiniert, zum Problem der Einheit der Physik Gewichtiges beitragen zu können. Was versteht man überhaupt unter dem Problem der Einheit der Physik?

Wenn man sich mit dieser Thematik befaßt, muß man sich zuerst einmal über den Begriff der Physik verständigen. Es ist heute völlig unzureichend, die Physik als die Lehre von den Körpern und Kräften und die Chemie als die Lehre von den Stoffen und den stofflichen Veränderungen zu charakterisieren, wie das noch zu Beginn des 20. Jahrhunderts geschehen ist. Die Quantenmechanik hat diese Abgrenzung liquidiert. Die Erfahrung zeigt, daß die auf fundamentalen Erkenntnisgewinn angelegten Grundsatzfragen der anorganischen Naturwissenschaften (Physik im engeren Sinne, Chemie, Astrophysik, Kosmologie, Geophysik, Geologie, Mineralogie etc.) – gelegentlich sind sogar Gebiete aus der organischen Natur einbezogen – auf prinzipielle Fragen der Grundlagenphysik hinauslaufen. Aus diesem Grund wollen wir die Physik als die Wissenschaft von den (theoretisch und experimentell erforschbaren) allgemeinen quantitativen Fundamentalgesetzen der anorganischen Natur ansehen, wobei ihr die besondere gesellschaftliche Aufgabe zukommt, ihre Erkenntnisse für die technische Anwendung nutzbar zu machen. In der organischen Natur bleiben diese Fundamentalgesetze im Elementaren weiterhin wirksam, werden aber durch die biologischen Gesetze anderer Qualität überlagert.

In dieser Sicht kommt der Physik eine integrierende Rolle für alle anorganischen Naturwissenschaften zu. Deshalb nimmt es nicht wunder, daß Schriften über die Einheit der Natur hauptsächlich Fragestellungen zur Einheit der Physik zum Inhalt haben. Die Geschichte der Physik, über zwei Jahrtausende betrachtet, weist eine Entwicklung in diametralen Richtungen auf: Einerseits wird die unüberschaubare Vielfalt der Erscheinungen durch die Aufdeckung gemeinsamer gesetzmäßiger Wurzeln auf relativ wenige Grundgesetze zurückgeführt und damit der Prozeß zur Einheit der Physik in die Tiefe vorangetrieben. Gleichzeitig damit entwickelt sich andererseits die Physik durch die Entdeckung neuer Phänomene außerordentlich rasch in die Breite, die auf ihre theoretische Durchdringung warten. Das damit verbundene Wechselspiel von Tiefen- und Breitenforschung ist eigentlich ein typisches Kennzeichen aller Wissenschaften.

Es würde den Rahmen dieses Buches sprengen, die These von der Einheit der Natur, die natürlich weit über die These von der Einheit der Physik hinausgeht, philosophisch würdigen zu wollen. *Immanuel Kant* leitet diese Einheit aus den Bedingungen der Möglichkeit der Erfahrung her und sieht sie deshalb im Subjektiven begründet. Für *C.F. von Weizsäcker*, der – überaus intensiv und umfangreich zum Problem der Einheit der Natur beitragend – in gewisser Hinsicht an *Kant* anknüpft, aber der Zeit eine besondere Rolle zuschreibt, liegt diese Einsicht wesentlich in ihrem Gegenstand mit seinen allgemeinen Naturgesetzen, wodurch sie eine deutlich objektive Basis bekommt.

Der tiefen, rationalen Überzeugung *Einsteins* von der im Wesen der Natur begründeten Einheit der Natur folgend, wird für uns das Problem der Einheit der Physik zu einem ständigen Programm der Einheit der Physik. Unermüdliche Forschungsbegeisterung für das, „was die Welt im Innersten zusammenhält", trotz aller Rückschläge und Entbehrungen immer wieder von neuem aufzubringen, ist nur dem möglich, der zu der wissenschaftlichen Einheit dieser Aufgabenstellung, zu dem tief empfundenen Faustischen der Wissenschaft unbeirrbar steht. Die Problematik als Scheinproblem unter dem Motto „Was Gott getrennt hat, soll der Mensch nicht zusammenfügen" (*W. Pauli* nach seinem erfolglosen Bemühen in der Projektiven Relativitätstheorie) abzutun, bedeutet: entweder beim Pragmatismus ohne philosophischen Blick für die Tiefe der Naturzusammenhänge stehenbleiben oder derjenigen positivistischen These anhängen, daß die Welt ein Konglomerat zusammenhangloser Fakten sei und erst der menschliche Verstand Ordnungsschemata schaffe, durch die nachträglich Gesetzmäßigkeiten in die Welt hineinprojiziert werden.

6 Zur Einheit der Physik

Welche Erfolge und welche Schwierigkeiten gibt es auf dem Weg zur richtig verstandenen Einheit der Physik als einer permanenten Aufgabenstellung? Bekanntlich dachte *Einstein* bei seinem Programm einer einheitlichen Feldtheorie der Physik ursprünglich an die Übertragung seines bei der Gravitation erfolgreich gewesenen Geometrisierungskonzeptes (1915) auch auf den Elektomagnetismus. Weitere Fundamentalfelder der Physik, außer dem Gravitationsfeld und dem Maxwell-Feld, waren nämlich damals nicht bekannt.

Die Situation änderte sich aber mit der Entdeckung des Schrödinger-Feldes (1926), des Klein-Gordon-Feldes (1926) und des Dirac-Feldes (1928) schlagartig. Das Programm einer einheitlichen Feldtheorie hatte auf alle Fälle auch diese den Quantenteilchen zugeordneten Felder mit einzubeziehen. Wegen der immensen mathematischen Schwierigkeiten, die bei der Quantisierung dieser Felder mit dem Ziel, zu den Quanten (zum Teil auch Elementarteilchen) selbst vorzustoßen, auftreten, mußte man sich weitgehend auf die klassische Behandlung der Felder beschränken. Deshalb sind die meisten vorgeschlagenen Theorien erst einmal auf der Stufe der klassischen Feldtheorie abgehandelt.

Es ist einleuchtend, daß erst nach Schaffung einer klassischen einheitlichen Feldtheorie, die die wesentlichen Strukturen zur Einheit der Physik erfaßt, an den Aufbau einer korrespondierenden Einheitlichen Quantenfeldtheorie der Physik zu denken ist. Das Fernziel einer solchen Theorie ist letzten Endes die seit Jahrzehnten angestrebte Schaffung einer Elementarteilchentheorie. Bekanntlich gibt es eine solche umfassende Theorie bisher noch nicht, obwohl beachtliche Fortschritte auf Teilgebieten (elektroschwache und starke Wechselwirkung) erreicht wurden.

Besonders große Schwierigkeiten in der heutigen Forschung bereitet die logisch-geschlossene Einbeziehung des Gravitationsfeldes, das bisher nur als klassisches Feld voll verstanden ist, in das Fundament einer zukünftigen Elementarteilchentheorie, die wiederum auf quantentheoretischen Grundlagen verankert sein muß.

In Richtung einer einheitlichen Feldtheorie und damit verbunden in Richtung einer einheitlichen Elementarteilchentheorie wurden bisher viele Varianten ausgearbeitet, die man folgendermaßen grob einteilen kann:

- 4-dimensionale Theorien mit die Riemannsche Geometrie übersteigenden Strukturen (Riemann-Cartan-Geometrie mit Krümmung und Torsion, komplexe oder unsymmetrische Metrik usw.),

- 5-dimensionale Theorien (Kaluza-Klein-Theorien, projektive Feldtheorien),
- Eichfeldtheorien allgemein,
- Eichfeldtheorien vom Yang-Mills-Typ, z. B. Glashow-Salam-Weinberg-Theorie der elektroschwachen Wechselwirkung oder Quantenchromodynamik als Theorie der starken Wechselwirkung zwischen den Quarks,
- Theorien der Supergravitation (auch in mehr als 5 Dimensionen),
- Große Unifikations-Theorien (GUT).

Eine bisher schwer durchschaubare Sonderrolle im Programm der Einheit der Physik spielen die Thermodynamik und Statistik. Das liegt vor allem auch daran, daß das Phänomen der Irreversibilität noch nicht im tiefsten Grunde verstanden ist. Es gibt gute Argumente dafür, daß die Gerichtetheit des Zeitablaufs mit der Irreversibilität der thermodynamischen Prozesse verbunden ist. Nicht mehr sehr aktuell ist jetzt die These, daß die Irreversibilität eine Folge der kosmischen Expansion sei.

Die Thermodynamik und Statistik sind inhaltlich und begrifflich ganz besonders schwierige Gebiete der Physik. Viele mit dem Wesen des Wahrscheinlichkeitsbegriffes und dem tieferen Sinn der Ergodenhypothese verknüpfte Fragen sind nach wie vor umstritten. Es hat lange gedauert, bis sich die als Systemtheorie gefaßte Thermostatik zu einer eigentlichen, unabdingbar irreversiblen Thermodynamik zu entwickeln begann und – damit notwendigerweise verbunden – feldtheoretische Züge annahm, die für eine relativistische Konzipierung unumgänglich sind. Dennoch ist die heutige Thermodynamik noch weitgehend eine Gleichgewichts-Thermodynamik geblieben, obwohl schon beachtliche Erfolge in Richtung einer Nichtgleichgewichts-Thermodynamik, insbesondere auf dem Gebiet der dissipativen Strukturen, erzielt werden konnten. Ähnliche Aussagen lassen sich sinngemäß auch für die Statistik treffen.

Die irreversible Thermodynamik nahe dem Gleichgewicht konnte allgemein-relativistisch verstanden und formuliert werden. Bei der Statistik nahe dem Gleichgewicht gibt es noch beachtliche Schwierigkeiten, die einer allgemein-relativistischen Fassung im Wege stehen. Die Nichtgleichgewichts-Thermodynamik und Nichtgleichgewichts-Statistik sind bisher nur wenig in der relativistischen Forschung bearbeitet worden. Aus all diesen genannten Gründen verzichten wir auf eine Einbeziehung von Thermodynamik und Statistik in die weiteren Darlegungen.

6.2 Die Elementarteilchen und die vier fundamentalen Wechselwirkungen

Ursprünglich glaubte man, durch die Konstruktion von Teilchenmodellen mit einer inneren elektrischen Ladungsverteilung das Wesen der Elementarteilchen zu verstehen. Dabei wurden insbesondere diverse klassische Elektronmodelle ersonnen, bei denen der klassische Elektonenradius

$$r_0 = 2{,}82 \cdot 10^{-13} \text{cm} \tag{6.1}$$

eine entscheidende Rolle spielte. Später erkannte man, daß die Basis einer Theorie der Elementarteilchen mindestens quantentheoretischer Natur sein muß, wobei insbesondere an nichtlineare Spinorgleichungen gedacht wurde.

Im folgenden wollen wir zunächst einige grundsätzliche Erkenntnisse über Elementarteilchen zusammenfassen.

Unter den Elementarteilchen versteht man heute die Gesamtheit der elementaren Bausteine der Materie auf subatomarer Ebene. Dabei kann es sich um stabile Teilchen (z. B. Proton, Elektron, Photon, Neutrino) oder um instabile Teilchen (z. B. Neutron, Myon) handeln, die mit einer gewissen Zerfallszeit zerfallen. Die kleinste bekannt gewordene mittlere Lebensdauer liegt bei etwa 10^{-23}s für kurzlebige Resonanzen (extreme Form von Elementarteilchen). Die Linearausdehnung der Elementarteilchen beträgt etwa 10^{-13}cm und weniger.

Früher glaubte man, nachdem sich die Atome nicht als die unteilbaren Grundbausteine erwiesen hatten, die mit der Unteilbarkeit in Zusammenhang gebrachte Elementarität im subatomaren Bereich der Natur in Form der Elementarteilchen gefunden zu haben. Im Laufe der Zeit entdeckte man jedoch viele Prozesse, bei denen auch die Elementarteilchen ineinander umgewandelt werden.

Einige charakteristische physikalische Größen der Elementarteilchen sind: m_0 (Ruhmasse), $L_z^{(\text{spin})}$ (Spindrehimpuls bei Auszeichnung der z-Achse), Q (elektrische Ladung), μ (magnetisches Moment).

Weitere charakteristische Größen werden durch ihre sogenannten inneren Quantenzahlen angegeben, die man in additive und nichtadditive Quantenzahlen einteilt. Die wichtigsten, zum Teil untereinander abhängigen Quantenzahlen sind:

6.2 Elementarteilchen und die vier fundamentalen Wechselwirkungen

1. Additive Quantenzahlen:
    Z (elektrische Ladungszahl), B (baryonische Ladungszahl),
    L (leptonische Ladungszahl), I_3 (3. Komponente des Isospin),
    Y (Hyperladungszahl), S (Strangeness oder Seltsamkeit),
    C (Charm-Quantenzahl), c (Color- oder Farb-Ladungszahl),
    f (Flavor-Ladungszahl).
2. Nichtadditive Quantenzahlen:
    I (Isospin), P (Parität), ξ_C (Ladungsparität).

Die Gesamtheit der Elementarteilchen umfaßt die experimentell zuerst entdeckten Teilchen und die später gefundenen, symmetrisch dazu gelegenen Antiteilchen, deren additive innere Quantenzahlen gegenüber den Teilchen entgegengesetztes Vorzeichen besitzen. Antiteilchen werden durch einen Querstrich über dem Grundsymbol gekennzeichnet. Die sogenannte Antimaterie ist aus Antiteilchen aufgebaut.

Die Art der Wechselwirkung zwischen den Elementarteilchen spielt für deren Klassifizierung eine wichtige Rolle. Man kennt vier verschiedene Fundamentaltypen der Wechselwirkung, die, abgesehen von der Gravitation, jeweils durch Austauschbosonen (Vektorteilchen mit der Spinquantenzahl 1) vermittelt wird.

1. Starke Wechselwirkung

Die starke Wechselwirkung gewährleistet die Bindung zwischen den Quarks (Austausch von Gluonen) und darüber hinaus zwischen den Baryonen, also z. B. zwischen dem Proton und dem Neutron im Atomkern (Austausch von Pionen). Ihre Reichweite liegt bei etwa 10^{-13}cm.

Die dimensionslose Wechselwirkungskonstante beträgt

$$\alpha_{st} \approx 0{,}123\,. \tag{6.2}$$

Die Quark-Hypothese wurde von *G. Zweig* und *M. Gell-Mann* (1964) aufgestellt.

2. Elektromagnetische Wechselwirkung

Diese für die elektromagnetischen Erscheinungen zuständige Wechselwirkung, vermittelt durch den Austausch von Photonen, wird durch die dimensionslose Sommerfeldsche Feinstrukturkonstante

$$\alpha_S \approx \frac{1}{137{,}04} \tag{6.3}$$

charakterisiert.

3. Schwache Wechselwirkung

Dieser auch für den radioaktiven Zerfall verantwortlichen Wechselwirkung, erzeugt durch die Austauschbosonen $W^\pm$ und Z^0, mit einer Reichweite von etwa 10^{-16} cm entspricht die dimensionslose Wechselwirkungskonstante (w weist auf weak hin)

$$\alpha_w \approx 1{,}026 \cdot 10^{-5}. \tag{6.4}$$

Bei der Vereinheitlichung der elektromagnetischen und schwachen Wechselwirkung zur sogenannten elektroschwachen Wechselwirkung wurden von *A. Salam, St. Weinberg* und *S.L. Glashow* (1967) entscheidende Erfolge erzielt.

4. Gravitative Wechselwirkung

Diese Wechselwirkung besitzt nach heutigen Erkenntnissen universellen Charakter, da sie grundsätzlich zwischen Massen wirkt, also alle Elementarteilchen erfaßt. Die theoretische Basis für ihr Verständnis ist durch die Einsteinsche Gravitationstheorie gegeben. Ihr kann die dimensionslose Wechselwirkungskonstante

$$\alpha_G \approx 1{,}39 \cdot 10^{-46} \tag{6.5}$$

zugeordnet werden, falls man die Masse des Elektrons zur Orientierung nimmt.

Das Verhältnis der gravitativen zur elektromagnetischen Wechselwirkung wird durch die extrem kleine Zahl

$$\frac{\alpha_G}{\alpha_S} = 1{,}9 \cdot 10^{-44}$$

wiedergegeben. Daraus leuchtet ein, daß die Gravitation im atomaren und subatomaren Bereich im Vergleich zu den anderen Wechselwirkungen vernachlässigt werden kann. Das bedeutet aber nicht, daß in einer einheitlichen Feldtheorie das geometrische Konzept der Gravitationstheorie außer acht gelassen werden darf, denn trotz der Schwäche dieser Wechselwirkung geht es dabei um Grundsatzfragen fundamentaler Art.

In diesem Zusammenhang erwähnen wir die auf *M. Planck* (1906) zurückgehenden, aus den Naturkonstanten γ_N, $\hbar$ und c konstruierten sogenannten Planckschen Elementareinheiten:

a) $\quad l_{Pl} = 1{,}62 \cdot 10^{-33}$ cm $\quad$ (Planck-Länge),
b) $\quad t_{Pl} = 5{,}4 \cdot 10^{-44}$ s $\quad$ (Planck-Zeit), $\hfill (6.6)$
c) $\quad m_{Pl} = 2{,}18 \cdot 10^{-5}$ g $\quad$ (Planck-Masse).

6.3 Einheitliche Feldtheorie in der 4-dimensionalen Raum-Zeit

Das im oben beschriebenen Sinne verstandene Programm der Einheit der Physik verwirklichen zu wollen, heißt, das bisher bekannte Fundament der Physik aus übergeordneten Leitprinzipien ableiten und verstehen zu lernen. Durch *Einsteins* geometrisches Verständnis der Gravitation wurde die Geometrisierung als ein solches Leitprinzip entdeckt, das zu *Einsteins* nichtlinearen Gravitations-Feldgleichungen geführt hat. Wie wir bereits oben gehört haben, war es bei diesem triumphalen Erfolg der Geometrisierung naheliegend, auch den Elektromagnetismus gemeinsam mit der Gravitation als aus einer geometrischen Wurzel kommend zu begreifen. Man nannte dieses Vorhaben „Einheitliche Feldtheorie". *Einstein* hat unbeirrbar bis zu seinem Tod, also vier Jahrzehnte lang, dieses Programm auf den verschiedensten Ebenen und in den verschiedensten Richtungen verfolgt. Aber nicht nur er, sondern eine ganze Generation Theoretischer Physiker hat sich leidenschaftlich engagiert. Eine Physikgeschichte der Arbeiten an der Idee der einheitlichen Feldtheorie wurde bisher noch nicht geschrieben. Deshalb können wir nicht darauf verweisen, sondern wollen hier einige charakteristische Vorschläge unter Beibehaltung der Vierdimensionalität der Raum-Zeit, aber mit abgeänderter Geometrie skizzieren:

1. *H. Weyl* erweiterte ab 1917 die Riemannsche Geometrie und baute sie zur Weylschen Geometrie aus. Er ließ sich dabei in Anbetracht der Tatsache, daß in der Riemannschen Geometrie die Richtung eines Vektors bei dessen Herumführung auf einer geschlossenen Kurve nicht wieder zur Ausgangsrichtung zurückkehrt, von der Idee leiten, daß bei einem solchen Prozeß auch die Länge eines Vektors verändert werden könnte. Auf diese Weise verschaffte er sich einen frei verfügbaren Vierervektor, den er als elektromagnetisches Viererpotential deutete.

Auf die Erweiterung der Axiomatik der Riemannschen Geometrie sind auch die Versuche von *A.S. Eddington* (1921) und *V. Hlavaty* (1952) orientiert. Einen besonderen Platz in dieser Richtung nimmt eine Arbeit von *E. Schrödinger* (1954) ein, weil er außer der Gravitation nicht die Elektromagnetik, sondern ein komplexes Mesonfeld im Auge hatte. Der Gedanke eines komplexen metrischen Feldes zur Schaffung weiterer Freiheitsgrade wurde von *W.B. Bonnor* (1951) expliziert.

Es läßt sich heute feststellen, daß wohl all diesen Versuchen ein eigentlicher Erfolg versagt geblieben ist.

2. *Einstein* selbst verfolgte mit kaum zu überbietender innerer Überzeugung von der rationalen Einheit der Physik bei einem unvorstellbar großen Krafteinsatz – tragischerweise in fast völliger Isoliertheit von der herangewachsenen jüngeren Physikergeneration – ein ganzes Spektrum von Ideen. Dabei ließ er sich bei seiner rastlosen Suche von der emotionalen, bis heute schwer formulierbaren Forderung der „inneren Vollkommenheit" (Natürlichkeit) der Theorie leiten, die dann die „äußere Bewährung" (Übereinstimmung mit der Praxis) zu bestehen hätte. Er suchte diese Weltharmonie in der real existierenden Welt selbst. Für ihn galt es deshalb, mit einem besonders tief empfundenen Einfühlungsvermögen die von ihm als Hauptproblem der Physik angesehene „Einheitliche Feldtheorie" wie ein Kreuzworträtsel zu entschlüsseln. Dabei war seine Denkweise stark von der von *Johannes Kepler* verfochtenen Idee der Harmonie und Symmetrie in der Welt sowie vom klassischen Rationalismus des 17. Jahrhunderts geprägt. Auf einer höheren Windung der Erkenntnisspirale begegnet einem das klare Gedankengut von *R. Descartes* und die philosophische Universalität *B. Spinozas*, der sich durch Brillenschleifen seinen Lebensunterhalt verdiente, um unabhängige Philosophie treiben zu können. *Einstein* stand *Spinoza* besonders nahe.

Von den Einsteinschen Theorienvarianten zu einer einheitlichen Feldtheorie wollen wir hier schlagwortartig nur zwei herausgreifen: Fernparallelismus (1929) sowie Benutzung eines unsymmetrischen metrischen Tensors, der genug Spielraum schaffen sollte, um neben der Gravitation auch noch den Elektromagnetismus unterzubringen (gemeinsame Arbeit mit *E.G. Straus* ab 1946). Die letzte und bekannteste Variante dieses Theorientyps stammt aus dem Jahre 1949. In der Zeit bis 1953 gab ihr *Einstein* die letzte Fassung und Interpretation.

Es wird heute allgemein eingeschätzt, daß *Einstein* sein Endziel einer einheitlichen Feldtheorie nicht erreicht hat.

3. In den letzten Jahrzehnten wurden, insbesondere nach Vorarbeit von *A. Trautman*, durch *F. Hehl* u. a. Theorien vom Einstein-Cartan-Typ erforscht. Dabei geht es darum, daß die Raum-Zeit neben der Krümmung auch Torsion aufweisen möge. Die Quelle für die Krümmung ist wie bei *Einstein* der Energie-Impuls-Tensor, während der Ursprung für die Torsion im Drehimpuls-Tensor gesehen wird.

6.4 Einheitliche Feldtheorie vom Kaluza-Klein-Typ in einem 5-dimensionalen Raum mit Riemannscher Geometrie

Die drei oben skizzierten Entwicklungsrichtungen einheitlicher Feldtheorien hatten die 4-dimensionale Raum-Zeit, wenn auch mit unterschiedlichen geometrischen Eigenschaften ausgestattet, als Basis. Eine ganz andere Art von Theorien wurde von *Th. Kaluza* (1921) und *O. Klein* (1926) initiiert. Dabei wird von einem hypothetischen 5-dimensionalen Raum mit Riemannscher Geometrie ausgegangen und durch verschiedene mathematische Prozeduren die Raum-Zeit als 4-dimensionale Substruktur herauspräpariert.

In den Theorien vom Kaluza-Klein-Typ hat der 5-dimensionale metrische Tensor die Gestalt (griechische Indizes laufen von 1 bis 5, lateinische Indizes von 1 bis 4):

$$(g_{\mu\nu}) = \left(\begin{array}{c|c} g_{mn} & g_{4n} \\ \hline g_{m4} & g_{55} \end{array} \right). \tag{6.7}$$

Der 4-dimensionale metrische Tensor g_{mn} soll dabei auch hier Basis der Einsteinschen Gravitationstheorie sein, während die vier Komponenten g_{4n} (wegen der Symmetrie des metrischen Tensors $g_{\mu\nu} = g_{\nu\mu}$ gilt $g_{4n} = g_{n4}$) den vier Komponenten des elektromagnetischen Viererpotentials A_n zugeordnet werden und damit zur Basis der Theorie des Elektromagnetismus werden.

In der damaligen Zeit dachte man, wie schon oben erwähnt, nur an eine einheitliche Feldtheorie von Gravitation und Elektromagnetismus. Deshalb schränkte man die Kaluza-Klein-Theorie durch die Normierungsbedingung

$$g_{55} = \text{const} \tag{6.8}$$

ein.

Diese Nebenbedingung wurde später fallen gelassen (*Y. Thiry* 1948, *C.V. Jonsson* 1951, *Yu. B. Rumer* 1956), wodurch eine neue 4-dimensionale invariante (skalare) Feldfunktion in diese Art von Theorien eingebracht wurde.

Neben der Normierungsbedingung (6.8) wurde die sogenannte Zylinderbedingung

$$\frac{\partial g_{\mu\nu}}{\partial x^5} = 0 \tag{6.9}$$

als weitere Nebenbedingung postuliert, die dafür zu sorgen hatte, daß aus den 5-dimensionalen Gleichungen durch Aufspaltung reine 4-dimensionale Gleichungen (ohne Auftreten der 5. Koordinate) entstehen.

Durch Verallgemeinerung der 5-dimensionalen Kaluza-Klein-Theorien auf Räume von noch höherer Dimensionszahl wurden die Theorien vom Kaluza-Klein-Typ zu einem über drei Jahrzehnte intensiv betriebenen internationalen Forschungsgebiet, dessen Hauptanliegen auf den Durchbruch zu einer umfassenden Elementarteilchentheorie abzielte.

Verständlicherweise können wir hier nicht Hunderte von Forschern zitieren. Wir wollen aber wenigstens darauf hinweisen, daß der erste Schritt in diese Richtung auf *J. Rayski* (1965) zurückgeht. Spätere intensive Beschäftigung mit Theorien vom Kaluza-Klein-Typ höherer Dimensionen verbinden sich mit den Namen *Yu. Vladimirov, E. Witten* und vielen anderen mehr.

Die eben besprochenen Theorien sind in engem Zusammenhang mit einer Reihe von Theorienvarianten zu sehen, die durch dieses Gedankengut angeregt wurden. Ohne näher darauf eingehen zu können, erwähnen wir als Forschungsrichtungen: Eichfeldtheorien, insbesondere vom Yang-Mills-Typ; Supersymmetrietheorien (SUSY); Supergravitationstheorien; Große Unifikations-Theorien (GUT); Stringtheorien.

Zum Abschluß dieses Abschnitts gehen wir noch auf die Kompaktifizierungshypothese ein, die im Falle ihrer Verifizierung von großer physikalisch-philosophischer Tragweite wäre. Wir beschränken uns dabei der Einfachheit halber auf einen 5-dimensionalen Raum und setzen die allgemeinrelativistische (gekrümmte) 4-dimensionale Raum-Zeit als Unterraum voraus.

Den Hintergrund dieser Hypothese bildet unter anderem die immer wieder gestellte Frage: Was ist eigentlich die 5. Dimension? Die Zeit als 4. Dimension wird inzwischen akzeptiert, aber man möchte auch mit der 5. Dimension eine in der Physik bekannte Größe verbinden. Nebenbei erwähnt: Es gibt Versuche, die 5. Dimension als Wirkung (*Rumer*), als Masse u. a. zu deuten. Eine Variante der Kompaktifizierungshypothese geht davon aus, daß beim kosmologischen Urknall alle betrachteten fünf Dimensionen ursprünglich offene Dimensionen (analog den im Laufe der Expansion offen gebliebenen Dimensionen von Raum und Zeit) waren, daß sich aber infolge der hochenergetischen Prozesse beim Urknall die 5. Dimension eingerollt (kompaktifiziert) hat, so daß sie uns heute verschlossen bleibt. Sie ist in einem Raum-Zeit-Punkt gewissermaßen als angeheftete kreisartige geschlossene Koordinatenlinie Repräsentant der 5. Dimension der Welt.

Aus den Zahlenwerten der bekannten Naturkonstanten schließen einige Forscher, daß man diese kompaktifizierte 5. Dimension aufbrechen könnte, wenn man über entsprechende Riesenenergien – fehlende 17 Größenordnungen – verfügen könnte.

Es bleibt zu erwähnen, daß Spekulationen sogar so weit gehen, daß unser Universum eigentlich ursprünglich unendlich viele offene Dimensionen hatte und nach dem Urknall nur die vier offenen Dimensionen von Raum und Zeit übrig geblieben sind. Wir selbst stehen der Kompaktifizierungsidee dieser Art skeptisch gegenüber.

6.5 Einheitliche Feldtheorie in einem 5-dimensionalen projektiven Raum

Die 5-dimensionalen projektiv-relativistischen Theorien – in ihren ersten Fassungen Projektive Relativitätstheorien genannt – knüpfen an die von *Kaluza* eingeführte Fünfdimensionalität an und sind deshalb trotz verschiedener Formalismen in weiten Bereichen, was die 4-dimensionalen mathematischen Projektionsergebnisse betrifft, auf korrespondierende Strukturen der Kaluza-Klein-Theorie abbildbar. Der Rahmen der projektiv-relativistischen Theorien ist aber axiomatisch einerseits durch seine Beschränkung auf nur fünf Dimensionen enger angelegt, andererseits überschreitet er in der von uns (*Schmutzer* 1957) ausgearbeiteten Variante das Instrumentarium der Riemannschen Geometrie, indem er im 5-dimensionalen projektiven Raum auch die Torsion als wichtiges mathematisches Hilfsmittel verwendet.

Das mathematische Werkzeug der 5-dimensionalen projektiven Theorien hat seinen Ursprung in der Benutzung homogener 5-dimensionaler Koordinaten (*O. Veblen* und *B. Hoffmann* 1931). Eine leichter zu handhabende Methode ist der von Projektoren als geometrischen Objekten der Theorie ausgehende Projektionsformalismus, der von *J.A. Schouten* und *D. van Dantzig* (1932) entwickelt wurde. Auch der Beitrag von *W. Pauli*, der insbesondere auf die Physiker stimulierend gewirkt hat, soll unterstrichen werden.

Eng damit verbunden, bestand eine wesentliche weitere physikalische Aufgabe darin, 5-dimensionale Feldgleichungen zu formulieren und diese in 4-dimensionale Feldgleichungen überzuführen. Das Ergebnis war ähnlich dem im Kaluza-Klein-Formalismus erzielten Resultat: Es ergaben sich Strukturen, die dem kombinierten System der Einstein-Gleichungen und Maxwell-Gleichungen sehr ähnlich waren. Dabei wurden, um nur diese beiden Gleichungssysteme und nicht noch mehr herauszubekommen, die Normierungsbedingung und die Zylinderbedingung benutzt. Insofern ist diese Art von Theorien, ohne einen eigentlichen Erkenntniszuwachs zu bringen, über eine formale (sogar mit mathematischen Inkonsistenzen belastete) Zusammenfassung von Gravitation und Elektromagnetik nicht hinausgelangt.

Wird nun die erwähnte Normierungsbedingung fallengelassen, so resultiert, wie wir bereits wissen, die Existenz eines reellen skalaren Feldes, das ganz organisch in dem Theoriengebäude involviert ist. Für dieses Feld entsteht aus den 5-dimensionalen Feldgleichungen ebenfalls zwangsläufig eine 4-dimensionale Feldgleichung.

Diesen neuen Aufschwung der projektiv-relativistischen Theorie initiierte in erster Linie *P. Jordan* im Jahre 1945. Er wurde dazu durch die 1937 von *P.A.M. Dirac* aufgrund kosmologischer Überlegungen ausgesprochene Hypothese angeregt, die Newtonsche Gravitationskonstante sei in Wirklichkeit keine Konstante, sondern variiere im Laufe der Zeit. Es lag deshalb auf der Hand, das durch den obigen Schritt sich anbietende skalare Feld mit einer variablen Gravitationszahl in Verbindung zu bringen. Durch die Nachkriegswirren sind die Jordanschen Arbeiten in den ersten Jahren kaum bekannt geworden. Später zeigte es sich, daß auch *A. Einstein* und *P.G. Bergmann* dieselbe Erweiterung der Theorie erwogen haben.

Die Arbeiten zur Projektiven Relativitätstheorie sind nach einigen interessanten Publikationen zur Spinortheorie von *G. Ludwig* abgeklungen. Das lag insbesondere daran, daß die bisherige Meßgenauigkeit zur Verifikation damit zusammenhängender Effekte, z. B. Feststellung einer eventuellen „Variation der Gravitationskonstanten", nicht ausreichte.

Unter neuen Aspekten legten wir (*E. Schmutzer* 1957, 1980, 1994) unter dem Namen „Projektive Einheitliche Feldtheorie" eine im Detail ausgear-

6.5 Einheitliche Feldtheorie im 5-dimensionalen projektiven Raum

beitete projektiv-relativistische 5-dimensionale Theorienvariante mit neuen Feldgleichungen vor, die früher aufgetretene physikalische Schwierigkeiten beseitigen konnte.

Wie schon beim 9. Internationalen Gravitationskongreß (Jena 1980) gingen wir in Analogie zum gravitativen und elektromagnetischen Feld (im Sinne einer selbstverständlich empirisch noch zu testenden Hypothese) von der Möglichkeit der realen Existenz des oben erwähnten, mathematisch sich aufzwingenden neuen skalaren Feldes in der Natur aus und zogen daraus eine Reihe physikalischer Konsequenzen. Um dieses Feld von den zahlreichen anderen skalaren Feldern der Physik zu unterscheiden, nannten wir es skalarisches Feld und den durch es beschriebenen, eventuell in der Natur existierenden Erscheinungskomplex Skalarismus.

Einige der wichtigsten Voraussagen dieser Theorie sind:

– Die Gravitationskonstante bleibt eine echte Naturkonstante.

– Die sogenannte Einstein-Maxwell-Theorie (als einfache Zusammenfügung dieser beiden Bestandteile) ist in dieser neuen Theorie nicht als Spezialfall enthalten, sondern ihr Rahmen wird durch das Skalarismusphänomen überschritten.

– Die Einsteinsche Gravitationstheorie ist für elektrisch neutrale Materie in dieser Theorie enthalten.

– Die Einsteinschen Effekte in unserem Planetensystem werden (im Unterschied zur Jordanschen Theorie oder zur Brans-Dicke-Theorie) für den Fall von nicht vorhandenem Skalarismus nicht abgeändert, so daß es zu keinem Konflikt mit der experimentellen Erfahrung kommt.

– Die mechanische Masse eines Körpers wird, abgesehen von der Abhängigkeit von der Geschwindigkeit und vom Gravitationsfeld, auch vom skalarischen Feld abhängig.

– Das klassische Vakuum bekommt (hinausgehend über die quantenfeldtheoretischen Vakuumeffekte) eine skalarische Polarisation, die sich in einer durch den Skalarismus bedingten Dielektrizitätseigenschaft des Vakuums auswirkt, so daß einerseits die elektrische Feldstärke und die dielektrische Verschiebung sowie andererseits die magnetische Feldstärke und die magnetische Induktion nicht mehr in einem konstanten Zahlenverhältnis zueinander stehen.

- Ohne tiefgreifende, grundsätzliche Abänderungen enthält diese Theorie keine wahren magnetischen Ladungen (magnetische Monopole usw.).
- Diese Theorie liefert eine Abänderung der Friedmanschen Kosmologie, bedingt durch das eventuell vorhandene Skalarismusphänomen des kosmologischen „Modellstaubes" (Sterne, Galaxien, Galaxienhaufen usw.). Das Urknall-Phänomen besteht weiter.

Es bleibt zu hoffen, daß diese zwar mit sehr kleinen Effekten, aber mit einem weit über die Einstein-Maxwell-Theorie hinausgehenden eventuellen Erkenntniszuwachs verbundene Theorie in den nächsten Jahrzehnten einer empirischen Überprüfung zugänglich wird.

6.6 Ausklang

Die Idee einer einheitlichen Feldtheorie der Physik ist, wie oben bereits an verschiedenen Stellen erwähnt, in den letzten beiden Jahrzehnten auch aus der Richtung der Elementarteilchentheorie aufgenommen und verfolgt worden. Es ist wohlbekannt, daß die riesigen, über die ganze Erde verteilten Experimentieranlagen der Hochenergiephysik fast täglich neues empirisches Material über die Elementarteilchen liefern. Durch die stete Steigerung der erzeugten Reaktionsenergien dringt der Mensch immer tiefer in die innere Struktur der Elementarteilchen ein und muß, um das Erfahrungsmaterial halbwegs ordnen zu können, laufend neue Begriffe prägen (leptonische Ladung, baryonische Ladung, Parität, Isospin, Strangeness, Color, Charm, Flavor etc.).

Trotz einer Reihe von Fortschritten in Detailfragen, die wir bereits oben gewürdigt haben, muß man aber feststellen, daß es bis heute keine allgemein akzeptierte Theorie der Elementarteilchen gibt, die in der Lage wäre, die anfallenden Fakten organisch aus einem umfassenden Theoriengebäude zu verstehen.

Der früher am meisten diskutierte Vorschlag ist wohl die Urmaterie-Theorie von *W. Heisenberg* aus dem Jahre 1957. Dieses Programm ging davon aus, ein Spinorfeld wegen seiner Eigenschaft, den halbzahligen Spin der Elementarteilchen zu erfassen, als Urfeld zur Basis der Theorie zu wählen. Für dieses Feld stellte *Heisenberg* eine nichtlineare Feldgleichung auf, weil ihn die Idee leitete, daß die Existenz der Elementarteilchen auf der Selbstwechselwirkung beruht. Die Feldgleichung selbst wurde dabei so konstruiert, daß sie entscheidende Symmetrien auswies, um auf diese Weise im Sinne der

Noetherschen Theorie zu Erhaltungsgrößen zu gelangen, die mit gewissen oben erwähnten neuen Teilcheneigenschaften in Verbindung gebracht werden sollten. Alle diese Gedanken sind recht einleuchtend. Allerdings sind die durch die Nichtlinearitäten bedingten mathematischen Schwierigkeiten so groß, daß bis jetzt kein abschließendes Urteil gefällt werden kann. Nichtsdestoweniger ist das skizzierte programmatische Herangehen an diese Thematik bemerkenswert und beispielgebend. Es sei angemerkt, daß bereits 1938 *D. Ivanenko* die Dirac-Gleichung nichtlinear erweitert hat.

Welche Hoffnungen auf eine einheitliche Feldtheorie der Physik erweckt heute das tiefgründige Verständnis der Allgemeinen Relativitätstheorie in ihrem umfassenden Sinne? Welche Anhaltspunkte und Fingerzeige können wir von dieser universalen Theorie bekommen, die in räumlicher Hinsicht mindestens 41 Größenordnungen (Weltradius: 10^{28} cm, Radius der Elementarteilchen: 10^{-13} cm) und in zeitlicher Hinsicht ebenfalls mindestens 41 Größenordnungen (Weltalter: 10^{18} s, Wechselwirkungszeiten von Elementarteilchen: 10^{-23} s) überdeckt und uns einen faszinierenden Einblick in ihre nichtlinearen Strukturen gestattet? Sollte diese geometrisch begründete Theorie nicht als Ausgangspunkt für den Aufbau einer quantenfeldtheoretisch konzipierten einheitlichen Feldtheorie der Physik mit Blickrichtung auf die subatomare Welt dienen? Das sind Gedanken, die Forschern kommen, die jahrzehntelang über diese fundamentale Problematik unserer gegenwärtigen Physik nachgedacht haben.

Wenn wir heute Umschau halten, welche Grundprinzipien sich als Leitprinzipien mit heuristischer Funktion für die Schaffung der angestrebten einheitlichen Feldtheorie der Physik anbieten, so zeichnen sich vor allem zwei Ideenkreise ab:

1. *Geometrisierung.* Dieser Zugang hatte seinen großen Erfolg bei der Gravitation, scheint aber auf 4-dimensionaler Basis zu Schwierigkeiten in den übrigen Gebieten der Physik zu führen. Daraus resultiert sofort die Frage: Haben *Einstein* und die anderen Forscher bei ihrem eingeschlagenen Weg den Rahmen ihrer Konzeption nicht zu eng gefaßt, so daß ihnen ganz entscheidende Momente verlorengehen mußten? Auf einen weiteren Aspekt weisen wir hin: Alle bisher ernsthaft versuchten Theoriengebäude sind klassisch-physikalisch fundiert. Einer Grundlegung von dieser Tragweite sollte auf alle Fälle von vornherein eine quantenphysikalische Basis gegeben werden.

2. *Symmetrieprinzipien.* Dieser Ausgangspunkt diente vor allem *Heisenberg* bei der Aufstellung seiner Elementarteilchen-Feldgleichung. Unbestrit-

ten handelt es sich dabei um einen ganz entscheidenden Gesichtspunkt. Aber es scheint uns, daß die Einsicht in die Symmetrien der subatomaren Welt noch nicht ausreichend ist, um über das Stadium von theoretischen ad-hoc-Ansätzen hinauszukommen. Es fehlt offenbar ein weiteres Erkenntniselement, das die Problematik wesentlich tiefgründiger zu fassen gestattet. Möglicherweise liegt dieses Erkenntniselement gerade auf dem Weg zur Geometrie.

Es gibt Forscher, die zu der behandelten Thematik eine Position beziehen, die der von uns verfolgten Grundrichtung ziemlich diametral ist. Diese verweisen mit dem Argument der Kleinheit der Gravitation im Subatomaren die Allgemeine Relativitätstheorie mit ihrer Geometrisierungsidee in das klassische Theoriengebäude und sprechen ihr damit alle Bedeutung im Quantenbereich der Welt ab. Sie betrachten die Quantenfeldtheorie im Minkowski-Raum als die eigentliche Basis. Die Gravitation wird als ein später irgendwie verständlich werdendes Sekundärprodukt angesehen. Für diese Forscher ist damit das Problem der tief gefaßten logischen Vereinigung von Allgemeiner Relativitätstheorie und Quantenfeldtheorie, worum es im Grunde genommen hier als Forschungsziel geht, gegenstandslos. Allerdings müssen sie die Antwort auf die Frage schuldig bleiben, wie sie theoretisch die evidente Existenz von Feldquanten (Elektronen, Protonen etc.) im Gravitationsfeld, z. B. auf unserer Erde, verstehen wollen.

Für uns ist die logische Vereinigung von Allgemeiner Relativitätstheorie und Quantenfeldtheorie eine unabdingbare theoretische Grundforderung. Bekanntlich bietet die konsistente Behandlung der Quantenfeldtheorie im ungekrümmten Minkowski-Raum schon außerordentlich große Schwierigkeiten. Doch scheinen diese Schwierigkeiten in erster Linie mehr mathematischer und weniger prinzipiell physikalischer Natur zu sein. Daß sich die mathematischen Schwierigkeiten im gekrümmten Riemann-Raum potenzieren, ist selbstverständlich und verwundert keinen.

Allerdings zeichnen sich in diesem Fall Probleme ab, die physikalisch noch nicht umfassend verstanden sind: Falls Quantenfelder gravitierend wirken, so hat deren Energie-Impuls-Tensor als Quellterm in den Einstein-Gleichungen zu fungieren. Dann bekommt die rechte Seite dieser Gleichungen Operatorcharakter. Die linke Seite dieser Gleichungen ist geometrischer Natur, nämlich aus dem metrischen Tensor konstruiert, der als Ergebnis des Äquivalenzprinzips kinematische und gravitative Aspekte umfaßt und von diesem Gesichtspunkt aus als klassisches Feld konzipiert ist. Welche Möglichkeiten zur Lösung dieses mathematischen Widerspruchs, der eine grundlegende

physikalische Problematik reflektiert, gibt es? Es bieten sich zwei Auswege an:
- Preisgabe des klassischen Charakters des metrischen Feldes, also Quantisierung der Metrik. Dieser Standpunkt führt dann zu den Gravitonen als den Quanten des metrischen Feldes, also zu hypothetischen Elementarteilchen mit dem Spindrehimpuls $2\hbar$ ($\hbar = h/2\pi$). Abgesehen von den schier unüberwindlichen mathematischen Schwierigkeiten dieser Entwicklungsrichtung, werden auch viele neue physikalische Rätsel aufgeworfen.
- Als Quellterm in den Einstein-Gleichungen nur den in bestimmter Weise zu konstruierenden Vakuum-Erwartungswert des quantischen Energie-Impuls-Tensors, also eine klassische Größe, zu wählen. Dieser heute bevorzugte Weg führt aber zu ernsthaften Fragen hinsichtlich der logischen Geschlossenheit des Lagrange-Hamilton-Apparates der Feldtheorie, auf den man nicht gern verzichten möchte.

Der aufmerksame Leser sollte durch unsere Darlegungen zum Problem der Einheit der Physik einen kleinen Einblick in die Werkstatt des Zweiges der heutigen Theoretischen Physik bekommen, der sich um eine neue Synthese der Physik bemüht. Wir haben etliche Fragen aufgeworfen und die verschiedensten Möglichkeiten ihrer Beantwortung beleuchtet. Es zeichnet sich aber bis jetzt keine eindeutige und durchschlagende Lösung ab.

Als Quintessenz all dieser Erwägungen kommen wir aus Einsicht und Überzeugung prognostisch etwa zu folgenden fundamentalen Konstruktionsprinzipien für den Aufbau einer zukünftigen umfassenden einheitlichen Feldtheorie der Physik:

1. *Einfachheitsprinzip:* Dieses Prinzip geht von einem Minimum an Grundgesetzen (mit den zugeordneten Voraussetzungen) aus und zielt auf ein Maximum an Überdeckung der objektiven Realität ab. Aus dieser Charakterisierung resultiert die Überzeugungskraft für eine Theorie. Die Formalisierung hat dabei, auf entsprechend hoher Abstraktionsstufe, einerseits so einfach wie möglich zu erfolgen, aber andererseits so kompliziert wie nötig zu sein, um nicht Bereiche der Natur von vornherein auszuschließen. Es ist einleuchtend, daß durch den objektiv notwendigen hohen Abstraktionsgrad der Weg von der Erkenntnis des Abstrakten zu deren Anwendung im Konkreten immer langwieriger wird.

2. *Kovarianzprinzip:* Die Grundgesetze der Theorie, aufgebaut nur aus Größen mit objektivem Wahrheitsgehalt im weiten Sinne, müssen so beschaffen sein, daß sie unabhängig vom Subjekt und dessen frei wählbaren

Begriffen (Koordinaten, Feldgrößen etc.) der Forminvarianz (Kovarianz) genügen. Angewandt auf die allgemein-relativistische Physik, ist dieses Prinzip mit dem Allgemeinen Relativitätsprinzip identisch. Wir haben es auf die Quantentheorie der Operatoren und Zustände im Hilbert-Raum versuchsweise verallgemeinert und in dieser weitgreifenden Auffassung Prinzip der Fundamental-Kovarianz genannt (*E. Schmutzer* 1975). Die Erfahrung muß zeigen, inwiefern sich dieser umfassend gespannte Rahmen bewährt.

3. *Geometrische Grundlage:* Die 4-dimensionale Raum-Zeit mit mindestens Riemannscher Geometrie ist auf alle Fälle als geometrisches Fundament zugrunde zu legen. Es ist aber einerseits die Erhöhung der Dimensionszahl und andererseits die Wahl einer noch höheren Geometrie (z. B. mit Torsion etc.) nicht auszuschließen. Die Idee der Geometrisierung als heuristisches Leitmotiv ist auch außerhalb der Gravitation umfassend zu erproben.

4. *Quantischer Charakter:* Die Theorie ist, über die als klassisch beizubehaltenden Grundbegriffe hinausgehend, quantentheoretisch auf Operatoren im Zustandsraum zu fundieren, wobei neben der bewährten Preisgabe des kommutativen Gesetzes in der Quantik auch die Preisgabe des assoziativen Gesetzes denkbar ist.

Sollte ein solches quantentheoretisches Programm in der Zukunft einmal Erfolg haben, so dürfte an dieser Stelle eine entscheidende Wurzel für die Erfolglosigkeit der Bemühungen von *Einstein* und anderen in Richtung singularitätenfreier Lösungen zur Erklärung der Existenz von Elementarteilchen zu suchen sein. Quantenteilchen als nichtsinguläre Lösungen klassischer nichtlinearer Feldgleichungen zu erwarten, übersteigt wohl die zumutbaren Hoffnungen.

5. *Dynamische Grundgesetze und Vertauschungsregeln:* Die dynamischen Grundgesetze und die Vertauschungsregeln für die Operatoren haben den üblichen Konstruktionsprinzipien zu genügen. Dabei ist der bewährte Zusammenhang zwischen Spin und Statistik zu gewährleisten.

6. *Symmetrie:* Die Struktur der Theorie muß so sein, daß sie die für die empirisch gesicherten Erhaltungssätze wesentlichen Symmetriegruppen aufweist.

7. *Kausalität:* Das Kausalitätsprinzip muß für die Observablen in einer adäquaten Form verankert sein, die sich mit den empirischen Erfahrungen im Einklang befindet.

8. *Prinzip der wissenschaftlichen Kontinuität:* Die auf höherer Ebene zu entdeckenden Naturgesetze müssen so beschaffen sein, daß alle bisher bekannten und empirisch gesicherten Grundgesetze in ihnen als Spezialfälle erscheinen, wobei die richtige Zuordnung von Observablen und klassischen Meßgrößen vorliegen muß. (In einer spezifischen Interpretation läßt sich dem Korrespondenzprinzip der Quantenmechanik dieser Sinn geben.)

Die hier versuchsweise aufgestellten Konstruktionsprinzipien, die keinen Anspruch auf Vollständigkeit erheben, sollten dem Leser einen Eindruck davon vermitteln, in welchem Rahmen sich eine zukünftige einheitliche Feldtheorie der Physik bewegen könnte. Dabei ist durchaus in Betracht zu ziehen, daß die axiomatische Basis der bisherigen Quantentheorie in entscheidenden Punkten abgeändert werden muß, daß die Topologie maßgeblich eingreift, daß die seit einem Jahrhundert triumphierende Nahwirkung (Differentialgleichungen) durch die Renaissance einer „höheren Fernwirkung" abgelöst werden könnte oder daß wir überhaupt von neuen Erkenntnismomenten überrascht werden, die wir heute nicht einmal zu ahnen vermögen.

Zum Abschluß des Buches wollen wir, anknüpfend an die vorigen Gedanken, auf eine Entwicklung hinweisen, die sich seit einiger Zeit unter den Stichworten Quanten-Gravitation, Supergravitation, Superraum, Supersymmetrie, Eichfeldtheorie der Gravitation, String-Theorie usw. abzeichnet. Obwohl diese Entwicklung noch im Fluß begriffen ist, sollte man sie dennoch ernst nehmen, selbst wenn sie trotz Verwendung des Wortes Gravitation primär eventuell mit dem Wesen der Gravitation nichts zu tun haben sollte. Es könnte sich damit ein gewisser Fortschritt in der Elementarteilchentheorie anbahnen.

Diese Entwicklung wurde seitens der Elementarteilchen-Physik durch die Entdeckung der Supersymmetrie von Bosonen und Fermionen eingeleitet. Die ersten Schritte zur Supersymmetrie wurden 1971 von *Y.A. Golfand* und *E.P. Lichtman* sowie später von *D.V. Volkov* und *V.P. Akulov* getan. Analog zur Erkenntnis *Heisenbergs*, wonach der Isospin die beiden Zustände des Nukleons als Proton und Neutron (beide Fermionen) fixiert, werden im Sinne der Supersymmetrie die Fermionen und Bosonen als Zustände eines Superteilchens verstanden. Damit wurden für die Elementarteilchentheorie qualitativ neue Akzente gesetzt.

Der physikalische Zugang zu der neuen Entwicklungsrichtung basiert auf der Eichfeld-Konzeption, die wir kurz erläutern wollen.

Man unterscheidet in der modernen Feldtheorie grundsätzlich zwei verschiedene Typen von Symmetrien:

1. Raum-Zeit-Symmetrien, die durch räumlich-zeitliche Transformationen erfaßt werden (inhomogene Lorentz-Transformationen – auch Poincaré-Transformationen genannt – in der Speziellen Relativitätstheorie, allgemeine räumlich-zeitliche Transformationen in der Allgemeinen Relativitätstheorie);
2. innere Symmetrien, die unabhängig von raum-zeitlichen Gesichtspunkten inneren Eigenschaften der Felder korrespondieren.

In gewisser Weise ist der erste Fragenkomplex Repräsentant der Relativitätstheorie und der zweite Repräsentant der Elementarteilchentheorie. Das große Unifikationsziel einer Einheitlichen Feldtheorie der Materie läuft auf die logisch-geschlossene Erfassung beider Symmetrietypen aus einer Wurzel im Rahmen einer Super-Theorie hinaus. Darin besteht das tiefere Anliegen der erwähnten neueren Entwicklung.

Große Fortschritte, auf die wir bereits oben hingewiesen haben, wurden bei der Unifikation der elektromagnetischen und der schwachen Wechselwirkungen zur sogenannten elektroschwachen Wechselwirkung durch *A. Salam, St. Weinberg* und *S.L. Glashow* um 1967 erzielt, bei der die inzwischen entdeckten Eichbosonen $W^{\pm}$ und Z^0 die Mittlerrolle für diese Wechselwirkung spielen.

Weiterhin sollen die durch den Ausbau der Eichfeldtheorie zur Quantenchromodynamik für das Verständnis des Zustandekommens der starken Wechselwirkung von *G. Zweig* und *M. Gell-Mann* erreichten Erfolge nochmals erwähnt werden. Auf diese Weise eröffnet sich ein Zugang zur Quark-Hypothese, nach der die Hadronen (Baryonen und Mesonen) aus Quarks mit drittelzahliger elektrischer Ladung aufgebaut sind. Die Kräfte zwischen den Quarks, die bisher noch nicht frei beobachtet werden konnten (Confinement der Quarks im Sinne einer Einsperrung in den Hadronen), sollen durch die Gluonen vermittelt werden.

Der Ursprung der Eichfeldtheorien geht auf die insbesondere von *H. Weyl* erkannte Tatsache zurück, daß die elektromagnetischen Feldstärken als meßbare Größen unverändert bleiben, wenn die elektromagnetischen Potentiale mittels Eichfunktionen umgeeicht werden (Eichinvarianz). Als die Quantenfelder (Schrödinger-Feld, Klein-Gordon-Feld, Dirac-Feld usw.) entdeckt waren, fand man, daß diese Felder auf solche meßbaren physikalischen Größen, wie Wahrscheinlichkeitsdichte, Wahrscheinlichkeits-Stromdichte

6.6 Ausklang

usw., führen, die bei konstanter Phasenveränderung (globale Situation) unverändert bleiben (Phaseninvarianz).

Hat man es mit einem Feldsystem zu tun, das aus dem elektromagnetischen und einem Quantenfeld mit gegenseitiger Kopplung besteht, so erreicht man die Invarianz der soeben genannten physikalisch meßbaren Größen, indem man vom Raum-Zeit-Punkt abhängige Phasenabänderungen (lokale Situation) in geeigneter Kombination mit den elektromagnetischen Eichfunktionen vornimmt (Eich-Phasen-Invarianz).

Im Rahmen der Relativitätstheorie manifestiert sich der Schritt von globalen Transformationen (Poincaré-Transformationen) zu lokalen Transformationen (beliebige räumlich-zeitliche Transformationen) im Übergang von der Speziellen Relativitätstheorie zur Allgemeinen Relativitätstheorie. Deshalb glauben viele Forscher, daß die Ersetzung der globalen Poincaré-Transformationen durch die lokalen Poincaré-Transformationen als eine Eichungsprozedur aufzufassen ist, bei der das Gravitationsfeld als Eichfeld erscheint – ähnlich wie bei den Quantenfeldern das elektromagnetische Feld als Eichfeld auftritt, das die Invarianz der Theorie dieses Feldsystems gewährleistet.

Sollte die skizzierte Eichidee zur Erfassung der Gravitation wirklich langfristig fruchtbar sein, so wäre auf diese Weise das Gravitationsfeld in einen einheitlichen feldtheoretischen Formalismus, gültig für alle bisher bekannten Felder, einbezogen. Damit wäre dann der Schritt zur einheitlichen Quantisierung aller Felder vorgezeichnet. Die resultierende Theorie der Supergravitation wäre dann die einheitliche Theorie von Gravitation und Elementarteilchen. Das bisherige Einsteinsche metrische Gravitationsfeld als Bosonfeld, dessen Quanten die vermuteten Gravitonen vom Spin $2\hbar$ wären, würde dann immanent begleitet von einem Fermionfeld, dessen Quanten die theoretisch erschlossenen Gravitinos vom Spin $\frac{3}{2}\hbar$ wären. Nach dieser Theorie ist das Einsteinsche Gravitationsfeld nach wie vor für makrophysikalische Situationen gültig. Bei Wechselwirkungen zwischen Elementarteilchen würde aber zusätzlich das Gravitinofeld in Erscheinung treten.

Es liegt in der Natur des menschlichen Geistes, die Rätsel der Welt – mögen sie noch so kompliziert und verworren sein – entschleiern zu können und zu wollen. Die Ergebnisse werden, gemessen an unserem heutigem Weltverständnis, sehr paradox sein und uns zu einer erneuten Geisteswende, an deren Schwelle wir zu stehen scheinen, führen. Wir ahnen nur die Umrisse – wie ein Wanderer im Nebel die Konturen eines Bergmassivs momentweise

6 Zur Einheit der Physik

aufleuchten sieht. Vielleicht hat *Niels Bohr* mit seiner Meinung recht, daß die bisherigen Mißerfolge bei einer einheitlichen Theorie der Physik daran liegen, daß die eingebrachten Ideen „noch nicht verrückt genug sind". Wir wissen es nicht, aber wir sind überzeugt, daß der Menschengeist – wenn auch unter unbeschreiblich großem Aufwand an Menschsein – aus seinem Wesen heraus fähig ist, auch diese Rätsel zu entschleiern: „Irrtum verläßt uns nie, doch zieht ein höher Bedürfnis immer den strebenden Geist leise zur Wahrheit hinan." (*J.W. v. Goethe*).

Literatur

A. *Biographisches*

1. Bernstein, J.: Albert Einstein. München: Deutscher Taschenbuch-Verlag 1975
2. Born, M., Infeld, L.: Erinnerungen an Einstein. (2. Aufl.) Berlin: Union-Verlag 1969
3. Clark, R.W.: Albert Einstein. Leben und Werk. München: W. Heyne 1976
4. Frank, Ph.: Einstein – Sein Leben und seine Zeit. Braunschweig: Vieweg 1979
5. Herneck, F.: Albert Einstein. Ein Leben für Wahrheit, Menschlichkeit und Frieden. (3. Aufl.) Berlin: Buchverlag Der Morgen 1967
6. Kuznecov, B.G.: Albert Einstein (Leben – Tod – Unsterblichkeit). Berlin: Akademie-Verlag 1977
7. Pais, A.: Subtle is the Lord. Oxford etc.: Oxford University Press 1982
8. Seelig, C.: Albert Einstein. Zürich: Europa Verlag 1960
9. Wickert, J.: Einstein. Hamburg: Rowohlt 1972
10. Albert Einstein als Philosoph und Naturforscher. (Herausgeber P.H. Schilpp). Braunschweig: Vieweg 1979

B. *Spezielle und Allgemeine Relativitätstheorie, Elementarteilchentheorie*

1. Becher, P., Böhm, M., Joos, H.: Eichtheorien der starken und elektroschwachen Wechselwirkung. (2. Aufl.) Stuttgart: B.G. Teubner 1983
2. Einstein, A.: Über die spezielle und allgemeine Relativitätstheorie. (WTB - Nachdruck). Berlin: Akademie-Verlag 1969
3. Einstein, A.: Grundzüge der Relativitätstheorie (WTB - Nachdruck). Berlin: Akademie-Verlag 1969
4. Grotz, K., Klapdor, H.V.: Die schwache Wechselwirkung in Kern-, Teilchen- und Astrophysik. Stuttgart: B.G. Teubner 1989
5. Salié, N., Herlt, E.: Spezielle Relativitätstheorie. WTB. Berlin: Akademie-Verlag 1977
6. Schmutzer, E.: Relativistische Physik. Leipzig: BSB B.G. Teubner Verlagsgesellschaft 1968
7. Schmutzer, E.: Fortschritte der Physik, Bd. 43, Heft 7, S. 613–668, 1995

8. Stephani, H.: Allgemeine Relativitätstheorie. (4. Aufl.) Berlin: Deutscher Verlag der Wissenschaften 1991

C. *Astrophysik, Kosmologie*

1. Berry, M.: Kosmologie und Gravitation. Stuttgart: B.G. Teubner 1990
2. Novikov, I.D.: Schwarze Löcher im All. (4. Aufl.) Leipzig: B.G. Teubner 1989
3. Sexl, R.U., Urbantke, H.K.: Gravitation und Kosmologie. (2. Aufl.) Mannheim etc.: Bibl. Institut 1983

D. *Allgemeines, Philosophisches*

1. Einstein, A.: Mein Weltbild. (Herausgeber C. Seelig). Frankfurt/M: Ullstein Taschenbücher-Verlag 1957
2. Einstein, A., Infeld, L.: Die Evolution der Physik. Von Newton bis zur Quantentheorie. Hamburg: Rowohlt 1970
3. Albert Einstein. Sein Einfluß auf Physik, Philosophie und Politik. (Herausgeber P.C. Aichelburg und R.U. Sexl). Braunschweig: Vieweg 1979
4. Weizsäcker, C.F. von: Aufbau der Physik. München-Wien: Carl Hanser 1985

Sachverzeichnis

Aberration, astronomische 56
Ablenkung elektromagnetischer Wellen an der Sonne 137
Actio-Reactio-Gesetz (Lex tertia) 30
Additionstheorem der Geschwindigkeiten 97
Äquivalenzprinzip von Beschleunigung und Gravitation 107
– – träger und schwerer Masse 33, 34
Aristotelische Physik 22
Äther 49

Beschleunigung, absolute 123
Beschleunigungsparameter 176
Bewegungsgesetz (Lex secunda) 29
bezugsinvariante Untergruppe 124
Bezugssystem 34, 124
Birkhoff-Theorem 160

Coriolis-Beschleunigung 39

D'Alembertsche Trägheitskraft 31
De-Sitter-Modell 169
Doppler-Effekt 58
Doppler-Verschiebung 148

Eichfeldtheorie 212
– der Gravitation 211
– vom Yang-Mills-Typ 195
Eich-Phasen-Symmetrie 188
Eigenzeit 79, 121
Einfachheitsprinzip 209
Einheit der Physik 192
Einheitliche Feldtheorie 194, 199
– – in einem projektiven Raum 203
– – vom Kaluza-Klein-Typ 201

Einstein-Modell 168
Einsteinsche Effekte 134
– Feldgleichungen der Gravitation 113
Elektonenradius, klassischer 196
Elementarteilchen 196
Elementarteilchentheorie 194
Elementenbildung, primordiale 178
Energiebegriff, integraler 190
Energiedefinition 190
Entstehung der Sterne, Galaxien, Cluster 178
Ergosphäre 155
Erhaltungssatz, differentieller (lokaler) 186
–, integraler 187
Erhaltungssätze 184
– in der Allgemeinen Relativitätstheorie 188
– – – Newtonschen Mechank 185
– – – Speziellen Relativitätstheorie 187
Erregungstensor, elektromagnetischer 79

Feldstärketensor, elektromagnetischer 79
Fernparallelismus 200
Fizeauscher Mitführungsversuch 60
Forminvarianz (Kovarianz) 41, 116
Frequenzverschiebung, gravitative 139
Friedman-Lösung 133
Friedman-Modell 172

Galilei-Koordinaten 76
Galilei-Transformation 40
Gedankenexperiment 23
Geometrie, Euklidische 109

Geometrie, Riemannsche 102
Geometrisierung 207
Geometrisierungskonzept 194
Glashow-Salam-Weinberg-Theorie der elektroschwachen Wechselwirkung, 195
Gleichzeitigkeit 68, 88
Gravitationskollaps 153
Gravitationskonstante, Einsteinsche 112, 123
–, Newtonsche 31
Gravitationsradius 133, 136
Gravitationswellen 158
Gravitationswellen-Detektoren 164
Große Unifikations-Theorie 195
Gütefaktor 164

Hafele-Keating-Experiment 142
Hawking-Strahlung 156
Hintergrundstrahlung, thermische 171
Homogenitäts-Isotropie-Postulat, kosmologisches 170
Hubble-Faktor 170, 176
Hubblesche Formel 170
Hulse-Taylor-Binärpulsar 166

Inertialmaßstab 35
Inertialsystem 34, 127
Inertialzeit 34
Invariante 78

Kaluza-Klein-Theorie 195
Kausalität 89
Keplersche Gesetze 135
Kerr-Lösung 132, 154
Kerr-Newman-Lösung 132, 154
Killing-Vektor 191
Konstante, kosmologische 168
Kosmologie 166
Kovarianz-Äquivalenz 116
Kovarianzprinzip 209
–, Allgemeines 116
Krümmung der Lichtstrahlen 104
– – Raum-Zeit 121

Ladungskonjugation 186
Längenkontraktion 85
Längenkoordinaten 190
Lebensdauer von Myonen 61
Lichtkegel 74
Lichtkosmos-Modell 173
Limb-Effekt (Rand-Effekt) 140
Linienelement 122
Logisches Schema der Relativitätstheorie 130
Lorentz-Drehung (Boost) 188
Lorentz-Gruppe 65
Lorentz-Kraft 47
Lorentz-Transformation 64, 70
Lösung, exakte 131

Mach-Einstein-Doktrin 128
Machsches kosmisches Bezugssystem 127
– Prinzip 35, 125
Magnetfelder, stellare 151
Masse, Erhaltungssatz 96
–, Veränderlichkeit 92
Masse-Energie-Relation 66, 94
Massen, ferne 127
Massendefekt 96
Massenwert, irreduzibler 154
Materialgleichung 46
Materie, dunkle 170, 179
Maxwellschen Feldgleichungen 45
Michelson-Experiment 50
Michelson-Gale-Versuch 62
Michelson-Interferometer 51, 166
Minkowski-Koordinaten 76
Minkowski-Raum 72
Mitführungskoeffizient, Fresnelscher 60
Mößbauer-Effekt 141

Nebelflucht 170
Neutronensterne 149
Newtons Auffassung von Raum und Zeit 26
Newtonsche Gravitations-Feldgleichung 32

Newtonsche Gravitationskonstante 31
– Mechanik und Gravitationstheorie 26
– Physik 27
Newtonscher Eimerversuch 123, 127
Nichtinertialsystem 36
Nichtlokalisierbarkeit der Energie 190
Normierungsbedingung 201

Ohmsches Gesetz 46
Olbersches Paradoxon 167
Ortsraum 73
Ostwaldsche Energetik 190

parsec 170
Periastrondrehung 136
Periheldrehung der Planeten 135
Plancksche Elementareinheiten 199
Plancksches Wirkungsquantum 47
Polarisationstensor, elektromagnetischer 79
Pound-Rebka-Experiment 141
Prinzip der Konstanz der Lichtgeschwindigkeit 54
– – wissenschaftlichen Kontinuität 211
Projektive Einheitliche Feldtheorie 204
– Relativitätstheorien 203
Prozeß-Äquivalenz 116
Pulsare 149

Quadrupol-Strahlungsleistung, gravitative, 161
Quantenchromodynamik 195
Quanten-Gravitation 211
Quantenzahl, additive 197
–, nichtadditive 197
Quark-Hypothese 197
Quasare 146

Raumspiegelung 186
Raum-Zeit-Symmetrie 212
Relativitätsprinzip, Allgemeines 116
–, Galileisches 26, 41
–, Spezielles 71
Ricci-Kalkül 111

Riemann-Cartan-Geometrie 194
Röntgen-Astronomie 150
Rotation, absolute 123
Rotverschiebung, kosmologische 169

Sagnac-Versuch 61
Scheibe, rotierende 109
Schlußknall 177
Schwarze Löcher (black holes) 104, 152
Schwarzschild-Horizont 152
Schwarzschild-Lösung 132, 133
Schwarzschild-Radius 133
Shapiro-Experiment 144
Signatur von Raum und Zeit 154
Sommerfeldsche Feinstrukturkonstante 197
Staubkosmos-Modell 174
Stoffdominanz 178
String-Theorie 211
Substanzialisierung der Energie 190
Supergravitation 211
Superraum 211
Supersymmetrie 211
Symmetrie, diskrete 186
–, innere 212
–, kontinuierliche 185
– und Erhaltung 184
Symmetrieprinzip 207

Tachyonen-Problem 93
Tensor 78
Theorie der starken Wechselwirkung 195
Trägheit der Massen 128
Trägheitsgesetz (Lex prima) 29
Trouton-Noble-Versuch 59
Tunguska-Katastrophe 158

Universum 182
Urknall (big bang) 177

Vierdimensionalität der Raum-Zeit 72
Viererbeschleunigung 79
Vierergeschwindigkeit 79
Viererimpuls 79

Viererimpulsdichte 79
Viererkraft 79
Viererstromdichte 79
Vierertensor 78

Weber-Zylinder 164
Wechselwirkung, elektromagnetische 197
–, gravitative 198
–, schwache 198
–, starke 197
Weltall, heißes (Standardmodell) 178
Weltalter 179

Weltexpansion 170
Weltlinie 76
Weltmodell, inflationäres 179
Weltradius 174
Weltzyklus 177
Weylsche Geometrie 199
Wienscher Versuch 59

Zeitdilatation 87
Zeitumkehr 186
Zentrifugalbeschleunigung 39
Zwillingsparadoxon 90
Zylinderbedingung 202

Namensverzeichnis

Abbe, E. 46
Abraham, M. 48, 49, 92
Adam, M.G. 140
Adler, F. 14
Aichelburg, P.C. 216
Airy, G.P. 57
Akulov, V.P. 211
Alexander der Große 21
Ampère, A.M. 43
Arago, D.F. 43
Aristoteles 21, 22, 24

Baade, W. 151
Baliani 25
Becher, P. 215
Beethoven, L. van 114
Bell, S.I. 149
Bergmann, H. 14
Bergmann, P.G. 204
Berkeley, G. 28, 125
Bernstein, J. 215
Berry, M. 216
Bessel, F.W. 33
Besso, M.A. 13
Biesbroeck, G. van 138
Billing, H. 166
Biot, J.B. 43
Birkhoff, G.D. 160
Blackett, P.M.S. 97
Böhm, M. 215
Bohr, N. 19, 82, 214
Boltzmann, L.E. 65
Bolyai, J. 18
Bonnor, W.B. 200
Born, M. 14, 16, 19, 82, 215

Bradley, J. 43, 56
Braginsky, V.B. 34, 165
Brahe, T. 135
Braunbek, W. 97
Brinkman, H.W. 159
Brod, M. 14
Broglie, L. de 81
Brück, H. 140
Brunn, A. von 138, 140

Campbell, W.W. 138
Carter, B. 155
Cattaneo, C. 124
Cavendish, H. 31
Chase, C.T. 59
Christoffel, E. 105
Clark, R.W. 215
Copernicus, N. 23, 24, 118
Coriolis, G. 39
Cottingham, E.T. 138
Coulomb, C.A. 43
Cromelain, A.C.D. 138
Curie, M. 15

Dantzig, D. van 204
Davidson, C.R. 138
Demokrit 96
Descartes, R. 25, 27, 200
Dicke, R.H. 34
Dirac, P.A.M. 83, 204
Donder, T. de 118
Doppler, Ch. 58
Doroshkevich, A.G. 172

Eddington, A.St. 15, 138, 161, 200
Ehlers, J. 124, 161

Einstein, A. 11–20, 23, 26, 28, 35, 47, 49, 63–69, 71, 72, 80, 88, 94, 95, 97, 98, 101–104, 106–108, 110–115, 117, 118, 121, 123, 125–127, 129, 134, 137, 138, 159, 161, 168, 169, 172, 173, 190, 191, 193, 194, 199, 200, 204, 207, 210, 215, 216
Einstein, Eduard 13
Einstein, Elsa 16
Einstein, H. 12
Einstein, H.-A. 13
Einstein, M. 12, 16
Einstein, P., geb. Koch 12
Ekers, R.D. 139
Engels, F. 28
Eötvös, R. v. 33, 106
Euklid 18

Fairbank, W.M. 34, 165
Faraday, M. 44
Fermat, P. 43
Feuerbach, L. 28
Fitzgerald, G. 53
Fizeau, A. 60
Fock, V. 19, 83, 118, 123, 129
Fomalout, E.B. 139
Frank, Ph. 215
Fraunhofer, J. 46
Fresnel, A. 46
Freundlich, E.F. 138, 140
Friedman, A. 133, 169, 172, 173, 175

Galilei, G. 11, 22–27, 29, 33, 40, 106
Galois, E. 72
Galvani, L. 43
Gamov, G. 172
Gandhi, M.K. 16
Gauß, C.F. 18, 105, 108, 110
Gell-Mann, M. 197, 212
Glashow, S.L. 198, 212
Goethe, J.W. von 114, 214
Goldberg, J.N. 161
Golfand, Y.A. 211
Gordon, W. 83

Goudsmit, S. 83
Großmann, M. 13, 15, 102, 103, 110, 111
Grotz, K. 215

Habicht, C. 13
Hafele, J. 144
Halley, E. 27
Hasenöhrl, F. 65, 66, 94
Havas, P. 161
Hawking, St. W. 155, 156
Hegel, G.W.F. 28
Hehl, F. 201
Heisenberg, W. 19, 81, 82, 206, 207, 211
Helmholtz, H. 95
Herlt, E. 132, 215
Herneck, F. 215
Hertz, H. 46, 59, 63, 64, 159
Hewish, A. 149
Hill, J.M. 139
Hlavaty, V. 200
Hoffmann, B. 19, 203
Hooke, R. 27
Hubble, E. 169, 170, 173
Hulse, R. 166
Humason, M.L. 169
Huygens, Ch. 23, 27, 39, 43

Illingworth, K.K. 51
Infeld, L. 19, 118, 215, 216
Israel, W. 155
Ivanenko, D. 207

Jansky, K.G. 146
Jonsson, C.V. 202
Joos, G. 51
Joos, H. 215
Jordan, P. 204
Joule, J.P. 95

Kaluza, Th. 201, 203
Kant, I. 28, 193
Kaufmann, W. 48, 92
Keating, R. 144
Kepler, J. 23, 42, 95, 135, 200
Kerr, R.P. 132

Kirchhoff, G.R. 46, 65
Klapdor, H.V. 215
Klein, O. 83, 201
Klemperer, O. 97
Klüber, H. von 138
Kottler, F. 117
Kramer, D. 132
Kretschmann, E. 117, 123
Krotkov, R. 34
Kuznecov, B.G. 215

Langevin, P. 15
Laplace, P.S. 104, 152
Larmor, J.J. 63, 64
Laue, M. von 16, 20, 118
Lavoisier, A.L. 96
Leibnitz, G.W. 27, 95, 125
Lemaitre, G. 173
Lenard, Ph. 17, 117
Lense, J. 127
Leverrier, U. 136
Levi-Civita, T. 105
Lichtman, E.P. 211
Lobatschewski, N.I. 18
Lomonossow, M.W. 96
Lorentz, H.A. 15, 46, 48, 49, 53, 59, 63–65, 92
Ludwig, G. 204

MacCallum, M. 132
Mach, E. 14, 20, 28, 35, 58, 125–127
Majorana, Q. 58
Malus, E.L. 44
Marić, M. 13
Matthews, Th.A. 146
Maxwell, J.C. 44, 49, 59, 63, 64
Mayer, R. 95
Mayer, W. 18
McKellar, A. 171
Michailow, A.A. 138
Michelson, A. 50, 60
Miller, D.C. 51
Minkowski, H. 13, 73, 75
Møller, Ch. 124, 190

Morley, E.W. 51, 60
Mosengeil, C. von 65
Mößbauer, R.L. 141
Muhlemann, D.O. 139

Nernst, W. 15
Newman, E.T. 133
Newton, I. 11, 23, 24, 26–28, 31, 33, 39, 43, 77, 104, 106, 125, 135
Noble, H.R. 59
Nordström, G. 99
Nöther, E. 185
Novikov, I.D. 155, 172, 216

Occhialini, G.P. 97
Oersted, H.C. 43
Olbers, H. 167
Oppenheimer, J.R. 151, 153

Pais, A. 215
Panov, V.I. 34
Pauli, W. 83, 193, 204
Penrose, R. 155
Penzias, A.A. 171
Philopones, J. 22
Pick, G. 14
Planck, M. 14–16, 19, 47, 66, 105, 199
Platon 21, 24
Pogany, B. 62
Poincaré, H. 15, 26, 63–65, 72
Pound, R.V. 141

Rankine, J.W.M. 95
Rathenau, W. 16
Rayski, J. 202
Rebka, G.A. 141
Ricci, C. 105
Riemann, B. 18, 105
Ritz, W. 53
Robinson, H.P. 173
Roll, P.G. 34
Römer, O. 43, 67
Roosevelt, F. 17
Rosen, N. 159
Rosenblum, A. 161

Rumer, J.B. 203
Rumer, Yu. B. 202
Rutherford, E. 15

Sagnac, G. 61, 62
Salam, A. 198, 212
Salié, N. 124, 215
Sandage, A.R. 146
Sauter, J. 13
Savart, S. 43
Schilpp, P.H. 215
Schmeidler, F. 138
Schmidt, M 147
Schmutzer, E. 124, 203, 204, 210, 215
Schouten, J.A. 204
Schrödinger, E. 18, 19, 81–83, 200
Schwarzschild, K. 48, 92, 132
Seebeck, Th. 44
Seelig, C. 215
Seeliger, H. von 167
Seielstadt, G.A. 139
Sexl, R.U. 216
Shapiro, I.I. 139, 145
Sitter, W. de 168, 173
Snellius, W. 42
Snyder, H. 153
Soldner, J.G. 104, 138
Solovine, M. 13
Sommerfeld, A. 14, 16, 48, 81, 92
Spinoza, B. 200
Sramek, R.A. 139
Stark, J. 58, 59
Stephani, H. 132, 216
Straus, E.G. 18, 200

Taylor, J. 166
Thirring, H. 127
Thiry, Y. 202
Thomson, J.J. 92
Thomson, W. (Kelvin) 95

Tomaschek, R. 59
Trautman, A. 201
Treder, H.-J. 128
Trouton, F.Th. 59
Trümper, J. 151
Trümpler, R.J. 138

Uhlenbeck, G.E. 83
Urbantke, H.K. 216

Veblen, O. 203
Vladimirov, Yu. 202
Voigt, W. 64
Volkoff, G.M. 151
Volkov, D.V. 211
Volta, A. 43

Weber, J. 164, 165
Weiler, K.W. 139
Weinberg, St. 198, 212
Weizmann, C. 16
Weizsäcker, C.F. von 193, 216
Weyl, H. 199, 212
Weyssenhoff, J. 124
Whittaker, E. 128
Wickert, J. 215
Wien, W. 14, 59
Wilson, R.W. 171
Winkler, W. 166
Witteborn, F.C. 34
Witten, E. 202

Young, Th. 44, 95

Zach, F.X. von 104
Zeeman, P. 33, 34, 60
Zeldovich, J. 155, 172
Zelmanov, A.L. 124
Zweig, G. 197, 212
Zwicky, F. 151